相信閱讀

Believe in Reading

Amazon提供

貝佐斯不管做什麼都很專注，三歲時到公園坐湖上旋轉小船，其他小孩都在跟媽媽揮手，他卻目不轉睛看著纜線和滑輪是怎麼運作的。

外公吉斯(左)曾提醒天才外孫，「做個仁慈的人，要比當個聰明人更難」；
貝佐斯對太空探險如此著迷，也是從小受外公影響。1969年攝於德州科圖拉。

貝佐斯極為好勝，念書時是科學比賽、數學競賽的常勝軍。
1982年讀高三的貝佐斯(中)。

母親賈姬與繼父邁克，他們對貝佐斯總是全力支持。攝於2012年第29屆亞斯本研究所年度頒獎典禮。

生父約根森在他的腳踏車店，攝於2013年3月27日。

MOST VERSATILE RIDER of the Albuquerque Unicycle Club is Ted Jorgensen, who received one of three trophies awarded to club members at the club's third anniversary dinner Tuesday night at the Heights Community Center. Other trophies went to Rachel Westerman, "most creative" rider, and Tony Stanphill, winner of the "anniversary race." New officers of the club are Betty Ross, president; Tommy Ratcliff, vice president; Margaret Bradley, secretary, and Jeanne Baum, treasurer. Club members will travel to Oklahoma City this fall to ride in the community celebration. The group meets each Tuesday at 7:30 in the community

1961年時的約根森。

貝佐斯的太太麥肯琪是亞馬遜的第一個會計，也是個小說家。攝於2009年。

貝佐斯與他用門板釘成的辦公桌。這桌子已成亞馬遜務實節儉的象徵，一路走來，始終如一。

亞馬遜的創始員工卡芬(左)，跟貝佐斯從車庫起家，是公司第一位技術長。

Laurel Canan提供

貝佐斯與亞馬遜員工。

Amazon提供

貝佐斯、麥肯琪與亞馬遜員工
在公司舉辦的化妝舞會同樂。

1997年，亞馬遜與德意志銀行的員工與家人在墨西哥歡慶首次募股成功。

與強哥立的主管合影，由右至左分別是貝佐斯、希瑞拉姆（Google最早投資人之一）、馬瑟、藍特。

1998年起，亞馬遜開始將銷售品項擴展到書籍以外的商品。

1999年12月29日，貝佐斯上NBC電視台傑・雷諾主持的「今夜秀」介紹一種名叫Gus Gutz的益智玩具。

2007年，貝佐斯與Google創辦人之一的布林在愛達荷州太陽谷開會，兩人相談甚歡。貝佐斯也在Google早期投資人之列。

2007年11月19日，貝佐斯介紹亞馬遜的新產品Kindle。

2011年，貝佐斯介紹亞馬遜的新產品Kindle Fire，亞馬遜與蘋果之爭開始趨於白熱化。

亞馬遜員工在新聞發布會後，向記者展示Kindle Fire。

貝佐斯與亞馬遜技術長佛格爾斯在AWS大會上對談，亞馬遜已是全球雲端服務的領頭羊之一。
攝於2012年12月。

美國太空總署副署長賈佛（Lori Garver，右三）至華盛頓州肯特參觀藍源公司。藍源是貝佐斯的私人太空研究中心。

亞馬遜在英國的履行中心，位於倫敦西北72公里的Milton Keynes。

2013年公布位於西雅圖市中心的亞馬遜新總部設計圖。

貝佐斯用成績證明很多人都錯看了亞馬遜。現在，各界都急於讀懂貝佐斯了。

貝佐斯傳

從電商之王到物聯網中樞，亞馬遜成功的關鍵

布萊德・史東——著
廖月娟——譯

The Everything Store

Jeff Bezos and the Age of Amazon

by **Brad Stone**

推薦序

不斷轉化的亞馬遜
給台灣企業的啟示

張明正

這本書好看極了！其中讓我感到最驚奇的是，我看到了一家電子商務公司如何轉化成為一個知識先行者的過程。我認為，這本書提到的貝佐斯的思維與亞馬遜的經營理念，有不少地方很值得台灣的企業經營者學習。

第一，**一定要直接與終端消費者接觸**。台灣因為很多廠商做的是OEM，或甚至ODM也好，很少接觸到終端使用者。其實，就算本身製造的產品不是直接賣給終端客戶，企業經營者也應該要常常找機會，直接面對使用到你產品的終端消費者，因為他們的使用經驗常能帶給經營者一些省思和啟發。

第二，**要做勇敢且長期的投資**。根據本書作者說的，其實亞馬遜在2012年是虧損的，但投資市場似乎仍對貝佐斯和亞馬遜信心滿滿，或許正是因為他們了解貝佐斯的經營理念，是看長不看短，不大會受到短期股價或者市場變化的影響。貝佐斯看的是長期趨勢，並且在經過深刻的思考與仔細的規劃後，就放大膽子去做。有個有趣的例子，可以看出貝佐斯真的是個習慣看得很長遠、很長遠的人，他出資建造「萬年鐘」（10000 Year Clock），每一百年走一格，要計時一萬年不停擺。萬年鐘在啟動10周年、100周年、1000周年和1萬周年時，都會舉辦特別的紀念活動；貝佐斯開玩笑說，他大概只能參加前面的兩次吧。

貝佐斯在亞馬遜的長期投資，當然必須要有vision（願景）。企業經營最重要的就是經營者要問自己，你的vision是什麼？因為vision決定了你要在哪些領域使力，幫你減去不必要的涉入，去蕪存菁、提升效率。

第三，**用科技進行創新**。例如，亞馬遜推出利用GPS自動定位的無人飛機快遞服務，在消費者訂貨的30分鐘內就可將商品送到。剛開始的載重上限約2.3公斤，這已經可以涵蓋亞馬遜86%的運送包裹重量，而目前已可達5公斤。這不但是快遞服務業「天空革命」的開始，也為許多行業提供了新的發展機會。

例如，330黑衫軍上凱道，當人們正關注當天有多少人參加、前方舞台有什麼表演活動等發生在「地面上」的事情時，一架無人飛機正凌空而過，上載攝影機等不同的裝備，可以立刻進行即時報導或者其他功能服務；又如Facebook打算使用無人飛機做為上網訊號的傳遞中繼站，讓遠在非洲的地區也能夠上網。

台灣的企業經營者常專注於降低成本，但有時這樣的思維反而限制了創新的機會。例如亞馬遜於2005年推出「79美元會員制尊榮服務」，會員年繳79美元（2014年3月調漲為99

美元），就可享有電子書免費借閱、串流影片免費欣賞、全年無限制次數且不限金額免費兩日到貨等服務。可能很多人會認為給消費者提供這麼多好康會虧本吧，然而，研調機構CIRP（Consumer Intelligence Research Partners）根據三百位亞馬遜「尊榮會員」所做的調查研究顯示，尊榮客戶的購物頻率和金額都比非尊榮會員多出一倍以上。尊榮會員一年在亞馬遜的花費是1,340美元，非尊榮會員則是650美元。

兩相比較之下，就可以清楚地了解，對亞馬遜來說，這79美元的尊榮服務真是划算！其實，尊榮服務的運費成本應該視為行銷費用，這樣一想，是不是就整個翻轉了經營的理念，跳脫了cost down（降低成本）的本能式思維，而看到不一樣的商業機會？

最後，我一定要提的是，**成為平台，嘉惠大眾**。亞馬遜於2014年初，在中國大陸寧夏建立的次世代資訊中心（Next Generation Data Center）開始運作，也就是可以在中國區域提供AWS（Amazon Web Services）雲端計算的平台服務。AWS在中國採用了特殊的「前店後廠」運作模式，前店在北京，後廠就在寧夏。有關銷售、市場、應用開發及對延遲敏感的計算和服務等，放在靠近大城市的前店，對延遲不敏感的生產、計算和服務，則放在能源和資源集聚的後廠；目前已有數千家中國大陸的企業運用了AWS服務。

AWS的開放系統成為一個平台，供開發者（developer）使用，企業和軟體發展者可以在其官網上進行申請。目前AWS「公有雲」每年有超過60%的成長，可以說，AWS在嘉惠大眾的同時，也讓自己茁壯，像堆積樂高一樣不斷成長，甚至朝向難以取代的方向發展。

未來是大數據與雲端的世界，在此，我們又再一次看到亞馬遜領先趨勢的轉化之路，充滿驚奇，也充滿勇氣。希望台灣企業能夠在這個將會徹底改變企業經營之道與科技發展的變局中，為自己和台灣創造更多有利的機會。

（作者為趨勢科技董事長）

推薦序

談笑間，強虜灰飛煙滅

我佩服的貝佐斯

姚仁祿

如果這樣的事，發生在我們身上，那一定是在做夢：

1. 我們經營的事業，多年來利潤幾乎是零，有時還虧損；
2. 儘管如此，公司的營業額與股價，卻是不斷飆高；
3. 而且，身為經營者，我們的信譽，仍能不斷攀升；
4. 更離奇的是，除水電瓦斯、炸彈武器、毒品這些東西外，我們幾乎什麼都能賣！

天啊，如果這不是夢，那是什麼？

這不是夢，而是亞馬遜公司與它的經營者貝佐斯締造的傳奇。貝佐斯，是賈伯斯離開人間以後，我最敬佩的「思想革命家」。他們做事業，目標是革命，不是賺錢。

亞馬遜幾乎什麼都賣，但貝佐斯清楚的定義：亞馬遜不是零售業，而是科技業。不過，我倒是認為，貝佐斯和賈伯斯一樣，都膽子夠大、心夠細，他們經營的是「人類行為革命業」，談笑間，產業大老一一倒下，消費者紛紛投靠，而且，產業洗牌之後，大家還不知道，他們到底是怎麼做到的。

想多知道一些，貝佐斯怎麼做到這些，也許這本書，可以提供一些內幕。例如：

1. 為什麼亞馬遜內部的會議，不用PowerPoint做簡報，而是用六頁的文章來做報告？（我是真佩服他，這樣做，是對的。因為講不清楚，就是想不清楚；六頁，等於5,000至6,000字，不像簡報檔，太容易把事情簡化了。）
2. 為什麼貝佐斯說，他們不會緊盯著「競爭對手」，而是緊盯著「顧客」？（天啊，他真大膽！但他是對的，永遠要瞄準目標，而對手根本不該是目標，顧客才是！真是豁然開朗！）
3. 為什麼他又說，打敗連鎖大書店的，不是亞馬遜，而是「未來」？（你不覺得，他說得真的很對嗎？未來，永遠等著，要淘汰你！）

也許，讀完這本書，您也就知道了，為什麼賈伯斯才過世，蘋果就開始跌跌撞撞？

原因是，公司失去了「天才」！

雖然這個原因，企管學家，還有您我，可能都不甘願承認，可是，看完這本書，我們不得不同意，歷史上，所有非常特別的機構，總是需要「天才」，才創造得出來。

貝佐斯，是個天才。

1. 他，普林斯頓大學畢業，從小展現天賦（書上有，不贅言）。
2. 他，神祕，卻不孤僻；健談，卻不大嘴巴，這讓他的對外溝通，變成像「神話」一樣的引人入勝。

3. 他，分析力強，擅於內省，所有認識的人，他都能向他們「學習」。
4. 他，洞徹力強，觀察細密，要求他的高階主管，都要熟讀《黑天鵝效應》這本科學哲學書，從「認知論」的觀點去理解，所有事情的發生（果，result），背後的因緣（cause and condition），絕對非常複雜，我們不能貪圖方便，就簡化理解事物的模型，造成「敘述謬誤」（narrative fallacy）。他也希望主管們理解，為什麼一般人認為極為不可能發生的事，一旦發生，就會產生革命性的效應。

此外，貝佐斯志玄虛漠，他的理想，超越常人：

1. 他，認為亞馬遜的責任，就是「提高全球商務的水準」，不斷的滿足客戶的需求。
2. 他，在總部入口，寫著一句他自己的話，結尾的大意是：「今天只是某個大事件開始的第一天」。
3. 他，為了理想，甘願與他太太，一起離開了華爾街的優渥待遇與舒服環境（DESCO副總裁），共同創辦在他心目中，「什麼都能賣」的Amazon.com。

如果，您還想知道，除了「超高的天分」與「遠大的理想」，貝佐斯還有什麼值得我們凡人學習，那就是「超級樂觀」與「絕對好勝」。

1994年創業，1997公開募股，在首次公開募股日的前三天，被營業額比它大一百倍的邦諾書店（Barnes & Noble）告上法院，2000年網路泡沫化，股市、股東及員工棄他而去，公司瀕臨崩潰，媒體持續放話唱衰……

然而，熟識他的人都說，那時候，他從不憂慮，照樣笑得出來，而且，最終，以擊垮邦諾書店證明自己的遠距離投球，準到可怕。

還有一件事，也許您有興趣，貝佐斯與賈伯斯一樣，都給員工很大的壓力。

結論是，如果您的老闆是天才，眼光遠大，還超級樂觀、好勝，對同事很嚴，那麼，買他的股票吧！

還有看這本書的心情，最好不要像是閱讀「管理學的參考書」，這樣不好；最佳方法是，把它當做「近代文化史」來閱讀，您會發現，這個因為網路興起，而產生巨大文化能量轉移與征戰的近代史，您也參與其中，看著大江淘盡，不過幾年前的風流人物。

（作者為大小創意齋創意長）

推薦序

洞燭機先，想到一定做到！

張進福

這是一本你一旦開始讀，就會迫不急待想要一口氣讀完的書。收到這本書的書稿時，再過幾天就是清明節三天連假。直到放假當天，我才有時間再把書稿拿出來，開始讀了之後，就深受吸引。

亞馬遜成立近二十年，如今已是家喻戶曉的企業。從1995年在網路上賣出第一本書，一路上歷經多次演化，終於達成創辦人貝佐斯一開始設下的遠大理想，也就是一家「什麼都賣的商店」(The Everything Store)。

或許，亞馬遜也是有史以來最令人覺得無可限量的公司。

多年來，貝佐斯一直堅持用Amazon.com做為公司名稱，但自2012年起，已改用Amazon。換言之，當你提到亞馬遜的時候，唯一想到的是：貝佐斯創造的帝國。

亞馬遜賣些什麼？不只是圖書、CD、鞋子、珠寶、衣服、尿布、生鮮等，更成功轉型，提供雲端服務，激發了許多家新創企業誕生，並支援他們營運所需的網路基礎架構服務。

2007年，推出電子書閱讀器Kindle，更啟動了前所未有的閱讀革命。

閱讀這本書時，我發現這家企業以顧客為中心、崇尚節儉、行動至上、創新是王，也發現混亂是亞馬遜發展第一個十年的宿敵，但即使要在混亂中作戰，他們依然在貝佐斯的堅強意志下，守住這些原則。進入第二個十年後，他們已和好幾家知名大企業對戰過，包括沃爾瑪、Google、蘋果、微軟等（想知道細節的人，這本書裡有許多精采的故事）。在顧客至上的大旗下，他們也會脅迫合作夥伴讓利，確保顧客得以享受最低價。他們也透過失血的價格戰，消滅競爭對手。

商場競爭一定要拚得你死我活？非得一路消滅對手才能壯大？一定要弱肉強食，無法共贏？當然，亞馬遜就像所有的大公司一樣，還需歷經嚴格的考驗。

貝佐斯是亞馬遜的靈魂人物，這本書以他為核心，對於他的理念與性格有許多細膩的描述，也會深深吸引你。

書中提到了幾本貝佐斯喜歡的書，例如石黑一雄的小說《長日將盡》，我在2012年時，也讀了這本書。貝佐斯從這本書找到新的人生格局，他稱為「遺憾最小化架構」，幫助他決定人生的下一步要怎麼走。

亞馬遜曾經在網路泡沫中，股價一蹶不振，存活下來之後，愈戰愈勇，練就變形金剛的本事，以多元經營走出一個接一個的困境。亞馬遜在商業與科技的霸業才剛起步，二十年後，亞馬遜會變成什麼樣？請大家拭目以待。

我必須說，這本書的作者寫功了得，閱讀這本書，過程是很享受的，我像塊乾癟的海綿吸飽了書中的養分，也值得推薦給您。

（作者為元智大學校長、資策會董事長）

等你到了八十歲，靜靜回想自己的生命故事。在這故事裡，最實在、也最有意義的部分，就是你做的一連串的選擇。人生到頭來，我們的選擇，決定了我們是什麼樣的人。

——傑夫·貝佐斯（Jeff Bezos）
2010年5月30日於普林斯頓大學畢業典禮致詞

目錄

人物表｜依英文姓氏字母排列

貝佐斯（Jeff Bezos）：全球電子商務龍頭亞馬遜公司創辦人，也是現任董事長暨執行長。

布萊克本恩（Jeff Blackburn）：亞馬遜資深副總裁暨事業開發長。

布雷克（Lyn Blake）：在亞馬遜任職期間，擔任製造商公關副總裁，是亞馬遜維繫與出版業者關係的大使。

柯維（Joy Covey）：任職期間擔任財務長，是公司首次公開募股的主要推手、貝佐斯的重要軍師，也是亞馬遜早期擴張的策劃人之一。

達澤爾（Rick Dalzell）：從沃爾瑪挖角來的資訊長，是亞馬遜最受愛戴的主管、貝佐斯最得力的助手。於2007年退休。

戴維斯（Paul Davis）：1994年加入貝佐斯的創業車庫擔任程式設計師，後來成為開放原始碼軟體的倡導者。

杜爾（John Doerr）：創投公司凱鵬華盈的重要合夥人，該公司於1996年投資亞馬遜並取得13%股權，貝佐斯堅持杜爾加入董事會。

加利（Joe Galli Jr.）：1999年加入亞馬遜擔任營運長，隔年七月離開。直到本書寫作之時，亞馬遜沒再任命其他人擔任營運長，亞馬遜一直是由貝佐斯掌舵。

葛蘭迪納堤（Russ Grandinetti）：亞馬遜大將之一，曾擔任出納主管，也掌管過五金雜貨、家電、服飾部門，後來加入Kindle團隊。

霍登（Jeff Holden）：從DESCO到亞馬遜，一直為貝佐斯工作，兩人交情深厚，後來擔任亞馬遜全球開發副總裁。

傑西（Andy Jassy）：亞馬遜僱用的第一批哈佛人，現為資深副總裁，掌管亞馬遜網路服務AWS。

卡芬（Shel Kaphan）：亞馬遜的創始員工，跟著貝佐斯夫婦從車庫起家，是公司第一位技術長。

凱瑟爾（Steve Kessel）：亞馬遜資深副總裁。原本負責圖書部門，2004年起，掌管數位媒體業務，主管Kindle研發部門。

凱勒（Jason Kilar）：貝佐斯的忠實信徒，剛開始負責家用影片的市場研調，其後擔任媒體部門副總裁。之後接掌線上影音網站葫蘆網。

基爾許鮑姆（Larry Kirshbaum）：前時代華納出版集團執行長，後在紐約執掌亞馬遜出版部門。

曼博（Udi Manber）：亞馬遜的演算長。除將線上試閱服務進一步發展為內文檢索外，負責公司第一個發展中心A9，重整自家網站的產品搜尋工具及開發一般搜尋引擎，後跳槽到Google。

米勒（Harrison Miller）：1999年亞馬遜推出玩具販售業務時的主將，後來主管平台服務部門，建立起亞馬遜與大零售商合作的平台。

米樂（Randy Miller）：亞馬遜零售財務主管，於2004年為公司創建珠寶部門，後來接替布雷克負責與歐洲書商維繫關係。

歐涅圖（Marc Onetto）：前奇異公司高階主管，接替威爾基管理履行中心，並擔任資深副總裁，主管全球營運與顧客服務。

歐萊禮（Tim O'Reilly）：電腦圖書出版商，與貝佐斯的關係亦友亦敵，曾在網路上集眾抗議亞馬遜把持一鍵下單專利，也曾向貝佐斯提議，亞馬遜應開發一系列應用程式介面，以及成為平台的重要。

佩恩（Chris Payne）：1999年亞馬遜成立電子產品部門時的主將。後跳槽到微軟，開發搜尋引擎Bing，之後在eBay擔任高階主管。

皮亞森蒂尼（Diego Piacentini）：曾任職於蘋果，現為亞馬遜資深副總裁，主管國際事務。

拉曼（Kal Raman）：曾任沃爾瑪IT顧問，為亞馬遜建立全新的電腦系統，實現貝佐斯的理想，也就是建立一家以數據為核心的公司。同時改善了自動定價程式（定價機器人），確保給顧客最低價。

里舍（David Risher）：從微軟挖角來的大將，在職期間主管亞馬遜零售業務。

羅斯曼（Neil Roseman）：在亞馬遜任職期間擔任技術副總裁，主管平台服務與數位媒體服務技術的開發。

蕭大衛（David E. Shaw）：華爾街傳奇人物，DESCO創辦人，貝佐斯曾是DESCO最年輕的副總裁，兩人志同道合。

史匹格（Joel Spiegel）：亞馬遜工程部副總裁，曾任職於微軟、蘋果。

司庫塔克（Tom Szkutak）：亞馬遜財務長，曾任職於奇異公司。

惠特曼（Meg Whitman）：前eBay執行長，是亞馬遜發展第一個十年最主要的對手之一。

威爾基（Jeff Wilke）：亞馬遜的頭號戰將，重建亞馬遜物流網絡的靈魂人物，讓原本混亂的物流中心轉變為高效率的履行中心，為亞馬遜稱霸電子商務奠基。現任資深副總裁，掌管整個北美地區的零售部門。

萊特（Jimmy Wright）：前沃爾瑪配銷副總裁，負責建立亞馬遜物流中心，以因應亞馬遜自1998年起將銷售品項擴展到書籍以外的需求。

亞特拉斯（Alan Atlas）與平克翰（Chris Pinkham）：亞特拉斯的團隊在西雅圖開發出簡易儲存服務（簡稱S3）；平克翰的團隊則在南非開發出彈性計算雲（簡稱EC2），這兩項服務後來成為亞馬遜網路服務AWS的核心技術。

艾博哈德（Martin Eberhard）與塔本寧（Marc Tarpenning）：於1997年創立新媒體公司，並研發出全世界第一部可攜式電子書閱讀器「火箭書」。

羅爾（Marc Lore）和薄拉拉（Vinit Bharara）：網路嬰幼兒用品奎德西創辦人，曾與貝佐斯展開尿布大戰，後來戰敗，被亞馬遜併購。

佩吉（Larry Page）與布林（Sergey Brin）：Google創辦人，早期亞馬遜有很多工程師都被Google挖走，現在這兩家公司在雲端服務上是勁敵。貝佐斯也是Google早期投資人之一。

史通（Tim Stone）與沃尼克（Jason Warnick）：亞馬遜競爭情報部的主管，這個祕密組織會買來對手的商品，評估其品質與服務速度，並將調查結果交給貝佐斯等高階主管組成的委員會。

史雲默（Nick Swinmurn）與謝家華（Tony Hsieh）：史雲默於1999年創辦網路鞋店薩波斯；謝家華隨後以顧問與投資者身分加入，最後成為薩波斯執行長。2009年亞馬遜併購薩波斯，但仍讓它獨立運作。

捷爾（Gregg Zehr）與帕雷克（Jateen Parekh）：亞馬遜126實驗室中，研發電子書閱讀器Kindle的重要成員。

前言

本書由來

1970年代初，有位廣告公司主管雷伊（Julie Ray）對德州休士頓公立學校的資優兒童教育方案十分熱中。該方案叫做「先鋒計畫」，採用創新的教育方式，致力於促進學童的創意與獨立精神，培養他們廣博的知識，以跳脫思考框架。她的兒子就是第一批接受這種資優教育的學生。雷伊對此課程極有興趣，也常和熱心的教師和家長聚會討論。做事一向認真勤奮的雷伊，決定針對德州類似學校進行查訪，希望能寫一本書介紹德州新興的資優教育。

幾年後，雷伊的兒子升上初中，她仍繼續在德州各地研究資優兒童教育，其中一所是位於休士頓市中心西邊的橡樹河小學（River Oaks Elementary School）。該校校長指派一名資優學生當接待代表，陪她在學校四處參觀。被指派的這名學生是個口齒伶俐、頭髮褐黃色的六年級小學生。由於他的父母不希望書裡公布這孩子的真實姓名，雷伊於是用「提姆」這個化名來稱呼他。

雷伊後來出版了《引爆天才》(*Turning On Bright Minds*),她在書中這麼描述提姆:「這孩子在各科的學業成績都很優秀,身材瘦小,對人友善,但個性嚴肅。」根據老師的評語,他「不是特別有領導天分」,但很有自信,一提到他當時讀的小說:托爾金(J. R. R. Tolkien)的《哈比人》(*The Hobbit*),就滔滔不絕。

年方十二歲的提姆,就已經表現出強烈的好勝心。他告訴雷伊,他很愛看書,希望能拿到閱讀比賽冠軍,但班上有個女同學已放話一個星期可以讀十二本書,提姆因此擔心贏不了她。

提姆還拿他的科展作品「無限方塊」給雷伊看。這方塊以電池的電力推動其中的旋轉鏡,在你盯著方塊時,就會出現視覺幻象,好像看到裡面有條不見盡頭的隧道。提姆說,他曾經在一家商店看過類似的玩意兒,但店家要價20美元。他告訴雷伊:「我自己做的便宜多了。」老師說,提姆有三件作品獲選,可以參加地區的科展比賽,而大多數參賽者是年紀比他大的初中生和高中生。

儘管老師對提姆的巧思與創意讚賞有加,但我們可以想像,他們也擔心這孩子會不會聰明過頭。例如為了練習數學課教的匯總統計,提姆針對六年級教師設計了一張課程評鑑表。他說,這份調查的目的是評量教師的教學方式,不是看哪位老師最受歡迎。提姆把評鑑表發給同學填寫,在雷伊來訪時,他正在計算結果,並把每位老師的表現數據繪製成圖表。

根據雷伊的描述,提姆的每一天都過得很充實。他非常早起,七點整,就要在離家門一條街外搭校車,車程三十二公里才到學校，接著是一連串的課程，包括數學、閱讀、體育、科學、西班牙文和藝術，還有一些時間則安排個人研究計畫和小組討論。雷伊記得旁聽過一堂小組討論課。在那堂課，包括提姆在內的七個學生，在校長的辦公室圍成圓圈坐下，進行創造性思考的練習。學生先安靜地閱讀短篇故事，然後討論。第一個故事講述自遺址考察歸來的考古學家宣稱他們挖出了珍貴的古物寶藏，但後來經證實那些古物都是贗品。雷伊記錄下當時的討論片段：

「那些考古學家想出名，因此不願面對事實。」

「有些人終其一生固執己見，不願改變自己的想法。」

「我們應該耐心的分析事情。」

提姆告訴雷伊，他很喜歡這樣的練習。「在這個世界，總有人會告訴你該怎麼做，但你必須好好思考：這真的是你想做的嗎？」

由於出版社對雷伊的這本書興趣缺缺，有些大出版社的編輯告訴她，這本書的主題太狹隘了，她只好自費出版。1977年，她用撰寫耶誕郵購目錄文案賺來的稿費，自行印了一千本《引爆天才》平裝本。

三十多年後，我在休士頓公立圖書館找到了一本《引爆天才》，也連絡上雷伊。她目前住在德州中部，致力於環保與文化方面的公共事務。她說，過去二十年來，她看到提姆成名、致富，對他讚嘆再三，但是她並不驚訝。「在他還是個小男孩時，我就已經看出他的才華。像他這樣的孩子，接受新式資優教育計畫可說如魚得水。他的回應以及對學習的熱忱，也使這樣的計畫變得更好。這證實當年的資優教育是成功的。」

她回想起當時曾請問學校的一位老師，像提姆這樣的孩子將來可以有什麼樣的表現。老師回答：「我真的無法預言。他只需有人提點一下，未來實在無可限量。」

新商業與科技巨擘的誕生

2011年底，我終於見到了「提姆」。他就是亞馬遜公司的創辦人兼執行長傑夫・貝佐斯（Jeff Bezos）。

為了寫作這本書，我進入了亞馬遜在西雅圖的總部，懇請貝佐斯與我合作。我想記錄這個科技與商業巨擘興起的傳奇，剖析他們破壞式創新的神功，看他們如何率先嗅到網際網路的無限商機，進而永遠改變我們的購物習慣與閱讀經驗。

我們的每日生活漸漸少不了亞馬遜。有幾百萬人經常將瀏覽器導向亞馬遜的網站，或其衛星網站，像是網路鞋店薩波斯（Zappos.com）或是嬰幼兒用品購物網站尿布網（Diapers.com）等，以滿足資本主義社會最基本的衝動，也就是：消費。亞馬遜網站什麼都賣，包括書籍、電影、園藝用品、家具、食物，還有一些奇奇怪怪的東西，像是給貓戴在頭上、可充氣的獨角獸角（9.5美元），或是重達五百多公斤、有電子鎖的槍枝保管箱（903.53美元），約三至五日就可到貨。

這家公司最專精的事情就是，讓顧客立即得到滿足，只消幾秒鐘，就可把電子書之類的數位產品傳送到顧客手上，即使是實體物品也只需幾天。消費者經常盛讚亞馬遜商品到貨神速，沒想到東西那麼快就送到家門口了。

到了2012年，也就是亞馬遜營運的第十七年，年營業額已高達610億美元，它很可能會是有史以來，在最短的時間內營業額超越千億美元的零售商。很多顧客都愛死了這家公司，但競爭者對它是恨之入骨，人人自危。就連「亞馬遜」這個公司名稱也成為商業俚語。例如「亞馬遜化」（to be Amazoned），意味「眼睜睜地看著這家從西雅圖起家的電子商務公司像吸塵器一樣，把顧客和你的利潤吸得一乾二淨」。

亞馬遜的歷史，正如大多數人了解的，是網路時代的傳奇。這家公司最先只是一家網路書店，在1990年代末期，隨著達康（dot-com）風潮將業務擴展到音樂、電影、電子產品和玩具。然而，在2000年、2001年，風雲變色，網路泡沫破滅，無數網路公司一夕崩盤，亞馬遜雖然沒慘遭滅頂，很多人對這家公司的前景並不樂觀。但亞馬遜並未因此停下腳步，它整頓好複雜的物流網絡，並將觸角延伸到珠寶、服飾、運動用品、汽車零件等，任何你想得出來的東西，他們都賣。

正當這家公司成為全球最大的網路零售商城，成為其他貨物供應商最主要的銷售平台，亞馬遜又發展出雲端運算業務，也就是亞馬遜網路服務（Amazon Web Services）*，更推出低價、實用的數位產品，如電子書閱讀器Kindle與平板電腦產品Kindle Fire。

Google執行董事長施密特（Eric Schmidt）說：「在我看來，亞馬遜就是其創辦人鍥而不捨，讓願景成真的故事。」施密特

* 編注：亞馬遜已是全球雲端服務主要提供商之一，也是最大的公有雲提供廠商，華爾街預估AWS貢獻超過20億美元營收。

雖然是亞馬遜的競爭對手，但他個人也是亞馬遜的尊榮會員（年繳79美元），可享受兩日內免費到貨的商品服務。「除了蘋果，幾乎沒有更好的例子了，但大家都忘了原先很多人都認為亞馬遜這家公司凶多吉少，畢竟該公司無法提出一個可行的成本結構，連年虧損，已賠了幾億美元。但貝佐斯能言善道，聰明絕頂。這個創辦人是個典型的技術專家，他了解企業運作的每個環節，而且比每個人都更在意細節。」

儘管近年亞馬遜的股票已飛漲到令人暈眩的高點，這家公司不但獨一無二，而且像謎一樣。有一段時期因瘋狂向新市場擴張，並增加產品項目，資產負債表慘不忍睹。其實它在2012年是虧損的，但華爾街似乎不在乎。貝佐斯一再強調他的長期哲學，他經營亞馬遜從來都是看長不看短，因此贏得股東的信賴，當他放慢擴張的腳步，投資人也願意耐心等候，等他轉虧為盈。

貝佐斯是個獨裁的領導人，常把別人的意見當耳邊風，連自家公司的資深主管也莫可奈何。但他碰到問題，一定積極解決，也很會把複雜的理念融會貫通。他就像西洋棋大師，能洞察局勢，搶得機先，又像得了強迫症那樣，全心全意為顧客服務，希望顧客滿意，如免運費和免銷售稅*，即使這麼做對公司的財務有害，也不利於地區經濟，只要顧客高興，貝佐斯就覺得非做不可。

很多亞馬遜員工都說，貝佐斯是個超級難纏的老闆。儘管哈哈大笑和面帶笑容是他的正字標記，但他就像蘋果已故創辦人賈伯斯（Steve Jobs）一樣是毒舌派，罵起人來口不擇言。

在蘋果如果有人湊巧跟賈伯斯坐一部電梯，總是會嚇破膽。而貝佐斯也是個極其注重細節的大老闆，腦中似乎有無限的新點子，對部屬要求苛刻，要是有人達不到，他就會暴跳如雷。

貝佐斯也像賈伯斯，在外界對公司的評價不盡滿意時，會施展現實扭轉力場。他常說，**亞馬遜的任務是：「在全世界提高業界的水準，也就是聚焦於顧客。」**[1]貝佐斯和他的員工費盡苦心迎合顧客，但對於競爭對手，甚至企業夥伴，則毫不留情。貝佐斯經常提到，亞馬遜競爭的市場非常廣闊，容得下很多贏家。這麼說或許沒錯，但也凸顯一個事實，不管公司大小，很多都是亞馬遜的手下敗將，慘遭市場淘汰，像是過去赫赫有名的電路城（Circuit City）、博德斯書店（Borders）、百思買（Best Buy）和邦諾書店（Barnes & Noble）。

在遠方城市興起的零售巨擘常使美國人對自己的社區感到憂心。各個年代的零售業巨人都曾面對各地民眾的反彈，如沃爾瑪（Walmart）、希爾斯（Sears）、伍爾沃斯（Woolworth）。早在1940年代，A&P超市連鎖店就在反托拉斯官司中被打得遍體鱗傷。美國人為了便利和低價，喜歡在大零售商店購物。但這些公司大到某一個程度，又成了各地居民恨之入骨的商業怪獸。我們希望東西便宜，卻又不願自家附近開了幾十年的小雜貨店或書店關門大吉。街角那小巧、溫馨的書店先是被邦諾這樣的連鎖大書店取代，現在邦諾又被亞馬遜趕走了。

貝佐斯為自己的公司發言總是字斟句酌。他就像希臘神話

＊譯注：根據美國最高法院1992年的裁定：「只有在該州有實體設施的網路零售商，州政府才能課徵銷售稅。」由於亞馬遜網站的貨物價格不含銷售稅，因此可比傳統零售商便宜。

中人面獅身的斯芬克斯那樣莫測高深，教人猜不透他有何計畫。他很少公開透露自己的想法和企圖，不管在西雅圖商界或是美國科技圈，他都是個謎。他鮮少在大型會議上發表演說，更難得聽說他接受媒體訪問。即使是仰慕他、密切追蹤亞馬遜發展史的人，也常把他的姓氏唸錯（應是「貝佐斯」，不是「畢佐斯」）。

在亞馬遜發展初期給予金援、曾任亞馬遜董事有十年之久的創投業者杜爾（John Doerr），稱亞馬遜的公關風格為「貝氏溝通學」。他說，貝佐斯帶了枝紅筆、產品介紹、演講稿和給股東的信，就去開記者會了，資料中沒訴諸顧客需求或對顧客沒幫助的內容一律刪除。

我們以為自己已經對亞馬遜的故事瞭如指掌，其實我們只是知道亞馬遜神話、亞馬遜發布的新聞稿，以及貝佐斯沒用紅筆刪除的採訪稿。

第一次深入亞馬遜

亞馬遜的總部總共有十幾棟的建築，位於西雅圖聯合湖（Lake Union）南岸。聯合湖是個小小的冰河湖泊，以運河連接西邊的普吉特灣（Puget Sound）和東邊的華盛頓湖。總部所在區域在19世紀是間大鋸木廠，更久以前則是印第安人的營地。物換星移，在這一帶，早就看不到如詩如畫的田野風光，取而代之的是樓房林立的都市景觀，包括新創立的生醫公司、癌症研究中心和華盛頓大學醫學院。

從外觀來看，亞馬遜總部這一棟棟低矮的樓房看起來一點都不起眼。你一踏入亞馬遜的指揮中樞，也就是位於泰瑞大道與共和街交會口的第一日北樓（Day One North）*，映入眼簾的就是牆上巨大的「Amazon」字樣和那抹從A到Z如微笑般的黃色曲線。長型訪客桌的一頭擺放一碗狗餅乾，以款待和主人一起來上班的狗兒（但員工要停車、吃零食都得自己掏錢）。靠近電梯的牆上掛了塊黑色牌子，上面用白色字體印了貝佐斯的幾句話，讓訪客知道他們已經進入哲學家執行長的國土：

> 不知還有多少東西尚待發明，
> 也不知還有多少新鮮事還沒發生。
> 無人知曉網路會對人類造成多大的衝擊，
> 今天只是這個大事件的第一日。

亞馬遜的公司內規一樣特別。他們開會不用PowerPoint或幻燈片。員工必須用長達六頁的文章來做報告，因為貝佐斯認為這麼做才能引發具有批判性的思考。每次要推出新產品，產品介紹的文件要寫的像新聞稿一樣，讓顧客有耳目一新的感覺。亞馬遜的人員開會總是先唸自己寫的內容，接著再進行討論——就像貝佐斯和橡樹河小學的同學在校長辦公室所做的創造性思考練習。

為了與貝佐斯談這個出書計畫，我決定依照亞馬遜員工開會的規定，為這本書擬一篇六頁的新聞稿。

---

* 譯注：在「第一日北樓」對面還有一棟「第一日南樓」（Day One South）。這兩棟樓房外面都看不到「Amazon」的招牌，從下面的引言可知為何這兩棟樓房如此命名。

貝佐斯在8樓的會議室跟我見面，裡面有張六塊門板組成的大桌子。二十年前，貝佐斯在自家車庫創立亞馬遜的時候，就是用這種淺褐色的門板當辦公桌。這桌子已成亞馬遜務實節儉的象徵，一路走來，始終如一。

我第一次採訪貝佐斯已是2000年的事了。那幾年他不斷在各個大陸飛來飛去，臉色蒼白，身材也走樣。現在的他，看來精瘦、健康。他不但使亞馬遜脫胎換骨，也重塑自己的體型，甚至把他的地中海髮型理個精光，就像電影「星艦奇航：銀河飛龍」中的畢卡艦長 —— 也就是他從小崇拜的科幻英雄人物。

我們坐下來，我把新書新聞稿從桌面滑過去給他。他知道我的來意之後，哈哈大笑，笑到口沫橫飛。

貝佐斯的笑聲果然名不虛傳。他身子前傾，腦袋往後，閉起眼睛，放聲大笑。那笑聲粗嘎、尖銳，有如象海豹的吼聲，又像電鑽，令人脈搏加速、不寒而慄。常常，沒有人覺得有什麼好笑的，他卻突然哈哈大笑。貝佐斯的笑，也是無人能解的謎。沒有人知道如此嚴肅、專注的人，為何會發出這種笑聲，他的家人似乎也不會這樣笑。

亞馬遜的員工感覺這種笑聲就像刺入心臟的刀，刀刀命中要害，把你說的話割得粉碎，把你陳述的目標丟回你的腳邊。貝佐斯有多位同事都覺得他是故意的，笑聲就是他的武器。亞馬遜前資訊長達澤爾（Rick Dalzell）說：「他的笑讓你失去防備，使你羞愧萬分。沒錯，他就是用笑聲來懲罰你。」

貝佐斯花了一、兩分鐘靜靜地看完我的新聞稿。我們討論這書的目標——第一次深入述說亞馬遜的故事，從1990年代初期貝佐斯在華爾街心生創業的念頭乃至今日。我們談了約一個小時，也提到其他可當作模範的經營管理之作，如艾薩克森（Walter Isaacson）寫的《賈伯斯傳》，該書在這位蘋果執行長過世後旋即出版。

我們知道在這個時機出版一本有關亞馬遜的書不免有些尷尬。其他網路書店和實體書店想必都對亞馬遜這個怪獸般的競爭對手有所不滿。出版本書的利特爾布朗公司（Little, Brown, and Company）隸屬的法國阿歇特集團（Hachette Livre）為電子書的價格和亞馬遜爭戰多年，最近才與美國司法部、歐盟執委會達成和解。對阿歇特等多家大型零售商和媒體集團而言，亞馬遜不但是零售的生意夥伴，也是強悍的競爭對手。當然，貝佐斯也考慮到這點，他常對作者和記者說：「**衝擊圖書出版業的不是亞馬遜，而是未來。**」

過去十年，我曾與貝佐斯談了十幾次，我們總是聊得很開心，過程中不時穿插他那機關槍一樣的笑聲。他不管做什麼都很投入，精力充沛，如果你在公司走廊遇見他，他會毫不猶豫地告訴你，別搭電梯，走樓梯才有益健康。他跟你說話，總是全神貫注，而且會注意不偏離主題，不像其他大公司老闆，常常心不在焉，或是一副急著要走的樣子。他說的一些話，有些已經成為很多人琅琅上口的貝氏語錄，甚至流傳十年以上了。

正如貝佐斯說的：「**如果你想知道我們哪裡與眾不同，那我告訴你：我們是一家真正關心顧客的公司，我們真正在意的是長遠發展，而且我們真的喜歡創新。**然而，大多數的公司不是這樣。他們緊盯的是競爭對手，而不是顧客的需要。他們希望兩、三年內就可賺錢、發放股息，如果做不到，那就改做別的。他們寧可緊跟在別人的後頭，而不願當創新者，因為這樣比較安全。這就是亞馬遜與眾不同之處。具有上述三個特點的公司，實在少之又少。」

在面談快要結束時，貝佐斯將手肘放在桌上，上身前傾問到：「那你要如何克服敘事謬誤的問題？」

啊，好問題。在那一刻，我冷汗直流，打從心底恐慌。我終於可以體會，在過去二十年，亞馬遜員工出奇不意被這位聰明絕頂的老闆考倒是什麼樣的感受。貝佐斯解釋說，「敘述謬誤」源於塔雷伯（Nassim Nicholas Taleb）於2007年出版的《黑天鵝效應》（*The Black Swan*）一書，描述人常容易把複雜的現實簡化為具有安撫效果、過於簡單的故事。塔雷伯論道，鑑於人類大腦的限制，我們這個物種經常把不相干的事實和事件湊起來，導出因果關係的等式，再轉化為容易了解的敘述。塔雷伯說，這樣的故事使人無法看清真正的隨機事件，也無法面對混亂的經驗，同時忽略了運氣對所有的成敗都有一定程度的影響（附帶一提，《黑天鵝效應》正是亞馬遜每個資深主管必讀的書）。

貝佐斯認為，亞馬遜的興起應該是個極度複雜的故事。某種產品為什麼會出現，答案必然不是我們想的那麼簡單，例如亞馬遜的雲端服務AWS，現在已有許多網路公司和新創公司租用。貝佐斯說：「一家公司要產生新點子，過程的複雜和辛酸往往不足為外人道也，沒有所謂的靈光乍現時刻。」他擔心，如果把亞馬遜的故事壓縮成簡單的敘事，雖然容易了解，然而可能會失真。

塔雷伯也在書中提出避免敘事謬誤的方法，也就是偏重實驗與實際考察得來的知識，不要被故事和記憶牽著鼻子走。也許對胸懷大志的作者來說，更實際的解決之道是，別急著下筆，先好好注意可能會受到的影響有哪些。

一家無所不賣的商店

在進入本書正文之前，我必須先在此做一番聲明。貝佐斯最早動念想要創立亞馬遜這樣的公司，是1994年在紐約市中心一棟摩天大樓的40樓做的決定。將近二十年後，這家公司已僱用了九萬多名員工，成為地球上最知名的公司之一，以包羅萬象、價廉物美的產品讓顧客驚喜，用最貼心的方式服務顧客，勇於不斷創新、再造，並使其他大公司備受威脅。本書試圖描述亞馬遜如何走到今天這個境地。

為了寫這本書，作者與現任及已離職的亞馬遜主管和員工進行了三百多次的訪談，包括貝佐斯本人。儘管貝佐斯認為現在回顧亞馬遜的企業史似乎「言之過早」，但最後還是支持這個出版計畫。不管如何，他大方應允該公司資深主管、他的家人、朋友接受我的訪談，本人對此感激萬分。我也參考了過去十五年來報章雜誌對亞馬遜的相關報導，如《新聞週刊》、《紐約時報》、《彭博商業週刊》等。

自沃爾瑪創辦人山姆・華頓（Sam Walton）乘坐雙人小飛機在美國南部勘察地形、選擇開店地點以來，最傳奇的創業故事非亞馬遜莫屬。本書目的就是敘述這家公司背後的故事。這本書要說的，也是一個資賦優異的少年如何成為積極進取、多才多藝的大企業執行長，還有他本人、他的家人和同事如何為了一種革命性的網絡 —— 網際網路 —— 孤注一擲。他們懷抱遠大的願景，打造出一家無所不賣的商店。

第一部 信念

IAS 1997
IAS 1997
ANCIENT EGYPT
JavaScript BIBLE
JavaScript BIBLE
JavaScript BIBLE
YOGA
Access 97 for Dummies
342-5-6

01
華爾街的計量金融家

在亞馬遜號稱是地球上最大的書店、世界首屈一指的網路超級商城之前，創建這家公司的念頭最早是在華爾街一家金融公司德劭（D. E. Shaw & Co.）的紐約辦公室萌芽。*

德劭是一家對沖基金公司，堪稱華爾街的異數，員工暱稱自家公司為DESCO，1988年由蕭大衛（David E. Shaw）創立。蕭大衛曾任哥倫比亞大學資訊科學教授。在DESCO創立之初，類似的金融公司有文藝復興科技（Renaissance Technologies）、都鐸投資（Tudor Investment），同樣富有創新精神，但蕭大衛是利用電腦和繁複精妙的數學公式偵測全球金融市場的異常波動模式，趁機進行套利交易。例如某一檔股票在歐洲的股價略高於同一檔在美國的價格，DESCO那些精於電腦的華爾街戰士，就會寫程式搶時間執行交易，攫取利差。

* 譯注：D. E. Shaw & Co.現在上海和香港都設有分公司，公司註冊名為德劭公司。該公司對沖基金（德劭基金）掌管約280億美元的投資資本，在2012年《富比士》全球對沖基金排行中名列第五。

蕭大衛學識淵博，生性低調，因此金融界與投資大眾對他所知甚少。這家公司的操作手法神不知鬼不覺，透過獨家程式來進行交易，很多巨富都是他們的客戶，如億萬富翁薩思曼（Donald Sussman）和蒂許家族（Tisch family）。蕭大衛堅持這樣的信念：如果DESCO想用創新的方式投資，要獨占鰲頭，不讓競爭者仿效，就得嚴格保密，不讓人知道電腦運算主導交易的新疆界。

蕭大衛成年時，正值超級電腦問世之初。1980年，他於史丹佛大學取得資訊科學博士，然後遷至紐約，在哥倫比亞大學資訊科學系任教。1980年代初期，超級電腦製造商思考機器（Thinking Machines）曾向他招手，該公司創辦人席立斯（Danny Hillis）幾乎說服蕭大衛加入設計平行電腦的行列。席立斯也是發明家，後來成為貝佐斯的摯友。蕭大衛本想到席立斯那裡工作，後來還是作罷，他說自己想做更有賺頭的事，等他賺夠了，就會重回超級電腦的領域。席立斯說，即使蕭大衛能致富（在席立斯看來這恐怕不大可能），他也不會回來。（不過，在蕭大衛晉升億萬富翁之後，真的把德劭公司交給管理階層經營，重拾舊愛，也就是超級電腦的研究。）席立斯坦承：「我真是錯看他了。」

1986年，蕭大衛終於被摩根士丹利打動，離開學術圈，與該公司一群精英共同開發統計套利程式，以因應下一波的自動交易風潮。但蕭大衛還是一心一意想創立自己的公司。他在1988年離開摩根士丹利，從投資家薩思曼那兒取得2,800萬美元的創業資金，在曼哈頓西村一家專售共產主義書籍的書店樓上開立公司。

DESCO是家獨樹一格的華爾街金融公司。蕭大衛招募的不是金融方面的專才，而是科學家和數學家，這些人除了有頂尖的頭腦、非凡的背景、耀眼的學歷，還有個共通點就是不擅於社交。DESCO後來搬遷到曼哈頓南公園大道一棟大樓的頂樓，此時加入的成員葛方德（Bob Gelfond）說道：「大衛希望看到科技和電腦的神奇力量能在金融領域展現。他向高盛看齊，想要在華爾街創立一塊金字招牌。」

蕭大衛對公司的管理有他龜毛的一面。例如，他經常寫信告知員工，要注意公司名稱的拼寫方式——「D.」和「E.」之間必須空一格。另外，陳述公司任務時，也得依照公司立下的官方說法，即從事「股票、債券、期貨、選擇權等金融產品的交易」，而且必須按照這樣的順序。蕭大衛是個嚴謹的人，要求公司的電腦專家如要提出任何交易點子，都需通過嚴格的科學檢驗和統計驗證，才算可行。

DESCO最年輕的副總裁

1991年，DESCO因為成長迅速，又搬到離時報廣場只有一個街區的曼哈頓中城一棟摩天大樓的頂樓。他們辦公室的裝潢極簡卻搶眼，是建築師霍爾（Steven Holl）設計的，大廳挑高兩層樓，冷光投射在巨大白牆上溝槽。那年秋天，蕭大衛在公司為總統候選人柯林頓辦了場募款餐會，門票一張1,000美元，出席嘉賓包括賈桂琳．歐納西斯等名人。為了這場晚間盛會，員工必須在之前把辦公室空出來。貝佐斯當時是該公司最年輕的副總裁，那天準備離開公司和同事打排球前，先在會場和未來的總統合照。

貝佐斯那時才二十八歲，頭頂已微禿，身高172公分，不修邊幅，臉色慘白有如麵團，看起來就是個標準的工作狂。他已在華爾街工作五年了，每個認識的人都對他那敏銳的才智與過人的毅力印象深刻。

1986年，貝佐斯甫自普林斯頓大學畢業，即在兩位哥倫比亞大學教授創辦的財務電信公司（Fitel）工作，為股市交易者開發跨越太平洋的私人電腦網絡。公司創辦人之一奇奇尼斯基（Graciela Chichilnisky）還記得當時貝佐斯是個能力很強、積極進取、樂在工作的年輕人，公司在倫敦和東京的分公司都曾由他管理。「他不在乎別人怎麼想，」奇奇尼斯基說道：「你每次給他富挑戰性的困難任務，他都會全力以赴，達成使命。」

1988年，貝佐斯轉往信孚銀行（Bankers Trust）任職。他發現這個機構僵化、刻板，不願面對挑戰、不思求變，讓他心灰意冷，於是開始尋求創業機會。

1989年和1990年間，在上班時間之外，貝佐斯曾花了幾個月的時間，與美林集團一位叫做邁納（Halsey Minor）的年輕員工創建一家透過傳真機傳送客製化新聞的公司，不料美林撤回原本應允投資的資金，這家公司只得面臨早夭的命運。邁納後來創立了著名的科技新聞網站CNET，也對貝佐斯印象深刻。邁納記得，貝佐斯曾仔細研究幾位成功的企業家，特別仰慕維吉尼亞出身的達美樂披薩加盟商米克斯（Frank Meeks）。貝佐斯也欽佩資訊科學先驅凱伊（Alan Kay），而且常引用他

的名言 ——「這個觀點相當於IQ 80分」，以此提醒要用新觀點增進對事物的了解。邁納還說：「每一個人都是貝佐斯師法的對象。我想，他認識的人當中，沒有人讓他一無所獲。」

與蕭大衛志同道合

在貝佐斯準備離開華爾街之時，一個獵人頭業者跟他接觸，要他再去一家金融公司看看，對方口口聲聲說道，這家公司背景不凡。貝佐斯後來說道，他到了DESCO就有如魚得水之感，並與蕭大衛志同道合。他說：「像蕭大衛這樣，左腦和右腦都一樣發達的人，實在寥寥無幾。」[1]

貝佐斯在DESCO期間，就已表現出他特有的工作習性，創立亞馬遜之後，他的員工也都發現了這些獨特之處。他很有紀律，講求精確，常帶著一本筆記本，隨時寫下自己的所思所想，像是不快點記下來的話，這些點子就會消失似的。如果有更好的想法出現，他會馬上擁抱新的，揚棄舊的。他說起話來，總像個大男孩一樣興奮，不時哈哈大笑 —— 這笑聲後來成了他的正字標記。

貝佐斯凡事皆會仔細分析，就連社交生活也不例外。剛進DESCO時，他還單身，曾去學交際舞。這是他精心計算過後的結果：交際舞能使他多認識一些女性。他坦承，為了多一些認識異性的機會，增加「女人流」[2]，他也曾費盡心思，就像華爾街金融家評估「交易流」一樣。從DESCO到亞馬遜，一直在貝佐斯底下工作的霍登（Jeff Holden）曾說：「在我遇見的人當中，貝佐斯是最會內省的一個。他對自己人生的各個層面，都有一套方法。」

DESCO不像其他華爾街公司那樣拘謹、一堆繁文縟節，給外人的感覺反倒比較類似矽谷的新創公司。員工可穿牛仔褲或卡其褲，不必西裝筆挺，也沒有階級制度（當然，有關交易程式等重大訊息，有人嚴密把關，不會外漏）。貝佐斯週一到週五都以公司為家：他在辦公室放了個睡袋，窗檯上放了塊發泡棉，晚上就可以在辦公室打地鋪。後來在亞馬遜為他工作的羅喬伊（Nicholas Lovejoy）說，這些不只是工作狂的象徵，真的還滿實用的。下班後，貝佐斯時常和同事用十五子棋或橋牌賭錢，直到凌晨才回辦公室睡覺。

由於公司不斷成長，蕭大衛不得不思考如何招兵買馬，擴大人才庫。除了數學和科學方面的長才，他垂青特別領域的天才，凡是傅爾布萊特獎學金得主和一流大學榮譽榜上的學生都是招攬的目標。公司主動寄出幾百封信給那些有潛力的年輕人並介紹自己，宣稱：「本公司招納人才完全是精英取向。」

於是，各路英雄好漢紛紛帶著耀眼的學業和能力測驗成績單前來紐約應徵。要過關斬將大不容易。面試考題無奇不有，像是一個考官曾問：「美國有幾部傳真機？」這種考題主要是想看看應徵者如何解決難題。面試結束後，所有參與招募新人的考官都得一起開會，就每個應徵者的表現提出自己的評價，並分為四類：完全不建議僱用、傾向不僱用、傾向僱用，或是力薦公司僱用。只要有人投反對票，這個應徵者就沒機會了。

後來，貝佐斯也把這種招募人才的方式，以及DESCO一些基本管理技巧帶到西雅圖。直到今天，亞馬遜仍是像這樣把應徵者分為四類。

DESCO對人才招募和面試的投入與用心，貝佐斯耳濡目染，自然也受到影響。公司招募到的一個新人，後來甚至成為他的人生伴侶。她就是麥肯琪．塔朵爾（MacKenzie Tuttle），1992年自普林斯頓大學畢業，主修英國文學，曾受教於諾貝爾文學獎得主莫里森（Toni Morrison）。麥肯琪本來在DESCO擔任行政助理，後來成為貝佐斯的下屬。羅喬伊記得貝佐斯有一天晚上租了部加長型豪華轎車，載了幾個同事去夜總會玩。他說：「雖然表面上看來他想與大家同歡，但他顯然已把愛神的箭對準麥肯琪。」

但麥肯琪後來說，是她先鎖定貝佐斯的。2012年，她接受《時尚》（*Vogue*）雜誌訪問時說道：「我的辦公室與貝佐斯的相鄰，一天到晚都可以聽見他那傳奇的大笑。誰能抗拒那樣的笑聲呢？」她先主動請他吃飯。約會三個月後，他們就訂婚了。[3]1993年，這對金童玉女在佛羅里達州西棕櫚灘的浪花（Breakers）度假飯店舉行結婚典禮。他們為賓客安排遊戲，還在飯店池畔辦了深夜派對。葛方德和一位程式設計師卡爾澤斯（Tom Karzes）遠道從DESCO飛來觀禮。

展現領袖魅力

隨著DESCO迅速成長，管理問題不免愈來愈多。有幾位員工提到，當時公司請了一位顧問，要求所有的主管接受邁爾斯—布里格斯人格測驗*。不出所料，每個人都被評為「內向」，相較之下，最不內向的就是貝佐斯。在1990年代初期的

DESCO，貝佐斯於是被視為外向的代表人物。

貝佐斯在DESCO展現出他的領導才能。到了1993年，他已從公司總部遙控芝加哥分公司的選擇權交易業務，並高調進軍第三市場，也就是一種店頭市場，允許散戶在證券交易所外進行上市股票買賣。由於這種場外交易的佣金是透過磋商決定的，因此佣金要比股票交易所便宜甚多。[4]後來從DESCO跳槽到亞馬遜的程式設計師馬許（Brian Marsh）說：「貝佐斯很有領袖魅力，能言善道，談起第三市場的業務，每個人都為之折服。那時就可看出，他是很強的領導者。」

然而，貝佐斯的部門不斷面臨挑戰。在第三市場這個領域，他的勁敵是馬多夫（Bernard Madoff，史上最大規模的龐氏騙局就是這個人搞出來的，終在2008年東窗事發，以證券詐欺的罪名落網）。馬多夫的第三市場業務做得有聲有色，不但占盡先機，而且是業界翹楚。貝佐斯和他的部屬可從位於高樓頂樓辦公室的窗戶，眺望馬多夫位於東區地標建築「口紅大廈」的辦公室。

華爾街人士都認為DESCO是家行事隱密的對沖基金公司，但DESCO自身則有不同的定位。蕭大衛認為，與其說他們是家對沖基金公司，不如說是十八般武藝樣樣精通的科技實驗室，擁有許多創新者和才能卓越的工程師，能運用電腦科學解決各種難題。[5]投資不過是第一個應用領域。

在1994年網際網路科技萌芽之時，只有少數人注意到這個機會。蕭大衛就是其中之一。他認為，DESCO定位獨特，正好可利用這種新的電腦科技。他隨即指定貝佐斯當前鋒。

DESCO運用網際網路有得天獨厚的優勢地位。大多數員工都可使用能夠連上網際網路的昇陽工作站，而非專屬交易終端機，他們因此可運用最早的網際網路工具，如Gopher、Usenet、收發電子郵件和第一代網路瀏覽器Mosaic。為了編寫文件，他們使用在學術界非常流行的一種排版系統，也就是LaTeX。雖然貝佐斯認為文件程式沒必要搞得如此複雜，而拒絕使用，但DESCO是第一家註冊其URL（網址）的華爾街公司。根據網際網路上的紀錄，Deshaw.com是在1992年註冊，高盛的網域名則是在1995年登記，而摩根士丹利又晚了一年。

蕭大衛以前當教授時，即使用過網際網路及其前身，也就是阿帕網（ARPANET）。他對單一全球網絡在商業和社交上的可能用途十分熱中。貝佐斯初次接觸網際網路是1985年在普林斯頓大學的天體物理學課堂上，然後直到進入DESCO，才又開始思考網際網路的商業潛能。蕭大衛和貝佐斯每個星期都會坐下來談好幾個小時，進行腦力激盪，思索下一波的科技浪潮。接下來，貝佐斯就會研究這些點子是否可行。[6]

1994年初，DESCO的貝佐斯、蕭大衛等人已想出了好幾個有先見之明的企劃案，包括有廣告贊助的免費電子郵件服務，就像今天的Gmail和雅虎（Yahoo）郵件服務。為了發展這個想法，DESCO創立久諾線上（Juno）；久諾在1999年上市，不久就被對手零網（NetZero）併購。

DESCO還希望開創一種新的金融服務模式，亦即允許網

＊譯注：Myers-Briggs personality test，根據瑞士心理分析家榮格在《心理類型》的人格分類，經美國心理學家布里格斯（Katharine Cook Briggs）及其女邁爾斯（Isabel Briggs Myers）長期觀察與研究而成。

際網路使用者上網交易股票和債券。為了落實這個點子，蕭大衛在1995年成立遠見金融服務（FarSight Financial Services），日後電子交易風行，E-Trade等公司開始出現。蕭大衛後來把遠見金融服務公司賣給美林集團。

蕭大衛和貝佐斯還有一個雄心壯志，他們想開一家稱之為「無所不賣的商店」。

把握成長2,300倍的網路浪潮

當時，DESCO有幾位主管認為，「一家什麼都賣的商店」這個點子很簡單：網路商店就是顧客和製造商的中介，因此幾乎全世界所有的產品都能販售。以前商店總會根據顧客填寫的意見調查表來評估要進什麼貨品，如蒙哥馬利華德郵購公司（Montgomery Ward），但網路購物反映出來的意見與需求更公平、可靠。蕭大衛本人在1999年接受《紐約時報雜誌》採訪時，確信網路商店是可行的。他說：「當中間商的確有利可圖。問題關鍵是：誰可以當這樣的中間商？」[7]

蕭大衛深信網際網路只會愈來愈重要，貝佐斯也深有同感，於是開始著手研究網際網路的發展。那時，德州有位名叫郭特曼（John Quarterman）的作家兼出版人剛創辦了《矩陣新聞》（*Matrix News*）。他在這每月發行的資訊情報讚頌網際網路，並討論其商業潛能。1994年2月出刊的那一期，刊載了令人驚異的數據。當時全球資訊網（WWW）才滿週歲，郭特曼在那一期首次分析這個網絡的成長，指出其簡單、友善的使用介面對大眾來說極富吸引力，遠勝過其他網路科技。他在一張圖表中顯示，從1993年1月到1994年1月，透過全球資訊網傳輸的位元組總數增加為2,057倍。另一張圖表則顯示，經由全球資訊網傳輸的封包（指能在網路上面進行傳輸的最小資訊單位），在這段時間增加為2,560倍。[8]

貝佐斯推斷，在那一年網絡活動活躍的程度大約增加為2,300倍，也就是成長為230,000%。貝佐斯後來說道：「這種成長速率很恐怖，極不尋常，讓我不由得思考：什麼樣的生意可以利用這種爆炸性的成長？」[9]（貝佐斯在演講時，常提到在亞馬遜發展之初，想到全球資訊網每年成長「2,300%」，他就戰戰兢兢，不敢自滿。我們可在這裡補上一個有趣的歷史注腳：亞馬遜其實是創建在一個計算錯誤之上。）

貝佐斯左思右想，最後得到一個結論：至少從一開始來看，真正什麼都賣的商店並不實際。他試著列出比較可能在網路商店銷售的二十種產品，包括電腦軟體、辦公用品、服飾和音樂等，最後認為最佳選擇應該是書籍。

首先，書就是書，同一本書不管從A商店售出，或是從B商店售出，完全沒有兩樣，顧客不必擔心買到不同的產品。當時，圖書批發商只有兩家，也就是英格拉姆（Ingram）和貝克—泰勒（Baker and Taylor），因此新的書店業者不必跟成千上萬的出版社分別接洽。最重要的是，全世界的在版書多達三百萬本，遠超過任何超級書店的庫存，如邦諾或博德斯。

儘管貝佐斯無法馬上創辦一家真正什麼都賣的商店，他還是可以掌握這種商店的精神。至少他能針對某一種重要產品，提供無限的選擇。貝佐斯說：「如果產品有無限選擇，你就能開一家線上商店。這是其他類型商店做不到的。你可以建立一家有著無限選擇、真正的超級商店，而顧客也重視這種應有盡有的選擇。」[10]

身處西45街120號40樓辦公室的貝佐斯難掩興奮。他和DESCO的招募主管亞戴（Charles Ardai）開始研究最早成立的網路書店，如設於俄亥俄州克利夫蘭的無限書庫（Book Stacks Unlimited），以及麻州劍橋的文字價值（WordsWorth）。亞戴至今還保留他們當時在這些網站購書的收據。他曾花了6.04美元向位於加州帕羅奧圖的未來幻想書店網站買了一本《艾西莫夫的網路之夢》（*Isaac Asimov's Cyberdreams*）。半個月後，書終於寄來。亞戴拆開包裝的瓦楞紙，拿給貝佐斯看。這本書因為在運送過程受到損毀，變得破破爛爛。當時還沒有人知道要怎麼透過網路賣書，並把嶄新的書平平安安送到顧客手中。正如貝佐斯所見，無人知曉這裡暗藏龐大商機。

貝佐斯知道，如果他繼續留在DESCO工作，永遠無法開創自己的公司。此時，DESCO已擁有久諾線上服務與遠見金融，蕭大衛身兼這兩家公司的董事長。如果貝佐斯要成為真正的公司老闆，做一個企業家，擁有自家公司的股權，像達美樂的米克斯那樣成名立萬，他就必須離開華爾街，放棄DESCO給他的高薪和舒服的環境。

接下來發生的，就是開創網際網路新商業模式的傳奇故事。那年春天，貝佐斯找蕭大衛懇談，說自己打算辭職，創立網路書店。於是蕭大衛提議兩人出去談談。他們在中央公園走了兩個小時，討論投資和創業的動力。蕭大衛說，他了解貝佐斯的萬丈雄心，也明白這種心情，畢竟他當初離開摩根士丹利也是一樣的原因。他知道DESCO成長很快，貝佐斯功不可沒。蕭大衛告訴貝佐斯，也許那家新公司有一天會成為DESCO的勁敵呢。談到最後，蕭大衛說服了貝佐斯再花幾天仔細考慮。

貝佐斯在思考下一步怎麼做的時候，他才剛讀完石黑一雄的小說《長日將盡》。故事背景是大戰時期的英國，一位在貴族莊園服務的老管家緬懷往日種種和自己的生涯選擇。此書觸發貝佐斯思考日後回顧人生的重要轉折時，會怎麼看自己，最後終於悟出「遺憾最小化架構」，以此幫助他決定人生的下一步要怎麼走。

多年後，貝佐斯說：「所謂當局者迷，如果不跳開來，你就會陷入混沌。例如，我知道當我八十歲時，不會責怪自己選擇在1994年中離開華爾街，放棄年底就會到手的紅利、獎金。在你八十歲的時候，這些真的一點也不重要。然而，如果我知道網路革命即將來到，但我竟錯過了這波網路浪潮，必然會後悔莫及……這麼一想，我就豁然開朗，當下就知道該怎麼決定了。」[11]

貝佐斯的父母邁克和賈姬接到兒子打來的電話，知道他要創業，那時他們還在哥倫比亞的波哥大。邁克是艾克森石油（Exxon）的工程師，調派到波哥大三年已屆期滿，即將返美。貝佐斯說，他父母的第一個反應是：「什麼？你要在網路上賣書？」他們曾使用非凡線上服務（Prodigy）從海外與家人連絡，貝佐斯訂婚也是透過這樣的服務，請眾親友來參加派對，所以他們對網路這種新科技並不陌生。但他們還是為兒子擔心不已：為了追逐瘋狂的夢想，放棄華爾街的高薪，是否明智？貝佐斯的媽媽勸他，如果利用晚上或週末來做他的新事業，不就兩全其美？貝佐斯堅定地說：「不行，這是個瞬息萬變的時代，我必須馬上行動。」

踏上創業之旅

於是，貝佐斯開始計劃創業之旅。他在上西城的公寓辦了個派對，跟同事一起看「星艦奇航：銀河飛龍」的完結篇。接著，搭機飛到加州聖塔克魯茲見兩位資深程式設計師，這兩位是蕭大衛的公司元老賴文索爾（Peter Laventhol）介紹給他的。貝佐斯和他們約在聖塔克魯茲的老沙許米爾咖啡館。

其中一位是卡芬（Shel Kaphan），他被貝佐斯的熱情打動了。卡芬說：「貝佐斯聽我說起這波網路風潮，我說得興高采烈，他也聽得如痴如醉。」他們一起在聖塔克魯茲找辦公室，但貝佐斯後來得知，最高法院在1992年裁定，如果零售商在一個州內沒有實體店面，可依照以前的法律，毋需上繳銷售稅。再說，如果是郵購業務，一般不會在人口稠密的州開立公司，例如加州或紐約。

貝佐斯回到紐約後，告訴同事他要離職的消息。一晚，他和霍登出去喝個小酒。霍登是不久前才從伊利諾大學香檳分校畢業的電腦工程師，是貝佐斯開拓第三市場的得力助手，兩人是一對好哥倆。霍登來自密西根的羅徹斯特丘，才十幾歲已經是化名「新星」的駭客，能輕易破解軟體的版權保護密碼。他愛溜滑輪，說起話來快得像機關槍，貝佐斯開玩笑說：「霍登使我的聽力速度變快了。」

此刻，兩人面對面坐在44街的維吉爾燒烤店裡。貝佐斯已想出一個公司名；卡達伯拉（Cadabra），即變魔術的咒語，但他還沒完全屬意這個名字。而霍登在筆記本中的一頁正反面都寫滿了可供選用的名字。貝佐斯最喜歡的一個是MakeItSo.com，因為「星艦奇航」的畢卡艦長經常在下達命令時說：Make it so（就這麼辦）。

幾杯啤酒下肚，霍登跟貝佐斯說想跟他一起去。但貝佐斯擔心這麼做不妥，因為他和DESCO簽的合約規定，他離開公司之後，至少在兩年內不得從公司挖角。他可不想跟蕭大衛撕破臉，於是告訴霍登：「你才畢業不久，還有一屁股的債務，別冒這個險。先留下，好好存點錢，我會跟你保持連絡。」

月底，貝佐斯和麥肯琪已把家裡的東西全部打包好。他們只告訴搬家公司，一直往西邊開就對了，確切的目的地，等他們第二天電話通知。這對夫妻先飛到德州沃斯堡，從貝佐斯的父親那裡借了部1988年出產的雪佛蘭越野車開拓者，然後往西北前進。

麥肯琪開車，貝佐斯坐在副駕駛座，用Excel輸入收入預測 —— 後來證實貝佐斯這時輸入的數值實在離譜。途中，他們曾想在德州沙姆洛克（Shamrock）的6號汽車旅館下榻，但是房間都被訂光了，於是他們投宿漫遊者汽車旅館。[12] 麥肯琪看到房間之後，睡覺時連鞋子都不敢脫。翌日，他們開車到大峽谷，在此駐足欣賞落日。那年，貝佐斯三十一歲，麥肯琪二十四歲，兩人一起寫下的這個創業故事，在千百萬網路使用者與意興風發的創業者想像中，留下深深的印記。

過了一年多，霍登終於有貝佐斯的消息。此時，貝佐斯已在西雅圖落腳，他用電子郵件傳送一個網址給霍登。貝佐斯的公司叫做：Amazon.com。這個網站還很原始，大部分是文字，看起來普普通通。霍登從這個網站買了幾本書，也給貝佐斯一些意見。又過了一年，貝佐斯與蕭大衛簽訂的反挖角條款終於在幾個月前失效了。一天，霍登的電話響起，是貝佐斯打來的。他說：「是時候了。我們可以一起做些事了。」

02
貝佐斯之書

1994年8月21日，Usenet布告欄出現這麼一則啟事：

資本雄厚的新創公司誠徵精通C/C++語言、Unix系統的開發人員，以擴展電子商務。需有設計與創建大型複雜系統的經驗，且工作效率是一般合格程式師的三倍。應徵者必須具備資訊科學學士、碩士、博士學位或同等學力，而且要有優越的溝通技巧，熟悉網路伺服器和HTML者佳（但非必要）。

希望有才華、積極進取、富幽默感的人加入。工作地點在西雅圖（公司會提供搬遷費用）。除了薪水，另有優厚配股。

意者請將履歷寄給傑夫・貝佐斯，地址：華盛頓州WA 98004，貝爾維（Bellevue）東北28街10704號。

本公司將提供平等機會給所有的應徵者。

「創造未來，要比預測未來更容易。」——凱伊（Alan Kay）

貝佐斯等人一開始就知道，他們需要一個更響亮的公司名稱。貝佐斯的第一個律師塔伯特（Todd Tarbert）指出，他們於1994年7月在華盛頓州登記的公司名卡達伯拉，原以為具魔法意味，但後來發現這個名字晦澀難解，在電話中很容易讓人聽成Cadaver（死屍）。那年夏末，貝佐斯夫婦在西雅圖東郊的貝爾維租下有三房的獨棟房屋之後，即為了公司名稱絞盡腦汁。根據網路上的紀錄，他們在這段期間，註冊的網域名稱有Awake.com、Browse.com和Bookmall.com。貝佐斯也曾經考慮過Aard.com（aard是荷蘭文，意為自然），因為大多數的網站列表都是按字母排列，這個名字就可以排在最上面。

貝佐斯夫婦也相當喜歡另一個名稱：Relentless.com（有堅韌不懈之意），但友人說，這個字眼也有負面意涵，如殘忍、無情。儘管如此，貝佐斯還是對這名字情有獨鍾，在1994年9月登記了這個URL，一直留到今天。如果你在瀏覽器輸入Relentless.com，還是會把你帶到亞馬遜。

貝佐斯選擇在西雅圖創業，因為這個城市不但是科技的軸心，也因為華盛頓州人口較少（遠比加州、紐約州和德州來得少），因此只有少數顧客必須付州銷售稅。西雅圖是個位於西北邊陲的城市，是「油漬搖滾*」的聖地，商業倒沒那麼出名。儘管如此，微軟的大本營就設在西雅圖附近的瑞德蒙（Redmond），而華盛頓大學更源源不斷供應資訊科學方面的人才。全美兩大圖書經銷商之一的英格拉姆距西雅圖不遠，它在奧勒岡州羅斯堡（Roseburg）設有倉庫，從西雅圖開車，只需六小時。不久前，貝佐斯透過朋友認識在西雅圖從商的漢奧爾（Nick Hanauer），漢奧爾不但一直勸貝佐斯來西雅圖一展身手，後來也介紹了多位投資人給他。

那年秋天，卡芬從U-Haul租了輛拖車，把所有的家當從聖塔克魯茲搬到西雅圖，加入貝佐斯的公司，成為亞馬遜的創始員工，是技術部門的大將。

卡芬在舊金山灣區長大，青少年時期就對電腦狂熱，曾研究過美國國防部發展出來的阿帕網，亦即網際網路的前身。卡芬在念高中的時候，結識了創辦《全球目錄》（*Whole Earth Catalog*）的反主流文化傳奇人物布蘭德（Stewart Brand）。在資訊時代早期，這本雜誌可謂最重要的導引和工具。當時留著長髮和濃密鬍子的卡芬，一副嬉皮模樣，高中畢業的那個夏天，就在布蘭德的「全球行動商店」工作。這是貨車改裝的行動圖書館，常在門羅公園販賣各種學習資料，卡芬負責收錢、填寫訂閱資料、包裝書籍和目錄寄給客戶。

卡芬接著在加州大學聖塔克魯茲分校就讀數學系，斷斷續續念了十年才畢業。之後，他在灣區幾家公司工作，包括蘋果與IBM為了發展個人電腦使用的多媒體軟體而共同成立的卡雷達實驗室（Kaleida Labs），可惜這個實驗室無法長久。在這段黑暗時期，他常愁眉深鎖，朋友都叫他「憂鬱小生」。卡芬到了西雅圖之後，因為生性悲觀，對這家新創公司能否成功多有疑慮。他說：「我曾在一家小型顧問公司工作，公司叫

---

* 譯注：grunge rock，1980年代中期，這種搖滾樂在西雅圖誕生、走紅，知名的grunge樂團，如Pearl Jam、Soundgarden和Nirvana都是來自西雅圖或附近。演奏特色為用音色失真達到「很髒」的效果，喜用簡單和絃混出巨大聲響與激昂旋律，歌詞常批判主流，具有反商精神。

做對稱集團（Symmetry Group），很多人都聽成Cemetery Group（墓地集團）。因此，我一聽到貝佐斯的新公司叫Cadaver（死屍），心就涼了半截。我想，天啊，怎麼又有這種事？」

儘管如此，卡芬還是受到貝佐斯的鼓舞，認為亞馬遜大有潛力，可利用網路實現《全球目錄》描述的願景，使資訊與網路工具得以普及全世界（現在的他已四十出頭，早就剃掉長鬍，頭開始禿了）。

卡芬起先想，他先寫些程式，然後就可回聖塔克魯茲，在家遠距工作。於是，他把一半的東西留在自己家裡，先在貝佐斯家借住幾天，一邊尋找短期租屋。

在車庫創業，用門板釘成辦公桌

貝佐斯把公司設在家中一個從車庫改裝過後的房間。那是個密閉空間，建材沒用隔熱、保溫的絕緣材料，中央有個黑黑的、肚子圓滾滾的大火爐。貝佐斯花了60美元，從家得寶（Home Depot）買了幾塊淺黃色的門板，釘一釘就成了兩張辦公桌——這辦公桌已成亞馬遜傳奇的一部分，其意義幾乎等於諾亞建造的方舟。

9月末，貝佐斯開車前往奧勒岡州的波特蘭，參加由美國書商協會主辦為期四天的書籍銷售研討會，參加者都是獨立書商。研討會討論的主題包括「如何挑選期初庫存（亦即在一會計週期開始時的存貨數量）」和「庫存管理」等。[1]同時，卡芬也開始選購電腦、建立資料庫，以及寫程式建構網站。在那個年代，網路上的東西都必須自己建構。

公司營運所需的一切，都是用少得可憐的預算達成的。一開始，貝佐斯自己出資10,000美元，根據公開文件，他在接下來的十六個月，利用無息貸款籌措了84,000美元。卡芬加入亞馬遜時，公司要求他拿出5,000美元認購公司股票，他還多掏出20,000美元來買股，而且他和貝佐斯一樣，了解創業維艱，願意減薪50%，一年只領64,000美元。

有人甚至認為，卡芬稱得上是亞馬遜的共同創辦人。卡芬說：「在那個階段，一切都是未知數。大好未來連一個影兒都沒有，只有一個喜歡哈哈大笑的傢伙，用門板釘成辦公桌，而公司就在車庫 —— 跟我在聖塔克魯茲家裡的工作室沒什麼兩樣。我大老遠跑來這裡，薪水又這麼低，實在太冒險了，因此我不敢放膽把全部的積蓄都投下去。」

貝佐斯的父母賈姬和邁克在1995年初拿出10萬美元投資亞馬遜。邁克被艾克森石油派駐到挪威、哥倫比亞、委內瑞拉時，公司支付了大部分的生活費，因此他們存了不少錢，願意拿出一大部分投資在長子身上。

邁克說：「我們看了企劃書，還是一頭霧水。但套句老話，我們還是願意在兒子身上賭上一把。」貝佐斯告訴父母，血本無歸的機率高達70%：「我希望你們知道風險有多大，如果失敗，我還想在感恩節時有家可回。」

貝佐斯不只得到父母傾囊相助，他太太麥肯琪亦全力支援，使得早期的亞馬遜像家族企業。麥肯琪本是有抱負的小說家，卻成了亞馬遜的第一個會計，負責處理公司財務、開立支票，也協助人才招募。由於充當辦公室的車庫狹小，人員要開會或休息喝個咖啡，就去附近的邦諾書店。後來，貝佐斯在演講和訪談提到這點，不覺莞爾。

當時，公司還沒有什麼緊急的事要處理，至少早期是如此。卡芬回憶道，10月的一個清早，他來到貝爾維，準備上班，貝佐斯卻宣布，他們要休息一天出去玩。卡芬說：「西雅圖的10月，天氣多變，而且白日變短了。我們對這一帶還很陌生，沒去過幾個地方。」於是貝佐斯夫婦和卡芬三人開車開了一百一十公里來到雷尼爾峰（Mount Rainier）。山巔白雪皚皚，他們在那裡待了一整天，欣賞這座壯麗的火山。晴天，從西雅圖市區仰望天際，就可看到這個積雪的山頭。

那年秋末，貝佐斯僱用了一個程式設計師戴維斯（Paul Davis）。戴維斯生於英國，曾是華盛頓大學資訊學系和電機系的教職員。戴維斯決定加入這家尚在籌備中的網路書店時，同事不禁為他的生計憂心，於是發動愛心捐獻，用一個咖啡罐在同仁間傳遞投入零錢。戴維斯加入卡芬和貝佐斯，在車庫利用昇陽SPARC伺服器工作。這些伺服器外形像披薩盒，非常耗電，常把貝佐斯家的保險絲燒掉。最後，他們不得不用橘色的延長線，從各個房間拉出來插電，以免單一電路負荷太大。然而，只要電腦用電，任何房間就不能使用吹風機或吸塵器。[2]

戴維斯說：「一開始，亞馬遜並沒有像一般新創公司展現出蓄勢待發、朝氣蓬勃的活力。」他每天早上騎腳踏車到貝爾維上班，把防水襪口拉高，套在褲管上。「在那個籌備時期，只有我和卡芬、貝佐斯三個人。我們面對白板，圍著一張桌子坐下，討論程式設計如何分工。」

但既然要做，就要做最好的，這是驅使他們不斷前進的動力之一。他們立志要打敗所有正在營運的網路書店，包括Books.com（即設於俄亥俄州克利夫蘭的無限書庫的網站）。戴維斯說：「這樣的口氣聽來狂妄，但我們面臨的第一個挑戰，的確是要做得比他們更好。網路書店當然不是貝佐斯想出來的點子，老早就有了，所以我們已有競爭對手。」

那時，他們仍使用卡達伯拉這個暫定的公司名稱，但到了1994年10月底，貝佐斯翻查字典A開頭的字，看到Amazon這個字，突然靈光一現：地球上最大的河流，地球上最大的書店。[3]一天早上，他走進車庫，向同事宣布他已經決定公司的名稱了。他似乎不在乎別人怎麼想，逕自在1994年11月1日註冊了這個新網址。他說：「這不只是世界上最大的河流，甚至比第二大河要大好幾倍，其他河流都相形見絀。」

第一筆交易

貝佐斯在貝爾維的創業車庫已成了亞馬遜草創時期的象徵，就像蘋果和惠普的傳奇也都是從車庫開始。只是亞馬遜幾個月後就不得不遷離車庫。卡芬和戴維斯快完成原始測試網站時，貝佐斯也開始考慮招募更多人，這意味他們必須找一個更理想的工作場所。

1995年春天，他們搬到靠近西雅圖市中心的SoDo工業區，即國王巨蛋球場南邊一家名叫彩色磁磚公司（Color Tile）樓上的小辦公室。亞馬遜也有自己的倉庫，即租用那棟建築地下室的一個小房間：約6坪大，沒有窗戶，以前曾是樂團練習室，墨黑的門上還有這幾個噴漆的字：「音聲叢林」。不久，貝佐斯夫婦搬離貝爾維的租屋，遷至西雅圖市區藤蔓街一棟25坪大的公寓。這一帶叫貝爾鎮（Belltown），是西雅圖最雅痞的一區，頗有紐約的都會氣息。

公司搬至新址後，貝佐斯和麥肯琪把測試中的網站連結寄給幾十個人，包括朋友、家人和以前的同事。那個網站看起來很簡陋，頁面都是文字，只能用最原始的瀏覽器顯示，網速像烏龜爬行。公司商標是大理石花紋的藍色方塊，上有一個大大的A字，字母中央則是條蜿蜒的河流。旁邊有兩行加了藍色底線的標語是：「一百萬本書，永遠低價」。這樣的頁面設計看來實在不夠專業。

對愛書人來說，這個網站顯然沒有什麼吸引力，他們寧可去書店或圖書館，飽覽架上群書。蘇珊．班森（Susan Benson）說：「我還記得自己那時在想，沒有人會想在這個網站買書吧。」她的先生艾瑞克是卡芬以前的同事。不久，這對夫婦也來到亞馬遜，成為最早的員工。

卡芬請以前的同事溫萊特（John Wainwright）上網站試試，亞馬遜的第一筆交易就是溫萊特下單的。他買了一本霍夫史達特（Douglas Hofstadter）寫的科學書《流動概念與創意類比》（*Fluid Concepts and Creative Analogies*）。溫萊特在亞馬遜交易的歷史紀錄，訂單成立日期是1995年4月3日。今日，亞馬遜在西雅圖總部有棟樓房就以溫萊特為名。

雖然這個網站還無法給人琳瑯滿目的感覺，卡芬和戴維斯在過去幾個月已完成不少工作。他們設計好購物車，在網路瀏覽器上建構信用卡安全購物系統，以及可從現版圖書目錄光碟找書的搜尋引擎。這份索引資料是由鮑克公司（R. R. Bowker）提供，他們也是美國國際標準書號（ISBN）的供應商。卡芬和戴維斯也想開發允許早期線上服務（如Prodigy和AOL）使用者取得書訊的系統，並透過電子郵件訂書，只是這個方案最後未能推出。

在最早的網路年代，這已經是了不起的進展了。畢竟當時的工具還很原始，技術也還在演進。以編寫網頁的基本語言HTML而言，問世還不到五年，而像JavaScript與AJAX等現代語言系統，還要再等好幾年才會出現。亞馬遜最早的程式設計師是用一種叫C語言的電腦語言來寫程式，並把網路資料儲存在一個叫Berkeley DB的資料庫中。不久，他們即將面臨網站流量爆增的問題。

在早期那幾個月，每一筆訂單都讓亞馬遜的員工為之興奮。如果有人下單，電腦會響起鈴聲，辦公室裡的人就會聚在一起，看看是不是有人認識這個下單的顧客。但不到幾個星期，因為鈴聲一直響，太吵了，他們不得不關閉鈴聲。有人下單，亞馬遜再從兩大圖書經銷商調貨。他們付的是批發價，也就是書衣上定價的一半。

亞馬遜最早的配銷方式非常簡單。一開始，公司沒有庫存，顧客下單之後，亞馬遜再去向經銷商訂書。幾天內，書寄達後，亞馬遜把書放在地下室，然後寄送給顧客。大多數書籍的郵寄都需要一個星期的時間，如果是比較稀有的書，可能要好幾個星期或是一個月以上才能寄達。

那時，亞馬遜只能從大多數的訂單獲得微薄的利潤。亞馬遜網站早先每天都會在「出版焦點」的欄目推薦新書，這些書和暢銷書折扣最多可達40%。其他書則打九折。如果顧客只訂一本書，至少要付3.95美元的運費。

亞馬遜最初的一個挑戰，是經銷商規定一次至少要訂十本書。但他們那時還沒有這樣的銷售量，貝佐斯後來想到一個辦法。他說：「我們發現了一個漏洞。經銷商只規定訂十本書，但不一定十本都有現貨。我們在他們系統找到一本有關地衣的書，這書已經缺貨。於是，我們訂了一本我們要的書，再加九本地衣的書。他們就會把我們要的那本書寄來，再附上一紙道歉信函：『對不起，那本地衣的書缺貨中。』」[4]

6月初，卡芬花了一個週末的時間寫了一個新程式，在網頁上新增「讀者書評」的欄目。貝佐斯認為，如果與其他網路書店相比，亞馬遜有更多讀者主動提供的書評，公司就有相當大的優勢，因為這些讀者將成為忠實顧客，比較不會去其他網路書店買書。他們也想到，如果完全不過濾讀者書評的內容，有可能會為公司帶來麻煩。但貝佐斯還是決定先刊載，並嚴密檢視是否有惡意批評，而非先審查再刊登。

一開始，亞馬遜網頁上的書評很多都是早期員工或是他們的友人寫的。卡芬從貨架上拿了一本顧客訂的書，寫了一篇書評。那是一本中國人寫的勞改營回憶錄，書名是《昨夜雨驟風狂》（*Bitter Winds*）[*]。卡芬仔細把書讀完，是第一個為這本書寫書評的人。

當然，有些書評是批評書不好。後來，貝佐斯在演講中提到，曾有位出版社主管寫信給他，語氣相當憤怒，指責他不懂這一行就是靠把書賣出去，才能賺錢，讓負面書評放在網站上，書還賣得了嗎？貝佐斯說：「我們看這件事的角度不同。我讀了這封信之後，心想，**我們能夠賺錢，是因為幫助顧客做更好的購買決定，而不是只靠把東西賣出去。**」[5]

正式上線

亞馬遜網站在1995年7月16日正式上線，所有的網路使用者都看得到。這個消息傳開之後，小小的亞馬遜團隊幾乎知道他們已透過網站，開啟一個奇特的窗口，可藉以窺視人類的行為。最早的網路使用者訂購了電腦手冊、呆伯特漫畫系列、如何修理古董樂器的書，還有性生活指南。〔亞馬遜網站營運第一年最暢銷的書是史坦（Lincoln D. Stein）的《網站架設與維護》（*How to Set Up and Maintain a World Wide Web Site*）〕。

有些訂單來自美國海外駐軍，還有從俄亥俄州訂書的顧客寫信說，他住的地方離最近一家書店有八十公里遠，亞馬遜網路書店簡直是來自上天的禮物。也有人從位於智利的歐洲南天天文台訂了一本薩根（Carl Sagan）的書，顯然，這是小試一下，順利收到書之後，這位顧客又再下單，但同一本書訂了幾十本。亞馬遜第一次見識到這種「長尾」現象 —— 冷門商品市場規模的加總仍可締造龐大商機。戴維斯有一次在亞馬遜地下室研究過放在架上準備寄出的書，發現無奇不有，嘆了一口

＊譯注：吳弘達著，勞改基金會出版。英文版*Bitter Winds: A Memoir of My Years in China's Gulag*，出版於1995年4月。

氣說：「這是全世界最小、也最不拘一格的圖書館。」

那時，亞馬遜還沒有僱用專門負責包裝的人員，訂單一多，書就會堆積如山，嚴重影響出貨進度，貝佐斯、卡芬等人只得在晚上來到地下室幫忙包裝。第二天，貝佐斯、麥肯琪或其他雇員再開車到UPS或郵局寄出。

包裝工作很辛苦，亞馬遜的員工常常必須包裝到半夜。他們把書攤在地上，用自黏性紙板把書籍包好。那年夏天，羅喬伊提議在倉庫放幾張包裝檯。他本來也在DESCO工作，離職後在西雅圖一所高中教數學，也在亞馬遜兼差。二十年後，這個小故事讓亞馬遜人津津樂道。貝佐斯也曾在演講中提起，他說：「這真是我一生聽到最妙不可言的點子。」回想起這件往事，他不覺莞爾，說完還哈哈大笑。[6]

貝佐斯請羅喬伊幫助招募人員，要他把自己認識最聰明的人找來。貝佐斯和蕭大衛一樣，希望他的員工智商超人一等。羅喬伊從母校里德學院找來了四個朋友，其中之一是坎南（Laurel Canan）。二十四歲的坎南那時是個木工，原本計劃回學校深造，成為研究喬叟*的學者，可惜這個願望一直未能實現。坎南幫忙釘好急需的包裝檯，然後正式成為亞馬遜的一員，負責倉庫業務。由於「音聲叢林」那個房間太小，房東終於同意整個地下室都給他們使用。坎南成為正式員工後，第一件事就是戒咖啡，他說：「這個工作需要補充的是碳水化合物，不是咖啡因。」

在這個具挑戰性的特殊環境下，亞馬遜招募背景迥異的各路英雄好漢，在網際網路這個新奇的領域踏出探索的第一步。沒有人想到，他們隨即就被這股洪流捲了進去。亞馬遜最早的投資人狄倫（Eric Dillon）說，網站正式上線那週，他們收到總計12,000美元的訂單，但只寄出總價約846美元的書。隔週，他們收到14,000美元的訂單，寄出總值達7,000美元的書。因此，打從一開始，他們就有訂單消化不良的問題，寄送進度嚴重落後。

正式上線一週後，亞馬遜就接到史丹佛博士生楊致遠和費羅（David Filo）的電子郵件，詢問亞馬遜是否願意被列入雅虎網站上的「酷東西」。那時，雅虎已是流量最大的網站，很多網際網路的早期使用者把首頁預設為雅虎。貝佐斯和他的員工當然聽過雅虎。那晚，他們在一家中國餐廳吃飯，討論他們在訂單應接不暇的情況下，能不能再迎接新一波的商業浪潮。卡芬說，這就像是「從消防水管啜飲一口」。[7]但他們還是決定接受雅虎的邀約。就在上線的第一個月，他們已銷售書籍到全美五十個州、全球四十五個國家。[8]

隨著訂單日增，亞馬遜也被混亂的捲鬚纏得更緊。在接下來的幾年，這家新創公司都在混亂中掙扎。貝佐斯堅持，如果顧客對商品不滿意，應該享有三十日內退貨的權益，但亞馬遜卻沒有具體的退貨程序。公司雖有信用額度，但經常超支。這時，麥肯琪就得走到銀行，開支票存入，以重新啟用帳戶。

那年夏天，自華盛頓大學資訊科學系畢業的熊霍夫（Tom Schonhoff）加入亞馬遜。他記得貝佐斯每天早晨來上班都會拿著一杯拿鐵進來，在雜亂的辦公桌坐下。一天，這位年輕老闆

＊譯注：Geoffrey Chaucer，英國中世紀文學家，著有《坎特伯里故事集》。

拿起杯子就喝，喝了一口，覺得拿鐵黏糊糊的，才知道這是一個星期前就擺在桌上沒喝完的。貝佐斯那天一直說，他或許該去醫院一下。那時，每個人都超時工作，因睡眠不足而掛著黑眼圈，卻依然趕不上出貨進度。

「我們真的賭對了！」

1995年8月9日，前身為第一代網路瀏覽器Mosaic的網景通信（Netscape Communications）上市。第一天，股價就從最初的28美元跳升到75美元，全世界都睜大眼睛，注目全球資訊網的現象。

貝佐斯和他的員工一方面長時間拚命，另一方面貝佐斯無時無刻不在想募集資金的事。那年夏天，貝佐斯的家人以吉斯家庭信託（Gise family trust，吉斯是貝佐斯母親的娘家姓氏）的名義，又在亞馬遜投資了145,000美元。[9]但公司不能只靠貝佐斯家人的存款來擴大人員和公司規模。那年夏天，漢奧爾開始為貝佐斯籌畫資金募集會議。漢奧爾是西雅圖商界人士，一張嘴老是嘰哩呱啦的，父親創了一家枕頭製造公司，生意做得不錯。他計劃找六十位投資人加以遊說，希望每人出5萬美元，能募集到100萬美元。[10]

在資金募集會議，關於亞馬遜的未來，貝佐斯描繪的圖像還不夠明晰。那時，公司資產約139,000美元，其中有69,000美元是現金。公司在1994年賠了52,000美元，預計在1995年還會再賠30萬美元。

儘管貝佐斯一開始還無法拿出亮麗的數字給投資人看，他預測如果順利，到了2000年銷售額將達7,400萬美元，要是比預期來得好，則可能高達1.14億美元（結果2000年實際淨銷售額為16.4億美元）。貝佐斯也預測，到了那時，公司該小有獲利（2000年淨損失為14億美元）。當時亞馬遜羽翼未豐，貝佐斯對公司資產的估算是600萬美元——這樣的評估過於大膽，似乎像是信口開河。但他對投資人說的話和對自己父母說的一樣：血本無歸的機率高達70%。

儘管投資人當時不知道最後結果會如何，卻都把投資亞馬遜當作是一生難得的機會。他們聆聽這個有強大動力、能說善道的年輕人解說網際網路將如何改變世人的購買經驗，讓購物變得更方便、迅捷，而非擠在像巨大盒子的購物商場裡面，等了半天，售貨員還不一定會理你。

貝佐斯說，將來公司將可根據顧客過去的購物紀錄，為顧客量身打造線上購物環境，使人感到賓至如歸。他也預言，未來人人都可利用高速網路上網，無需撥接數據機，聽機器慘叫後才能連線，而且網路的無限空間將可實現「什麼都賣」的夢想，即一家應有盡有、可提供顧客無限選擇的商店。

貝佐斯尋找金主之旅，始自狄倫在西雅圖默瑟島（Mercer Island）的家。狄倫是漢奧爾的好友，從事股票經紀的工作，金髮碧眼，個頭很高。狄倫說：「我對貝佐斯真的佩服得五體投地。此人很有自信，簡直是神人等級，可讓發財致富的夢想成真。問題是：他能經營好一家公司嗎？經營管理可不容易。兩年後，我不得不說：『天啊，我們真的賭對了！』」

貝佐斯也去找曾與他在DESCO共事的葛方德。葛方德徵求父親的意見，他父親是出版界的老將，曾為公司的電腦化問題傷透腦筋，並不贊成兒子投資亞馬遜。但葛方德曾見識過貝佐斯在對沖基金的亮眼表現，依然決定在這個朋友身上賭一把。他說：「有好主意是一回事，但對執行的人有信心又是另一回事。」

不少人都讓貝佐斯吃了閉門羹。漢奧爾和母親投資了，但他的兄弟和父親都不願意加入投資人之列。麥考行動通訊（McCaw Cellular）前主管歐伯格（Tom Alberg）和貝佐斯見了面，一開始對投資一事仍不置可否，畢竟他比較喜歡在傳統書店留連，翻看各種書籍。幾天後，他在書店幫兒子找一本商管書，遍尋不著，因而改變心意，決定投資。當時，有群投資人會定期在西雅圖最高檔的雷尼爾俱樂部聚會。歐伯格的律師友人邀請貝佐斯來對這群投資人演講。之後，那位律師認為亞馬遜的市值估算太高，不敢貿然投資。

後來貝佐斯告訴華頓商學院線上期刊：「有些人就是對我們沒信心，不相信我們會成功，但還是出自好心，提供建議給我們。」[11] 他們對亞馬遜有很多疑慮，其中之一就是：「即使你們可以成功，那你們的倉庫得像國會圖書館那麼大才行。」

亞馬遜的第一位律師塔伯特想起當年錯失投資的機會，不由得長嘆一聲。他做了這麼多年的律師，第一次想投資客戶的公司。為了投資亞馬遜，他還向華盛頓州律師公會取得書面許可。他也找他的父親商量，希望以共有農場向銀行貸款的錢拿出一些來投資亞馬遜。但塔伯特的兒子那時早產，他休了一個月的假，等他回來時，貝佐斯已募得100萬美元的融資，資產估值則是500萬美元，比原先預期的略低。

1997年底，距亞馬遜首次公開發行股票已有半年，有一天，塔伯特和父親一起打高爾夫球。父親問他：「你知道那家叫亞馬遜的公司已經公開上市了嗎？是不是我們本來說要投資的那家？現在如何？」

「是的，爹地，但你不會想知道結果的。」塔伯特說。

「如果我們當初拿出5萬美元來投資，今天會變成多少錢呢？」他父親問。

「至少好幾百萬美元吧。」塔伯特說。

個性狂躁的天才執行長

1995年夏天，羅喬伊跟貝佐斯說，他想從兼職轉為全職。羅喬伊跟著貝佐斯從DESCO來到亞馬遜工作，沒想到貝佐斯連這點都不同意。羅喬伊一個星期只上班三十五個小時，餘暇則參加飛盤爭奪賽、划獨木舟或跟女友出去玩。貝佐斯設想的亞馬遜企業文化卻大相逕庭：每一個員工彷彿不知疲累，努力提升自我在公司的價值，一起打造一家永續經營的公司。

羅喬伊懇求貝佐斯，說他願意像其他人一樣，每週工作六十個小時，但貝佐斯仍不為所動，甚至要他自己去找個全職的員工來替代他，聽起來真是殘酷無情。最後，羅喬伊交給貝佐斯一疊履歷表，把自己的放在最上面。羅喬伊也拜託麥肯琪、卡芬和戴維斯幫他說情。在接下來的幾年，羅喬伊在亞馬遜做了很多不同的工作，包括寫程式、寫書評、晚上開車載包裹去郵局寄送，最後才專事財務。

貝佐斯認為人才就是公司成功的關鍵，因此希望僱用最優秀、最聰明的人。每年，他都會親自面試，問應徵者他們的SAT分數*。貝佐斯常說：「**每批僱用的人應該比前一次好，這樣才能不斷提升下一批的水準**，公司的人才庫才會愈來愈好。」這種做法造成了不少衝突。

亞馬遜規模日益擴大，需才孔急，早期員工都很積極引薦能力不錯的朋友進來。貝佐斯會親自參與面試，也像DESCO的面試官，問一些天馬行空的問題，例如美國有多少個加油站等，這種問題主要是想評量應徵者的思考能力。貝佐斯要的不是正確答案，而是應徵者如何從解決問題的過程展現創意。要是有人在面試時提到，希望在工作和家庭生活之間取得平衡，就會慘遭淘汰。

戴維斯則對這種做法不以為然。那時，亞馬遜給員工的年薪約6萬美元，配股價值多少還是個未知數，醫療保險自付額很高，但給付範圍有限，工作步調則愈來愈瘋狂。戴維斯說：「我們當著他的面質問，如果一家公司不賺錢，將來也不知道能不能賺錢，是要如何吸引一流人才進來？我實在看不出這裡有何賣點！」

這個笑聲刺耳、頭頂漸禿、個性急躁的執行長，漸漸讓員工知道他是怎麼樣的一個人。他擁有非凡的自信、比員工想的要來得頑固，而且認為員工就該不知疲憊地工作，並經常有過人的表現。他似乎很少吐露自己的野心和計畫，就連卡芬也都被蒙在鼓裡。

當貝佐斯不小心透露他的目標時，那可真是無比宏大的壯志。儘管公司一開始把焦點放在書籍販售上，戴維斯還記得貝佐斯曾說，他想創立「下一家希爾斯」，成為百貨龍頭、零售業的長青樹。喜愛划獨木舟的羅喬伊記得貝佐斯曾透露，希望有一天亞馬遜不只賣有關獨木舟的書，連獨木舟也賣，顧客不只可在他們的網站上訂閱獨木舟雜誌，還能預約獨木舟之旅的行程，也就是說，有關獨木舟的一切都在銷售之列。

羅喬伊說：「我覺得他真是有點瘋狂。那時，在我們的網站上列出可供販售的書目多達一百五十萬種，然而真正訂得到的只有一百二十萬種。我們的書目資料庫來自貝克－泰勒，而我們的倉庫只有四十種書。」

貝佐斯也是個掃興的人。那年，工程師開發了一個資料庫指令，名為「rwerich」，用以追蹤公司所有的訂單和每日交易量。公司上下都仔細追蹤這些數字，在瘋狂的工作步調中，看這些數字不斷飆高，就是一大樂事。然而貝佐斯最後告訴他們別再這麼做了，以免伺服器不堪負荷。亞馬遜第一次單日訂單突破5,000美元時，羅喬伊希望辦個派對慶祝一下，但貝佐斯反對。他說：「日後我們還會締造更多的里程碑。這不是我的行事風格。」

1996年初，對不斷成長的亞馬遜而言，彩色磁磚公司樓上的辦公空間已過於狹小，員工擠在三間小小的辦公室，每一間都有用四張門板做的辦公桌，地下室堆滿了書。卡芬、戴維斯和貝佐斯三人一起在華盛頓湖四周的工業區，尋找更大的

＊譯注：Scholastic Assessment Tests，由美國大學委員會委託教育測驗服務（ETS）定期舉辦的測驗，做為美國各大學申請入學的重要參考條件之一。

辦公室。戴維斯憶道，貝佐斯每次走出來都抱怨說，地方太小，他希望能找到一間可以配合公司擴張需要的大辦公室。

那年3月，亞馬遜終於搬到距離原來辦公室有幾個街區遠的一棟大樓。新辦公室就在燒烤名店佩科斯（Pecos Pit）旁邊，每天從早上十點開始，烤肉香就會飄進亞馬遜的倉庫，教人垂涎三尺。

但有一位早期員工並沒有跟他們一起搬到新辦公室。戴維斯告訴貝佐斯，他的女兒剛出生，想多陪陪孩子。戴維斯後來成為開放原始碼軟體的倡導者，對亞馬遜的「一鍵下單」專利有所批評。太早離開亞馬遜，沒能領取配股，他也就與財神爺擦身而過。幾個月後，他在準備賣房子時，因使用帶鋸不慎，鋸掉了自己的大拇指尖，貝佐斯和熊霍夫還去醫院看他。

戴維斯是倫敦人，貝佐斯傳播的福音就是無法打動他。他對這個工作狂始終帶著懷疑，他發現貝佐斯已悄悄更新激勵話語。以前在貝爾維的車庫，貝佐斯曾對卡芬和戴維斯說：「你可以投入更多時間、更努力或是用更聰明的方式來做事，在亞馬遜，你只能從其中擇二。」現在已改了另一種說法：「**你可以投入更多時間、更努力或是用更聰明的方式來做事，但在亞馬遜，你不能只從其中擇二。**」

戴維斯開的本田喜美車後保險桿上貼了張貼紙，上面寫著：「殺了你的電視吧！」在戴維斯離開的惜別會上，貝佐斯在停車場上鋪了塊藍色帆布，放了部老舊的電腦螢幕和鍵盤，交給戴維斯一把大鐵錘，然後錄下他砸爛螢幕的經過。戴維斯把鍵盤上的「Esc」鍵撿起來，保存至今。

第一個重大創舉

到了1996年初，亞馬遜每月營收成長幅度已達30%到40%。這種瘋狂的速度已亂了原本的計畫，員工也忙到暈頭轉向，後來難以憶起這段時期的真實情況。沒有人知道如何因應這樣的成長，只能見招拆招。

那年春天，美國出版協會召開年會，蘭登書屋（Random House）董事長維塔利（Alberto Vitale）對《華爾街日報》記者論及太平洋西北地區的線上圖書銷售熱潮。幾個星期後，亞馬遜即登上《華爾街日報》頭版：「華爾街奇才如何發現在網路上賣書的利基？」貝佐斯的點畫肖像也躍上這份全美最大的財經報紙。每天，亞馬遜接到的訂單都是前一天的兩倍。全世界都知道可以上亞馬遜的網站購書，全美最大的兩家連鎖書店邦諾和博德斯也知道亞馬遜來勢洶洶。

有了100萬美元的挹注，亞馬遜於是開始升級伺服器和軟體，更重要的是，他們有了更多銀彈可招兵買馬。貝佐斯為各部門添加新血，包括顧客服務部、倉庫，以及卡芬的技術團隊。他也建立了一個編輯部：僱用寫手和編輯為網站打造文藝風格，以吸引顧客不斷回籠。這個編輯部的目標，是使亞馬遜成為線上圖書資訊的權威，使自家網路書店像有個性的獨立書店那樣具有文學品味。此時，升上總編輯的蘇珊・班森說道：「我們請顧客在我們的網站上輸入信用卡號，在那個年代，是很激進的概念。我們希望透過網頁編輯，提供顧客良好的購物經驗，讓人信賴在電腦另一端的人。」

那年夏天，公司推動第一個重大創舉：若其他經亞馬遜認可的網站導引其造訪者到亞馬遜買書，亞馬遜就會依照銷售額給這些網站8%的佣金。這種聯盟計畫雖非亞馬遜首創，亞馬遜卻是做得最突出的，因而催生一年高達數十億美元的聯盟行銷產業。他們也得以在發展早期就將觸角伸向其他網站，在面臨競爭之前，已開挖許多濠溝，鞏固自己的地位。

在那年春天前，公司已為了增聘新人、購買設備和伺服器空間花了很多錢，貝佐斯因此決定引進創投資金。他先和波士頓的私募基金泛大西洋投資集團（General Atlantic）談判。根據該投資集團合夥人的討論與評估，亞馬遜的市值約1,000萬美元 —— 亞馬遜那一年的營業額為1,570萬美元、虧損580萬美元，對一家新創公司而言，這樣的估算可說非常合理。但不久之後，夙負盛名的矽谷創投公司凱鵬華盈（Kleiner Perkins Caufield and Byers）重要合夥人之一杜爾得知亞馬遜的情況，於是飛來西雅圖登門拜訪。

杜爾先前已在網景和直覺公司（Intuit）押對了寶，大賺了一筆。他說：「我一進門，看到這笑聲震耳的傢伙活力充沛地步下樓梯。那一刻，我就動心了，想跟他做生意。」貝佐斯向他介紹麥肯琪和卡芬，帶他參觀倉庫，所有準備寄出的包裹已整齊地堆放在門板釘的辦公桌上。杜爾詢及每日的交易量，貝佐斯俐落的走到電腦前，彎腰在UNIX提示符號旁輸入一個grep指令*，叫出資料。這般操作自如的功力讓杜爾看了佩服得五體投地。

接下來的幾個星期，凱鵬華盈與泛大西洋投資集團為了亞馬遜資金案展開龍爭虎鬥，也把亞馬遜的市值預估推升到連貝佐斯都想像不到的高點。貝佐斯最後選擇凱鵬華盈，是因這家公司在科技界名聲響叮噹。凱鵬華盈因而投資亞馬遜800萬美元，取得13%的股權，估算亞馬遜市值達6,000萬美元。凱鵬華盈原想派一位年輕成員代表公司加入亞馬遜董事會，做為交易條件之一，但貝佐斯堅持杜爾親自加入。任何新創科技公司若有杜爾的直接參與，代表投資人對它有信心。

貝佐斯的大腦回路又冒出靈感的火花。當時世人對矽谷發展網際網路樂觀以待，這樣的環境特別有助募集資金。杜爾對網路的信心，加上貝佐斯的熱情，引爆亞馬遜擴展的野心。

新的座右銘：快速擴張

貝佐斯不只是想創立一家網路書店，他已把目標放在成立第一家日新又新、基業常青的網路公司。杜爾說：「貝佐斯的思想宏大，資金就是他圓夢的支點。」亞馬遜編輯部的馬可斯（James Marcus）也觀察到這點，他在2004年出版的《我在亞馬遜.com的日子》（*Amazonia*）一書中提到：「來自凱鵬華盈的資金，像是給亞馬遜打上五劑類固醇，也增強了貝佐斯的決心。」[12]

亞馬遜人很快就學到一個新的座右銘：快速擴張。貝佐斯解釋說，公司愈大，從批發商英格拉姆和貝克一泰勒批貨的價格能壓得更低，配銷能力也可以變得更強大。公司成長愈迅速，就愈能攻城掠地，在電子商業的灘頭堡搶先建立新品

＊譯注：用以尋找檔案中的指定字串，找到後將該行印出。

牌。貝佐斯強調事不容緩：公司必須保持領先地位，才能提供更好的服務給顧客。

當然，這意味亞馬遜每個員工都必須更加賣命。大家心知肚明，往後連週末都不能休息了。蘇珊・班森說：「沒有人說你不能休息，但也沒有人認為你可以休息。」艾瑞克・班森補充說：「我們肩負不可能的任務，不斷被進度追趕著。」

顧客訂單如雪片般飛來，倉庫必須增添人手才能應付。亞馬遜曾經對協助招募臨時人員的機構說：「不管什麼怪胎都行。」於是一群奇奇怪怪的人來到佩科斯燒烤店旁的亞馬遜倉庫，無日無夜地工作，有的穿戴得珠光寶氣、有的身上有刺青、有的頭髮染得五顏六色，輪流用手提音響播放音樂。其中有一個是重達135公斤以上的男中音，他常一邊在倉庫跑來跑去，一邊唱著俄羅斯詠嘆調。

這時加入的臨時人員中有個名叫史密斯（Christopher Smith）的年輕人。他二十三歲，前臂有中國字刺青，後來在亞馬遜各部門都工作過，共做了十四年。他通常每天凌晨四點半起床，騎腳踏車來上班，六點半開門讓英格拉姆的送貨員進來，然後在倉庫瘋狂打包、回覆顧客寫來的電子郵件，直到半夜十二點之後，喝了幾杯啤酒，才騎車回家。他說：「那段時間，我像是在不停地奔跑，彷彿活在紙箱和包裝材料的世界。」

史密斯曾有八個月的時間，每天都忙得昏天暗地。他住在西雅圖議會丘（Capitol Hill）的一間公寓，有一次把自己那部淺藍標緻掀背車停在住家附近，竟然完全忘了這回事。之後，他才從門口堆積如山的郵件中得知這部車的命運。有好幾張停車繳費通知單，他都沒處理，還有一封郵件是汽車拖吊通知，以及數封拖吊廠寄來的警告信函，最後一封則是告知他的車已經以700美元的價格被拍賣掉了，而他的車貸尚有1,800美元沒還清。這個事件為他留下信用不良的紀錄，但他那時已經忙到不顧一切，所以不怎麼在乎。

史密斯說：「我的人生像是停格了，就像被困在琥珀中，在裡面瘋狂工作，從外面完全看不出來。」

班森夫婦每天來上班，也帶著他們的威爾斯柯基犬魯福斯一起來。由於工時很長，貝佐斯同意他們可以天天帶魯福斯來辦公室。在巨蛋球場南邊那個舊辦公室還不成問題，但到了1996年夏天，亞馬遜搬遷到市中心的一棟大樓，為了魯福斯，他們在和新房東簽約時，不得不把魯福斯寫入條約。

魯福斯很乖，員工開會時喜歡趴在一旁，偶爾會因員工餵食太多而腸胃不適。不久，牠就變成這家新創公司的吉祥物。據說，牠如果伸出爪子敲鍵盤，就表示公司網頁需要增加新的特色。直到今天，儘管魯福斯早就上天堂了，亞馬遜在西雅圖總部仍有一棟大樓以牠為名。〔貝佐斯似乎是個念舊的人。公司有一棟樓叫菲歐娜（Fiona），是亞馬遜第一代Kindle的代號；另一棟樓叫奧比杜斯（Obidos），原是巴西一個城鎮的名字，此城在亞馬遜河畔的峽谷之上，卡芬就用這個名字來為公司最初的電腦設備命名。〕

此時，亞馬遜已有將近一百五十名全職員工，在倉庫工作的不到三分之一。幾個月後，倉庫也搬了，搬到西雅圖南區的道森街（Dawson Street），面積足足有2,600坪（今天亞馬遜總部有棟樓因而叫道森樓）。亞馬遜新辦公室位在破舊的城區，也就是在第二大道的哥倫比亞大樓，那裡有不少脫衣舞俱樂部，離西雅圖市區著名的景點派克市場有兩個街區。公司遷入的那一天，長期睡在大樓入口旁的一個流浪漢，還教亞馬遜員工如何使用新的磁卡入內。

大樓對面是一家戒毒所，這裡除了回收注射針頭，也提供清潔的針具。戒毒所旁邊有家假髮店，是易裝癖者的愛店。公司最早僱用的公關人員丹嘉德（Kay Dangaard）是紐西蘭人，以前做過記者和廣告公司主管。她說，從她的辦公室往外看，每天黃昏，對面的巷子會亮起一盞暗黃的燈，燈火明明滅滅，一個妓女就在那裡招攬客人。

附近可停車的地方很少，停車費也貴。羅喬伊曾對貝佐斯說，希望公司能夠補貼員工巴士通車費，但貝佐斯對這個建議嗤之以鼻。羅喬伊說：「他不希望員工為了趕巴士而歸心似箭。員工最好還是開車來上班，就沒有趕著回家的壓力。」

客製化絕招：從「速配」到「類聚」

那年秋天，亞馬遜希望為網路的每一位造訪者量身打造專屬的網頁，這也是貝佐斯對最初投資人的承諾。公司先以麻省理工學院媒體實驗室的分支螢火蟲網路公司（Firefly Network）研發出來的軟體為基礎，為顧客製作專屬網頁，這個特色就叫做「速配」（Bookmatch），要推薦給顧客與其品味最相合的書，然而這必須根據顧客先前留下的書評。可惜的是，這個系統很慢，而且常常當機。亞馬遜還發現，很多顧客都覺得寫書評太麻煩了。

貝佐斯於是建議工程師團隊研發更簡單的系統，也就是根據顧客的購書紀錄來列出推薦書單。艾瑞克・班森花了兩個星期建構出一個原始的系統，把有類似購買紀錄的顧客歸為一群，再為每一群尋找他們可能感興趣的書。顧客選擇一本自己感興趣的書時，馬上會在底下看到一行「購買此書的顧客，也買了以下的書」。

這個特色就叫「類聚」（Similarities），推出之後立刻使亞馬遜的銷售量明顯彈升，也讓顧客不時得到驚喜。要不是亞馬遜推薦，他們還不知道有這麼一本書。開發這個專案的工程師林登（Greg Linden）記得，貝佐斯有一次走進他的辦公室，趴在地上，開玩笑說：「對你，我可是佩服得五體投地。」

最後，「類聚」取代了「速配」，成為亞馬遜的網頁個人化絕招。貝佐斯認為，電子商務做到這個地步，將會有很大的優勢，使傳統實體書店無法與之匹敵。他說：「再厲害的商人都沒有機會去了解每個顧客，只有電子商務辦得到。」[13]

在亞馬遜和其技術不斷進步的這段期間，也是某個人最得意之時，這人就是卡芬。當時，他四十三歲，在他的努力之下，貝佐斯的許多願景才得以成真。他全心全意信服貝佐斯傳播的福音，認為擁有無限書架的網路書店可使知識擴展到世界的每個角落。卡芬也是亞馬遜技術系統的守護者：公司搬遷到佩科斯燒烤店隔壁時，他把公司的兩台伺服器（以芝麻街的一對哥倆好「伯特」與「厄尼」為名）放進他的本田型格車，親自運送過去。

卡芬把幸運餅乾裡的一張紙條，貼在辦公桌上的電腦螢幕：「別讓任何人改變你的原則。」

卡芬和貝佐斯偶爾會在城裡逛逛，一邊討論公司的業務，貝佐斯也會聆聽他提出的技術問題和未來計畫。有一次，卡芬問貝佐斯，他們既已達成早先設定的目標，為何還一心一意想要快點擴張。貝佐斯告訴卡芬：「**在公司弱小時，更強大的公司隨時可能冒出來奪走一切。因此必須快點壯大**，就採購能力而言，才能和老牌書店業者公平競爭。」

當時，卡芬很擔心一件事。他知道很多新創科技公司得到創投業者的資金挹注之後，就會引進能力高強的空降部隊。有一天，他走進貝佐斯的辦公室攤牌：「我們現在發展的腳步飛快。這是不是意味，你將找人來取代我？」

貝佐斯斬釘截鐵地告訴他：「卡芬，只要你想留在這裡，這個職位永遠是你的。」

充實J團隊

1997年初，正如卡芬所預料的，亞馬遜來了幾名空降主管，包括以前任職於肉桂捲製造商西納邦（Cinnabon）的布萊爾（Mark Breier）。布萊爾邀請部門裡的同事去他在貝爾維的家開會。那天下午，這位剛走馬上任的行銷副總裁介紹了一種類似曲棍球、名叫掃帚球的遊戲給大夥兒玩。布萊爾的父親曾在馬里蘭州貝塞斯達（Bethesda）的IBM當工程師，他去加拿大的分公司出差時，看到有人在冰上玩這種遊戲。布萊爾介紹的則是在草坪上玩的版本，可用掃帚擊球，也可從車庫拿出任何東西來當球棒。

這種擊球遊戲看起來似乎很蠢，但認真打起來，可是激烈得很。換言之，這正符合貝佐斯的性情。在布萊爾家開會那天，貝佐斯也來了，隨即下場跟大夥兒一起玩得興高采烈。從哈佛來的新人傑西（Andy Jassy）拿獨木舟的槳擊球，卻不慎擊中貝佐斯的頭，全公司的人都難忘這一幕。後來，貝佐斯把球打到樹籬裡面，連身上的藍色牛津衫都扯破了。

布萊爾在亞馬遜的任期不長，而且經常遭遇阻礙。貝佐斯希望整個行銷部門能夠脫胎換骨，比方說，建議亞馬遜與廣告公司的合約改成為期一年，合約到期再讓多家公司競爭，擇優簽約。但布萊爾解釋說，這不是廣告業的做法。結果他只在亞馬遜做了一年就離開了。

在亞馬遜的前十年，行銷副總裁就像電影「搖滾萬萬歲」中的倒楣鼓手*，不時換人。貝佐斯希望能找到和自己一樣不把常規當一回事的人，一旦發現事與願違，就重新找人。雖然布萊爾走了，他引進的掃帚球比賽後來倒成為亞馬遜員工最喜愛的消遣，常在野餐或是在度假會議時玩。員工會用戰漆塗在臉上，貝佐斯也會參與。

卡芬的懷疑沒錯，布萊爾只是第一個，日後還有許許多多空降主管。創投資金到位之後，貝佐斯不但把目標放在首次公開募股（IPO），而且瘋狂地招募人員。這時，與DESCO簽訂的反挖角條款已經失效，貝佐斯隨即向霍登招手，要他過

* 譯注：This Is Spinal Tap，羅勃．雷納自導自演之作。本片將一個虛構的英國搖樂團Spinal Tap台上台下表裡不一的嘴臉，以仿紀錄片的形式呈現在觀眾面前。

來。霍登還說服了幾個DESCO員工，跟他一起投靠貝佐斯。其中一個是柯塔斯（Paul Kotas），他已把行李放在霍登租的搬家拖車上，沒想到最後又打退堂鼓。（兩年後，柯塔斯才搬到華盛頓州，後來長期為亞馬遜效力，成為資深主管，但他最初的猶豫還是使他痛失價值達幾千萬美元的股票。）

貝佐斯開始充實亞馬遜的資深主管團隊，此團隊的正式名稱就是「J團隊」。他從邦諾書店和賽門鐵克（Symantec）找人才，也有兩個是從微軟挖角來的，一個是微軟工程副總裁史匹格（Joel Spiegel），另一個則是里舍（David Risher）。里舍後來成為亞馬遜主管零售業務的大將，他說自己是被貝佐斯的遠大願景打動才來的。貝佐斯告訴他：「順利的話，到2000年，我們就可成為市值達10億美元的公司。」里舍親自向微軟的創辦人蓋茲報告，說他要到華盛頓湖另一邊的網路書店工作。蓋茲長久以來一直低估網際網路的影響，里舍的決定讓他非常震驚。里舍說：「我想，他真的吃了一驚。但他也不盡然是錯的，網際網路的發展實在太瘋狂了。」

里舍的第一項任務是和咖啡連鎖巨人星巴克（Starbucks）談判。星巴克提議在自家咖啡館的收銀機旁放置一個貨架，販售亞馬遜的商品，條件是讓他們成為亞馬遜的股東。貝佐斯和里舍拜訪星巴克執行長舒茲（Howard Schultz）。星巴克總部就在國王巨蛋的南邊、燒烤店佩科斯的對面。舒茲告訴他們，亞馬遜有個大問題，有了星巴克之助，就可迎刃而解。這位身材高瘦的咖啡王國創辦人為來客煮咖啡，說道：「你們沒有實體商店，因此發展必然會遇到瓶頸。」

貝佐斯不以為然。他看著舒茲，帶著自信說道：「我們會發展到月球上去。」雙方後來就合作案進行協商，但幾個星期後，星巴克提出持有亞馬遜10%股份的要求，並在董事會占有一席，談判就此破裂。貝佐斯本來想給星巴克的股份還不到1%。即使到了今天，亞馬遜依然在評量其他的零售方式。里舍說：「只要還有機會，我們總是願意考慮。」

亞馬遜另一名新加入的大將是柯維（Joy Covey），擔任財務長，個性積極進取，對下屬很嚴厲，後來成為貝佐斯的軍師，也是亞馬遜早期擴張的策劃人。柯維來自加州的聖馬特歐（San Mateo），從小天資過人但性情孤僻，高二時就離家出走，在弗雷斯諾（Fresno）的超市當店員。十七歲那年，就讀位於弗雷斯諾的加州州立大學，兩年後就順利畢業，並通過會計師的國家考試。她沒怎麼準備，就拿到全美第二高分，後來進了哈佛大學取得商業和法律的雙學位。貝佐斯找上她時，三十三歲的她在矽谷數位設計音響公司（Digidesign）擔任財務長。

在接下來幾年，柯維專注於「快速擴張」的目標，相形之下，人生的其他事情只是背景噪音。一天早上，她把車子停在公司的停車場，因為心不在焉，沒熄火就下車。那天晚上，她找不到車鑰匙，以為自己弄丟了，就先回家。幾個小時後，停車場的警衛打電話給她，請她回來取車，這車已經怠速運轉一整天了。

柯維進入亞馬遜才一個月，就已緊鑼密鼓準備首次公開募股。此時，亞馬遜最需要的並非公開募股獲得的資金，而是趕快發布新的產品目錄——西雅圖南區那個2,600坪的倉庫已可滿足這個需求。貝佐斯認為，公開募股是使品牌全球化的策略，也可鞏固亞馬遜在消費者心目中的地位。

書店龍頭邦諾找上門

此時貝佐斯抓住每一個在公共場所露臉的機會，賣力講述Amazon.com的故事（他總是用Amazon.com而非只是Amazon，就像蕭大衛堅持自家公司名中的D.和E.之間要空一格）。貝佐斯積極上市的另一個理由是，他們與書籍銷售龍頭邦諾書店，即將在網路上展開激烈競爭。

邦諾連鎖書店的老闆是李吉歐（Len Riggio）。這個紐約布朗克斯出身的生意人，個性非常強硬，興趣是高檔西服和藝術品，在下曼哈頓辦公室的牆上掛了不少他收藏的畫作。二十年來，邦諾改革了圖書銷售業，像是引進新書折扣價，不但與勁敵博德斯書店力搏，也散播大型書店的概念，很多小型書店和獨立書店不得不黯然退出市場。在1991和1997年之間，美國獨立書店占全部書店的比率從33%降到17%。根據美國書商協會的統計，在這段期間獨立書店從4,500家減少為3,300家。

這時，邦諾面對的似乎是一家在圖書業無足輕重的新創公司——1996年，亞馬遜的銷售額只有1,600萬美元，同年邦諾的銷售額達20億美元，足足超過亞馬遜一百倍以上。但在1996年，《華爾街日報》特別介紹亞馬遜之後，李吉歐打電話給貝佐斯，說想和弟弟史蒂芬去西雅圖找他洽談合作事宜。由於貝佐斯當時對這方面的協商沒什麼經驗，於是打電話給投資人暨董事會成員歐伯格，請他作陪。與李吉歐兄弟共進晚餐之前，他們決定採取謹慎、奉承的策略。

這四人在西雅圖最有名的大理花餐館（Dahlia Lounge）吃牛排晚宴。這家餐廳在第四大道，離哥倫比亞大樓不遠，招牌上的霓虹燈是個廚師提著一條上鉤的大魚。李吉歐身穿高級西服，一開始就給人來個下馬威。這位書店老大告訴貝佐斯和歐伯格，他們不久也將推出線上書店，即將擊潰亞馬遜，但他們很欣賞貝佐斯所做的一切，提議雙方合作，比如貝佐斯可將亞馬遜的技術授權給他們，或者一起設立聯合網站。歐伯格說：「他們並沒有表示要併吞我們。我們沒談到什麼細節。如果不把那些威脅的話放在心上，氣氛算挺友好的。」

稍後，他們告訴李吉歐，會好好考慮合作的事。晚宴之後，歐伯格和貝佐斯通了電話，兩人有共識認為這個合作方案大概不可行。歐伯格說：「貝佐斯深信，他們的公司雖小，還是能以破壞性創新成為贏家。儘管邦諾已衝著他們而來，這並非世界末日。我們很清楚，挑戰來了。」

李吉歐兄弟被拒之後，就打道回府，開始著手設立自己的網站。根據當時在邦諾工作的人說，李吉歐連網站的名字都想好了，也就是「圖書獵人」，但沒有人贊成。邦諾花了好幾個月的時間，才建構出一個比較像樣的網站上線營運。那時，貝佐斯的團隊也加速創新和擴張的腳步。

首次公開募股

柯維在考慮亞馬遜首次公開募股的承銷商時，原本屬意是摩根士丹利和高盛，但最後決定找德意志銀行與留著小鬍子、有「矽谷王子」之稱的科技公司上市推手郭特隆（Frank Quattrone）。郭特隆手下的首席分析師葛利（Bill Gurley，後來也成為創投業者）已追蹤亞馬遜的表現長達一年，預言亞馬遜將在網路風潮引領風騷，揚名立萬。

那年春天，貝佐斯和柯維為了吸引投資人，走遍美國和歐洲。他們以三年來的銷售成績證明，亞馬遜已經走出自己的一條路。不像傳統零售商，他們最大的優勢就是負營業週期，亦即無需週轉金就可做生意。顧客以信用卡支付款項，亞馬遜就把書寄出，但幾個月後亞馬遜才必須與圖書批發商結帳。因此，亞馬遜先把賣書收入存入銀行，於是有源源不斷的資金來支持營運與擴張。[14] 如此一來，他們的資金報酬率就出奇得高。反之，如果是實體連鎖書店，全國數百甚至數千家店鋪都必須先備有安全存貨。當時，亞馬遜只有一個網站、一個倉庫，以及一份庫存清單。以固定成本銷售比而言，沒有網路銷售的商家根本不是亞馬遜的對手。貝佐斯和柯維論道，同樣是一塊錢，比起投資在世界上其他任何一家店，投資在亞馬遜的報酬率要高出太多了。

貝佐斯和柯維不管走到哪一站，投資人都詢問，亞馬遜是否可能擴展到其他商品的銷售。貝佐斯保守地說，目前他只賣書。那些投資人認為，亞馬遜可以和當時在個人電腦銷售叱吒風雲的戴爾（Dell）相提並論。但貝佐斯諱莫如深，只肯說一丁點兒，對於很多訊息都守口如瓶，例如亞馬遜如何吸引新用戶，一般忠實顧客在網站上的消費額是多少等等。貝佐斯希望從首次公開募股獲得資金，但不想給對手按圖索驥的機會。

柯維說：「很多人對我們說，你們將一敗塗地。邦諾書店肯定會把你們殺得片甲不留，你們算哪棵蔥？居然這樣神祕兮兮，真是可笑。」

從另一個角度來看，首次公開募股的過程實在讓人焦急難耐。根據美國證券交易委員會的規定，公司正式上市前必須遵守長達七週的「靜默期」，不得披露相關訊息，因此貝佐斯不能接受媒體採訪。貝佐斯大發牢騷：「這麼一來就要拖上七年了。」對他來說，網路演化速度快得瘋狂，七個星期就等於是七年。

不久，他們就發現，要躲避媒體簡直比登天還難。亞馬遜在首次公開募股的前三天，被邦諾書店一狀告上聯邦法院，說亞馬遜宣稱自己是「地球上最大的書店」，等於是廣告不實。亞馬遜讓李吉歐有芒刺在背之感，他才會使出這樣的手段，但這場官司反而使這小小的亞馬遜成為媒體追逐的焦點。就在同一個月，李吉歐宣布邦諾網路書店正式上線，很多人等著看亞馬遜被擊潰。追蹤科技產業的市場研究公司佛瑞斯特（Forrester Research）的執行長甚至發布了一份報告，說亞馬遜的公司名該改為：Amazon.Toast（意指亞馬遜完蛋了）。

在法規的束縛之下，貝佐斯不得不保持沉默。他曾想僱默劇演員，穿著亞馬遜的T恤，潛入邦諾網路書店上線記者會現場。貝佐斯只是隨口說說，但郭特隆把這個點子列入計畫。

貝佐斯回憶道，面對來自邦諾的攻擊，他曾在亞馬遜員工大會說：「**你們每天早上醒來，都要戰戰兢兢。但你們該憂慮的不是對手，反正他們不會給我們錢，你們該擔心的是，能不**

能滿足顧客需求，然後為此專心苦幹。」[15]

翌年，亞馬遜和邦諾的網路書店展開激烈競爭，雙方都宣稱自己可提供更多的圖書與更低的價格。邦諾說，他們的圖書目錄比較詳盡，而亞馬遜則致力於蒐羅珍本書和絕版書，派員工到各家獨立書店和古書店尋寶。1998年，邦諾書店得到德國媒體巨人貝塔斯曼（Bertelsmann）2億美元的資金，其網路書店於是脫離母公司獨立，隨後上市。亞馬遜則快速擴展，將經營觸角延伸至其他產品，如音樂CD和DVD。

貝佐斯曾預言，連鎖零售店面臨線上商店的凌厲攻勢，恐怕會招架不住。事實證明，他說得沒錯。

邦諾網路書店只占李吉歐事業版圖的一小塊，但他也不希望在這裡賠錢。只是他們的實體書店比較賺錢，沒必要把公司裡的高手調到網路事業，影響實體書店的業績。再者，邦諾的營銷方式已經確立，也就是把大量書籍送到各家分店，讓顧客蜂擁而來。要改變為接受小額定單，把書本寄給每個顧客，不但耗時、麻煩，而且容易出錯。但對亞馬遜來說，這不過是家常便飯，他們早就駕輕就熟。

1997年5月15日，亞馬遜成功上市，然而與其他科技公司轟動上市相比，亞馬遜的規模小得多了。貝佐斯努力和銀行角力，才能以每股18美元的價格上市，但之後長達一個月以上，股價都跌破原來的承銷價。不管如何，亞馬遜首次公開募股還是募集了5,400萬美元，也成為世人注目的焦點，年度營收成長更一舉飆高為900%。貝佐斯和他的家人都成了百萬富翁（包括他的弟弟和妹妹，也因各拿出1萬美元來投資亞馬遜股票而致富)。最早在亞馬遜下注的投資人和凱鵬華盈也滿載而歸。但這和亞馬遜股價之後的巨幅攀升相比,猶如九牛一毛。

亞馬遜正式上市的那個大日子,貝佐斯從紐約打電話回辦公室,希望員工克制一下,不要狂歡過頭,或是成天盯著股盤。因此,亞馬遜員工只是訂了當地生產的便宜啤酒,大夥兒一起暢飲,之後又繼續工作,但眼睛不時會偷瞄一下亞馬遜的股價。

那個月下旬,參與首次公開募股的人都收到一個木盒,裡面裝了一瓶龍舌蘭酒,瓶身附了一張「墨西哥狂歡節」的邀請卡,訂一個週末在墨西哥洛斯卡博斯沙灘上的帕密拉度假飯店(Palmilla Resort)慶祝。這是郭特隆和德意志銀行的心意。

貝佐斯夫婦、柯維、卡芬、羅喬伊都參加了,還有德意志銀行的布萊克本恩(Jeff Blackburn)——這位前達特茅斯學院的美式足球隊線衛,之後也加入亞馬遜,成為事業開發長。這次行程包括遊艇一日遊,郭特隆教貝佐斯跳舞,這兩個大老闆就在甲板上跳起了瑪卡蓮娜。一晚,他們在沙灘上享用大餐,投資人都打扮成海盜。夜深了,突然刮起狂風巨浪,一個浪頭撲上海灘,把電線打濕了,音響短路,甜點餐盤也被打翻。大夥兒連忙找地方避風雨,貝佐斯看著這個情景,開懷大笑,笑聲劃破墨西哥夜空。

達澤爾的精銳戰士

1997年初,貝佐斯一邊迎戰全世界最大的連鎖書店,一邊跟達澤爾眉來眼去。達澤爾曾經投身軍旅,是美國陸軍突擊兵，屬於最精銳的特種部隊，在肯塔基州喬治市土生土長，1980年代駐紮在甘博堡（Fort Gamble）擔任訊號工程師，之後在西德任通訊官。退伍後，他在全世界首屈一指的零售商，也就是沃爾瑪的資訊部門工作。

達澤爾樂觀開朗，說起話來帶有濃濃的南方口音，母音都拖著長長的，一年到頭都穿短褲，後來成為亞馬遜最受愛戴的主管。他可是貝佐斯和柯維三顧茅廬才請到的。話說那年春天，達澤爾第一次到西雅圖的亞馬遜造訪，航空公司把他的行李弄丟了，他只好跟飯店行李員借西裝和領帶。他一大早就到亞馬遜的辦公室，發現公司竟空無一人 —— 亞馬遜的人不像沃爾瑪的員工，因為工作到很晚，也很晚起。貝佐斯到公司之後，兩人於是坐下來談。沒想到，才坐下來，貝佐斯一個不慎，把整杯咖啡倒在達澤爾借來的西裝外套上。

儘管一開始就這麼尷尬，達澤爾離開西雅圖之時，還是對貝佐斯的願景與科技怪人的魅力印象深刻。回到阿肯色的班頓維爾（Bentonville）之後，達澤爾還是被沃爾瑪的高層主管慰留下來。未來將在沃爾瑪擔任執行長的史考特（Lee Scott），開著高爾夫球車，載達澤爾行經巨大的物流中心。史考特當時負責的是商品的運籌管理，他告訴達澤爾，亞馬遜的確有一些新鮮的商業點子，但潛力有限。沃爾瑪的營運長索德奎斯特（Don Soderquist）也說，由於亞馬遜本身庫存很少，從批發商那裡訂貨之後，馬上運送出去，等銷售額達1億美元，肯定會遇到瓶頸。他還說，公司器重的人只有十來個，達澤爾就是其中之一，可別辜負公司的期待，最後又無限惋惜地說：「你如果決定離開，就再也不是沃爾瑪大家庭的一份子。」

達澤爾牢記這番話，但他仍對網路零售無法忘情。雖然早在1997年初，沃爾瑪及其姊妹店山姆俱樂部（Sam's Club）已準備向電子商務踏出第一步，然而達澤爾看得出來，公司並未對此全力支持。

貝佐斯仍對達澤爾不死心，同時也在尋找其他的技術高手。他一邊找，一邊叫柯維三不五時就打電話給達澤爾的太太凱瑟琳，甚至請杜爾出馬，看能不能說動他。貝佐斯和柯維還曾悄悄飛去班頓維爾，給達澤爾一個驚喜，邀他共進晚餐。酒足飯飽後，達澤爾終於同意跳槽到亞馬遜，但不久又變卦了。他說：「除非原子彈轟炸阿肯色州，不然我家人不會同意搬遷的。」[16]

但是達澤爾怎麼也無法忘了亞馬遜。「我老婆說，如果我對什麼著迷，一定念念不忘。有一天，她轉過來對我說：『你為什麼還待在沃爾瑪？』」8月，他終於鐵了心要去亞馬遜。離職前，他在公司收拾東西，沃爾瑪的資訊長就站在他辦公室門口看著他，然後送他走出公司大門。

1997年8月，達澤爾開始為亞馬遜效勞，擔任資訊長，也是J團隊中的大將。他是個幹練的經理人，很會招兵買馬，在短時間內就招募到他想要的人，建立一支生力軍，完成遠大目標。開會時，達澤爾經常坐在貝佐斯的旁邊，貝佐斯有什麼好點子，他就負責找人執行。達澤爾的好友、亞馬遜資深工程師瓊斯（Bruce Jones）說：「貝佐斯腦子動得很快，一有偉大的靈感就脫口而出，多虧達澤爾，重要計畫才能實現。」

那年夏天，達澤爾加入亞馬遜，公司人事隨之激起一波又一波的漣漪，卡芬的憂慮也加重了。在首次公開募股前，貝佐斯曾跟卡芬一起散步，告訴他公司需要強化技術部門的管理，打算請他擔任技術長。這聽起來像是升官，實際上這個角色是顧問，沒有預算，也毋需負擔什麼責任。卡芬考慮了幾天，不同意擔任這個職務。根據卡芬的說法，當時貝佐斯說：「就這麼辦吧。」然後不肯再談這件事。

接下來的幾年，卡芬一直是亞馬遜的技術長，也是管理團隊的一員，但他已處於公司邊陲，沒有員工必須向他報告，就關鍵資源的分配而言，他也無從置喙。卡芬的挫折感與無力感與日俱增。他是最早和貝佐斯一起打天下的元老，創業維艱，他用最省錢的方式建構出最初的電腦系統。如今，亞馬遜一年銷售額達6,000萬美元，電腦基礎系統架構已經見絀。卡芬想花時間重建電腦系統，但貝佐斯不同意，他希望工程師為網站開發新的特色，對重寫舊的系統不感興趣。雖然貝佐斯同意卡芬提出的一些重建計畫，卻找其他人負責，卡芬只能眼巴巴地看，有苦說不出。

貝佐斯不再把真正的管理責任交付給卡芬，但他還是表示出對卡芬的欣賞與喜愛。1998年秋天，貝佐斯要卡芬打包行李，陪他去看看一家可能可以併購成功的目標。其實，這是趟名為Shelebration*的驚喜之旅，以慶祝卡芬為亞馬遜效勞滿四個年頭。貝佐斯費心幫卡芬的親友買了機票，送他們到夏威夷茂宜島上的度假小屋歡度三日。參加的每個人都收到了一個磁磚做的精美隔熱墊，上面印著卡芬肖像——他戴著紅白條紋的帽子，和《戴帽子的貓》（*Cat in the Hat*）裡的那頂帽子一模一樣。

那個週末，貝佐斯也遇到幾個有緣人。其中之一就是創辦《全球目錄》的奇人布蘭德。他太太萊恩也來了，他們和貝佐斯夫婦一拍即合。布蘭德成立了恆今基金會（Long Now），其中有一個名為萬年鐘的計畫，即建造一個外觀似老爺鐘、可走一萬年的巨鐘，用以象徵長遠的思考。幾年之後，貝佐斯成了這個計畫最主要的資助者，也同意將這個巨鐘安置在他德州的土地上。

但在夏威夷度假的那幾天，卡芬都愁眉苦臉。他說，這感覺像是還沒退休，老闆就幫他辦了歡送會。

此時，貝佐斯許下的兩個承諾發生了衝突。他向卡芬承諾，只要卡芬想做，就可以永遠保住在亞馬遜的職位；但他也向公司和投資人承諾，他會不斷提高用人的標準，亞馬遜未來是生是死，取決於新進人員的良窳。達澤爾和史匹格對大公司的政治運作瞭如指掌；卡芬則生性內向，有理想，但沒有領導天賦，事實上，他連自己部門的人事和擴張都插不上手。不管如何，卡芬曾默默地為亞馬遜犧牲奉獻，使亞馬遜從貝佐斯試算表上的未知數，變成世界聞名的電子商務小霸王。

卡芬怎麼也想像不到，自己有一天會離開公司，但在公司服務屆滿五週年之前，他發現自己已在倒數計時，等著領取最後一次配股。最後，他不再踏進公司一步。1999年秋天的一天早晨，他從家裡打電話給貝佐斯，說他要辭職了。卡芬還記

＊譯注：把celebration（慶祝）中的c換成卡芬名字Shel Kaphan開頭的Sh而成。

得，那時貝佐斯只是表示可惜，卻沒有慰留他。

貝佐斯曾經說，卡芬是「亞馬遜網站成立以來最重要的人。」[17] 然而卡芬想起為亞馬遜拚命的這五年，心中有無限感慨。他認為貝佐斯不給他權力，把他架空，等於是「對神聖信任的背叛」，忘了當初兩人如何胼手胝足一起奮鬥。他說，貝佐斯最後這樣對待他，實在是他這一生「最大的挫折」。

很多亞馬遜的老員工都有這種感覺，卡芬的遭遇不過是一個縮影。貝佐斯能言善道，讓所有的人相信他傳播的福音，也得到豐厚的報酬。然而，一旦這個眼神堅定的創辦人找到更有經驗、更優秀的新血，就把那些老員工淘汰了。那些離開的老員工看著公司不斷前進，心裡著實難受，就像看著自己的孩子離家，到別人家生活。卡芬終於明白，在亞馬遜這個家，真正的家長只有一個。

03
熱夢

1997年初，貝佐斯受邀到哈佛商學院對修習市場管理課程的同學演講。講完後，這些研究生就開始針對線上零售的前景進行熱烈討論，就好像他根本不在現場一樣。一個小時後，他們得到一個共識：經營有成的實體業者也會往網路發展，亞馬遜恐怕無法生存下去。有個學生直率地告訴貝佐斯：「你看來似乎是個好人，小心誤入歧途，見好就收，把公司賣給邦諾，退出市場吧。」

這個課堂上有個學生名叫布萊威瑟（Brian Birtwistle），他記得當時的貝佐斯態度謙遜、謹慎。他對學生說：「你們或許沒錯，但我認為，實體商店或任何公司大都有積習難改的毛病，如果已經習慣按照某種方式行事，將很難變得靈活，或很難把焦點放在創新上。我們等著瞧吧。」

下課後，來找貝佐斯說話的學生寥寥無幾，而其他演講者幾乎都被熱情的學生給團團圍住。向貝佐斯求教的少數學生之中，有一位名叫凱勒（Jason Kilar），他畢業後有長達九年的時間在亞馬遜服務，並升上主管，之後去接掌線上影音網站葫蘆網（Hulu）。

等布萊威瑟走到貝佐斯跟前，貝佐斯已經趕著要去搭飛機，教授於是提議布萊威瑟開車送他。貝佐斯說：「好極了，那我可以省下坐計程車的錢。」貝佐斯以為布萊威瑟想去亞馬遜工作，在這十五分鐘的車程中，就在車上當起面試官。「你為什麼想在亞馬遜工作？」布萊威瑟完全沒準備，然而還是想了一下，告訴貝佐斯：「我是學歷史的，如果能在亞馬遜這樣的公司創立初期加入，感覺像親臨歷史。」

貝佐斯幾乎要大聲歡呼。他說：「我們這些在亞馬遜的人就是這麼想的！你等著看好了。網路公司將如雨後春筍，不斷冒出來，但大多數將慘遭淘汰。只有幾個品牌能歷久不衰，我們公司會是其中之一。」

片刻沉默之後，貝佐斯又丟出一個問題：「你說說，為什麼下水道的人孔蓋是圓的？」

布萊威瑟說：「如果你想準時趕到機場，還是別問我這樣的問題吧。」

貝佐斯發出如雷的笑聲，布萊威瑟嚇一大跳，車子差點偏離車道。貝佐斯說：「這不是開玩笑喔。我真的想聽聽你如何回答這個問題。」

「我猜，人孔蓋是圓的，因為容易用滾的方式滾到定位蓋上去。對嗎？」

「不對，但你的思路不錯。」貝佐斯說。[1]

布萊威瑟從哈佛畢業後，就和凱勒和傑西一起去亞馬遜上班，傑西後來掌管亞馬遜的雲端服務（AWS）。他們是亞馬遜僱用的第一批哈佛人，在此之前，亞馬遜幾乎都是從西雅圖當地尋找技術高手。對貝佐斯而言，在亞馬遜發展的關鍵時期，這些新血是難得的人才。

不只是想賣書

1998年初，引進掃帚球的行銷主管布萊爾拿一份調查報告給貝佐斯看，報告上說，大多數的消費者沒在亞馬遜的網站買過書，因為他們根本沒買幾本書，將來也不大可能上亞馬遜的網站購買。這些令人沮喪的統計數字顯示美國人並不愛看書，然而布萊爾說，貝佐斯聽了之後，似乎不怎麼擔心。

貝佐斯指示布萊爾，將新進公司的哈佛畢業生組成一支「特種部隊」，研究哪些商品在實體商店常缺貨，而且是容易郵寄的。這就是亞馬遜的早期策略：**與傳統零售店相比，亞馬遜可盡量發揮網路優勢，給顧客更多可供選擇的商品。**布萊爾說：「我明明帶給他的是壞消息，他聽了反倒興奮起來。」

此刻，貝佐斯認為是時候了，亞馬遜當務之急是把品項擴展到書籍以外的商品。在顧客的印象中，亞馬遜只賣書。他希望公司更有可塑性，就像布蘭森（Richard Branson）的維珍集團（Virgin），不只發行唱片、也賣酒，更跨足航空，事業版圖五花八門。貝佐斯也希望亞馬遜能夠獲利，讓他得以投資新科技，領先所有的競爭對手。曾在微軟和蘋果工作的工程副總裁史匹格說：「那時，貝佐斯已經計算過了，認為這勢在必行。不成功，便成仁。」

柯維說，貝佐斯一開始就想要賣書籍以外的東西，只是在等待時機到來。「他的夢想很大，問題是如何在最好的時機把握住機會。」

於是，那年春天，傑西研究音樂CD的市場，凱勒調查家用影片，他們的哈佛老同學皮基特（Victoria Pickett）則負責套裝軟體等。公司有一次在威斯汀飯店開會，這些MBA戰士發表他們的研究結果。亞馬遜的主管決定先向音樂CD進軍，第二個目標則是DVD。早期的一些員工以為公司想成為網路上的文學中樞，現在看來，他們的任務沒那麼簡單，不由得忐忑不安。網站最上方的標語也從「地球上最大的書店」，改為「書籍、音樂，還有更多……」，不久又改成：「最多的選擇 —— 應有盡有！」

這一天的會議即將結束之時，貝佐斯要求每個人預測公司未來五年的營收數字。策略計劃分析師魏尤金（Eugene Wei）當時在那裡做筆記，他回憶說，貝佐斯預測的數字最高，其他人都差得很遠，因為他們根本不知道未來會如何。

搭上網路熱潮

為了銷售圖書以外的商品，建造更多的倉庫，亞馬遜需要的不只是計畫，資金也是不可或缺。因此，1998年5月，亞馬遜以垃圾債券的發行募集3.26億美元；翌年2月，又募進了12.5億美元，這是有史以來最大一筆可轉換公司債，利息是4.75%，實在很划算。令柯維和貝佐斯意想不到的是，他們不必費盡唇舌向那些小心眼的法人股東招募，這一年來在這波達康熱潮有所斬獲的投資人，已急切地捧著錢上門。

丁斯禮（Randy Tinsley）是亞馬遜財務與企業開發部門的主管，在簽可轉換公司債的本票之前，有一個週六和財務部同事史通（Tim Stone）相約在西雅圖附近伊薩夸（Issaquah）的一家修車廠碰頭。丁斯禮要在自己的吉普車上安裝汽車音響，在那裡他拿出一疊紙，給櫃台後的服務人員看，說道：「你知道這是什麼嗎？這是12.5億美元！」讓人家看得眼珠子差點掉了下來。

接下來兩年的網路熱潮、科技股瘋漲，後來演變成網路泡沫。1990年代末，網路不再是電腦迷的國度，而變成了頭條新聞，是股市當沖客關注的焦點，一般人也躍躍欲試，引發商業與社會的變動。與網際網路及資訊相關企業的股價一個個飆漲，像沖天炮一樣，就連理智的觀察家都質疑自己的判斷。

雅虎的市值高於迪士尼，亞馬遜則已超越希爾斯百貨。在矽谷，創業家和在他們身上押寶的人，被狂喜沖昏了頭，認為未來一片大好，資金源源不絕。這就像一場長達兩年的瘋狂派對：資金容易到手，到處都是機會，人人舉起手中的鳳梨馬丁尼，高喊「乾杯」。

貝佐斯對網際網路孤注一擲，那時還沒有人像他那樣大膽。貝佐斯比任何人都相信，網際網路將使商業與消費擁有全新面貌，因此他毫不猶豫的勇往直前。「**我覺得我們公司的價值被低估了，這個世界根本不知道亞馬遜會變得如何。**」這句話也成了貝佐斯語錄。

從1998年至2000年初，在這股瘋狂的網路熱潮中，亞馬遜以債券募集了高達22億美元的巨資，大部分用來併購，然而在頭幾年，他們還難以看出這些交易對主要業務是否真有如虎添翼之效。亞馬遜在美國設立了五個頂級物流中心，後來為了縮減開支，關閉了兩個，裁掉數百名員工。

在這逆境之中，貝佐斯似乎顯得非常鎮定。挫折使他更加堅定，決定把公司推向新的領域。他對從沃爾瑪挖角過來的達澤爾說：「外表看來，我像一隻小雞，但我有一顆大膽的心。」蘇珊．班森記得一天早上與貝佐斯一起搭電梯。她牽著小狗魯福斯，貝佐斯靜靜地看著這隻柯基犬，說道：「魯福斯，你好可愛。」然後抬起頭來，對蘇珊說：「可是，妳知道嗎？他沒有膽子。」

貝佐斯常把「大膽」掛在嘴上。1998年初，亞馬遜發布第一封致股東公開信，就不斷提到這個字眼。這封信是由貝佐斯與柯維共同撰寫、財務部的葛蘭迪納堤（Russ Grandinetti）打字，信中說：「只要看到有取得市場領導優勢的機會，我們就會大膽前進，大筆投資，不會忐忐忑忑。有些投資獲得豐厚報酬，有些則否，不管如何，我們都將學到寶貴的一課。」信中還說，亞馬遜將把眼光放遠，根據長遠的目標來做決定（亦即未來的現金流和所占的市場份額），而不是著眼於短期的利益。因此，公司將特別成立一個部門做為前進的標竿，使出奇招，向華爾街進軍。

我們相信，股東的長期利益就是我們衡量成功的基準。這樣的利益源於我們擴展與鞏固現今市場領導地位的能力。我們的市場領導地位愈強大，我們的商業模式就愈有力。市場領導地位可以轉化成更高的營收、更高的獲利、更大的資本流動力，投資報酬率也就愈高。

我們的決策將持續反映這樣的目標。因此，我們將以實際的指標：顧客與營收的成長、顧客回購率和品牌的力量，來評估我們的市場領導地位。為了顧客群、品牌與基礎設備的擴展，並使之發揮槓桿效應，我們已經投資了不少，將來還會繼續積極投資，以永續經營。

瘋狂的擴張

在亞馬遜內部，致股東公開信等於是聖經。貝佐斯每年在發布年度報告的同時，都會發表一封致股東信。公司上下為了實現承諾和原則而不斷努力。

亞馬遜一開始就以「大手筆」在網路時代衝刺。在1990年代末期，不惜花費幾千萬美元，與美國線上、雅虎、MSN和Exite等網站簽了廣告合約，成為他們的獨家書籍銷售夥伴。上述網站就是所謂的入口網站，對很多電腦的新使用者或是對電腦一竅不通的民眾而言，這些網站就是他們通往網路世界的門戶。

一般商業合作夥伴都會給這些入口網站一些股票，但貝佐斯不肯這麼做。他不願隨便給人股票，就像他極少批准員工出差坐商務艙。反之，他付的是現金，網站每次在搜尋結果出現時導引使用者利用連結到亞馬遜購書，就可得到現金獎勵。例如，有人在美國線上搜尋滑雪度假的資訊時，會看到網站提供連結去亞馬遜網站購買滑雪相關書籍。

貝佐斯要求員工力行節儉：員工必須自付停車費，所有主管出差都只能坐經濟艙。但他有時還是會大肆揮霍。1998年初，貝佐斯從英特爾（Intel）把丁斯禮挖角過來，讓他擔任企業開發部主管。貝佐斯看到丁斯禮，一開頭說的事情之一就是：「我很期待跟你一起去血拚。」結果他們後來採購的戰利品，多得教人嘆為觀止。亞馬遜拚命併購，買下的公司包括電影資料庫IMDB.com、英國網路書店BookPages、德國網路書店Telebuch、網路市集Exchange.com、最早的社交網站PlanetAll，以及專門蒐集使用者上網資訊的Alexa Internet等。

亞馬遜不只併購了這些公司，也吸收了許多有經驗的高階主管。在這種快速擴張之下，內部難免出現混亂，一下子無法整合這麼多的子公司及其技術。大多數的主管做了一、兩年就走了，可能是討厭亞馬遜瘋狂的步調，也有可能是受不了陰雨綿綿的西雅圖。

亞馬遜在創投方面也慘遭滑鐵盧。1998年，貝佐斯和創投業者杜爾看好網路販賣藥品的商機，成立Drugstore.com網路藥房，招募前微軟主管紐珀特（Peter Neupert）來經營。亞馬遜擁有該公司三分之一的股份。這家網路藥房一開始看起來大有可為，因此在接下來的兩年，丁斯禮和貝佐斯又從亞馬遜挪出幾千萬美元投資許多似乎很有潛力的網站，如販賣寵物用品的Pets.com、賣體育用品的Gear.com、賣酒的Wineshopper.com、賣車的Greenlight.com、網路超市Homegrocer.com，以及在都會區提供送貨服務的Kozmo.com等。亞馬遜拿出一些資金來投資這些公司，換來一小部分的股份和董事會的席次。這是為了未來布局，如果這些專賣某類產品的網站得以成功，亞馬遜未來就更有勝算。而這些新創公司也認為，擁有亞馬遜這樣強大的夥伴，成功可期。

不料，2000年網路泡沫破滅，幾乎所有的網站都慘遭滅頂，貝佐斯自顧不暇，沒時間、也沒心情拯救這些網站。亞馬遜在這些網路公司投資的數億美元化為烏有。丁斯禮說：「亞馬遜不得不專注自己的業務。我們最大的錯誤在於，我們自以為有餘力可以和那些公司合作。」

貝佐斯在亞馬遜內部頒布節約至上的聖旨，人人奉行不輟，同時卻看著老闆孤注一擲。工程師波普（Gene Pope）和史匹格曾在蘋果共事，後來兩人都跳槽到亞馬遜。波普看到亞馬遜在幾個月間的瘋狂擴張，不禁對史匹格說：「我們像是在建造巨大的火箭，現在正準備引燃、升空。這火箭可能順利飛向月球，也可能功敗垂成，只是在地上留下一個冒著煙的大坑洞。不管如何，我都要留在這裡，見證歷史性的那一刻。」

打造可應付萬物的物流中心

隨著公司成長，貝佐斯顯現出沒有人猜想得到的野心。他僱用了更多來自沃爾瑪的好手。1998年初，亞馬遜重用達澤爾在沃爾瑪的一個同事，也就是已從沃爾瑪退休的配銷副總裁萊特（Jimmy Wright）。萊特的壞脾氣在沃爾瑪是出了名的，有一次他和達澤爾吵架，達澤爾把萊特抱起來，抱到辦公室外才把他放下來，然後砰地把門關上。但是達澤爾知道，要在短時間內提高倉儲配送能力，只有萊特能做到。達澤爾說：「除了萊特，全美國大概沒有第二個人能做到。」

貝佐斯跟萊特談了好幾個月，那年夏天，還帶萊特去視察道森街的倉庫。貝佐斯說，他希望建立一個比現在大十倍的配銷系統，不只在美國，還要把市場擴展到英國和德國。萊特問，要運送出去的產品有哪些？萊特回憶道：「貝佐斯說：『我不知道，你就設計一個可以應付任何東西的系統吧。』我說，你在開玩笑吧。他說：『這就是你的任務。』我必須想辦法解決倉儲問題，除了航空母艦，其他的一切應該都要能處理。」

萊特未曾經歷這麼大的挑戰。在沃爾瑪，配銷中心只要每天一次把裝好產品的貨櫃，運送到附近所有的分店即可。但在亞馬遜，每天總有無數的包裹要寄到數不清的目的地。亞馬遜的銷售量每年成長300%，根本無法預測每天要寄多少東西。

萊特著手計劃之時，亞馬遜好不容易才熬過1998年年末的瘋狂購物潮。在感恩節前後，柯維就發現訂單數量和已寄出的包裹數量差距愈來愈大，於是敲響警鐘。由於情況緊急，亞馬遜動員所有的人手出貨，這個任務就叫「拯救耶誕老人」，辦公室裡的每一個人都要到道森街的倉庫或德拉瓦州的新倉儲中心值大夜班，還把親朋好友都拉進來。他們只能吃餐車提供的墨西哥捲餅和咖啡，常常在車上睡覺，醒來繼續工作。

貝佐斯還舉辦了揀貨比賽，看看誰的速度最快。耶誕節過後，他發誓再也不能這麼搞了，亞馬遜一定要提高出貨的能力，才能滿足顧客的需求。

那時，萊特給貝佐斯看新倉庫的藍圖。倉庫坐落在內華達州的芬利（Fernley），在雷諾東方四十八公里處。貝佐斯看了，眼睛一亮，說道：「哇，這個太讚了。」

萊特問，這份藍圖還需要給誰看，以及他希望的投資報酬率是多少。

貝佐斯答道：「別擔心，你負責蓋出來就好了。」

「我不是需要得到批准嗎？」萊特問。

「已經批准了。」貝佐斯說。

在接下來的一年內，萊特共花了3億美元。他不只在芬利蓋了新倉庫，還把原本租用的倉庫買下、翻新：一座倉庫靠近亞特蘭大、兩座在肯塔基，還有一座在堪薩斯。走進亞馬遜的倉庫，令人有身在錯覺圖像大師艾雪（M. C. Escher）的作品之感。倉庫的設備全部自動化，走道和貨架會發出閃光，指引揀貨人員找到正確的商品，接著由輸送帶運送至巨大的Crisplant分揀機，接著掃瞄條碼，按照顧客訂單分類好，就可以包裝、運送出去。萊特說，這種設備應該不能叫做倉庫，而是物流中心，正如他們以前在沃爾瑪的說法。

萊特的家和他開的私人顧問公司都在班頓維爾（沃爾瑪總部所在地）。他在亞馬遜服務的十五個月期間，常往來於班頓維爾和西雅圖之間。此外，他不管在自家後院辦烤肉派對，或是去班頓維爾的社區健身中心運動，都不忘幫亞馬遜拉人。他不斷勸說以前在沃爾瑪的同事，要他們一起加入網路零售業。從沃爾瑪跳槽到亞馬遜的採購專員莫里斯（Kerry Morris）說：「那時，沃爾瑪的總部甚至不能上網。我們沒有網路可用，不能收發電子郵件，甚至不知道什麼是網路零售。」

沃爾瑪的警告

亞馬遜知道，他們不斷挖沃爾瑪的牆角，沃爾瑪的人一定會很不高興。莫里斯說，她偷偷摸摸地去亞馬遜面試，沒住飯店，而是在朋友家借住，面試地點也不是在亞馬遜的辦公室，而是在星巴克。為了不留下證據，亞馬遜以現金支付這次面試的差旅費。那年，大約有十來個沃爾瑪員工，跳槽到亞馬遜。

來自沃爾瑪的人也難免造成許多內部磨擦。原來在亞馬遜的員工都是二十幾歲或三十歲出頭，被貝佐斯的雄心壯志所感染，希望能做出一番非凡的事業。但從班頓維爾來的那批主管已四、五十歲，對那些毛頭小子沒什麼耐心。從沃爾瑪跳槽過來的採購副總裁夏普（Tom Sharpe）對年輕員工十分苛刻，在亞馬遜做了一年多就走了。來自哈佛的布萊威瑟記得他和夏普初見面的對話。

夏普：「你剛才說你叫什麼來著？」

布萊威瑟：「我叫白恩・布萊威瑟。」

夏普：「好，小屁孩，你給我聽好。現在這裡是由大人當家，我們得做出真正的事業。」

來自沃爾瑪的人還帶來另一個問題。貝佐斯和杜爾創立網路藥局Drugstore.com的時候，從沃爾瑪找了一個工程師拉曼（Kal Raman），拉曼也設法把他在沃爾瑪的前同事挖角過來。沃爾瑪終於忍無可忍，向阿肯色州法院控告亞馬遜、凱鵬華盈和Drugstore.com藉由挖角竊取他們的商業機密。杜爾開玩笑說，他要是踏上阿肯色州一步，可能會有生命危險。

這個訴訟案件是個警告，沃爾瑪只是做做樣子，要亞馬遜別再軟土深掘，最後雙方和解，但這零售王國的龍頭老大與線上零售小霸王之爭已趨向白熱化。達澤爾的太太凱瑟琳看在眼裡，著實難過。有一次，達澤爾和貝佐斯聊天，提到此事。不久，貝佐斯夫婦就帶著一束花，以及華頓的自傳《縱橫美國》（*Sam Walton: Made in America*）去達澤爾家。

貝佐斯把這本書讀得相當透澈，汲取其中精華。他把華頓的儉僕原則和注重行動的做法，徹底融入亞馬遜的企業文化之中。在他送給達澤爾太太的那本書上面，有一段文字，他特別劃了線：**如果在競爭者那裡看到最好的想法，要好好學起來。**貝佐斯認為，每一家零售商都是站在巨人的肩膀上，華頓的自傳讓他產生共鳴。這本書的最後一頁是華頓去世前的幾個星期寫的：

> 沃爾瑪傳奇今後還能再現嗎？我的答案是：當然可以。在茫茫人海中，或許有人已懷抱偉大的理念，不斷地為理想打拚。如果你一心一意想要達成，必然有成功的一天。這完全取決於態度和能力，你是否願意不斷地鑽研經營管理的祕訣，並提出疑問。

貝佐斯就具備了華頓描述的那些特質。他不願讓亞馬遜變得大而無當，他有源源不絕的點子，讓亞馬遜網站的服務變得更好，以吸引更多的顧客，永遠搶先一步，跑在對手前頭。

新暢銷分類法與一鍵下單

1998年初，貝佐斯緊盯公司的個人化與社群部門，這個部門的主要目標是幫助顧客找到他們可能感興趣的書籍、音樂CD或電影。那年5月，他研究亞馬遜暢銷排行榜前一百名的清單時，靈光乍現：為什麼我們不把每一項商品的銷售排行資料都放上去，列出最暢銷的商品？他告訴《華盛頓郵報》：「我那時在想，『我們怎麼只列出前一百名就打住了？這是網際網路！又不是報紙上的暢銷排行榜。我們可以列出所有商品的銷售排行。』」[2]

這個點子不但創造了新的暢銷分類法，也讓作者、藝術家和出版商更了解自己的表現。他們本來就有一股神經質的衝動想知道銷售成績，如此便可以讓他們如願以償。在亞馬遜發展早期加入的工程師林登說：「貝佐斯知道，對作者而言，銷售排行榜像是毒品。他堅持，只要有新訂單進來，排行榜就得立即更新。」

這個挑戰非同小可。亞馬遜的伺服器早已超載，現在更被逼到極限，而公司所用的甲骨文資料庫軟體，也無法應付網路湧入的超大流量。工程師只得蒙混一下，每隔幾分鐘擷取瞬間銷售量資料，並提供最新暢銷排行。這項服務，也就是所謂的亞馬遜銷售排行榜，在1998年6月引進之後，日日夜夜上網查詢排行的不只是作者，還有他們的配偶、緊張不安的編輯和出版商。亞馬遜的資深編輯史特林（John Sterling）說道：「我了解這很容易讓人上癮。他們原本也許可以把時間花在更有意義的事情上，像是寫新書。」[3]

差不多在同時，亞馬遜也為「一鍵下單」（1-Click）的下單系統申請專利。這個系統的點子源於1997年的一天，貝佐斯和卡芬及介面工程師哈特曼（Peri Hartman）共進午餐，貝佐斯說，他希望能讓上亞馬遜網站的顧客盡量輕鬆、方便。哈特曼是華盛頓大學資訊學系畢業生，於是設計了一個可預先載入顧客信用卡資料、收貨地址的系統，讓顧客只要按一個鍵就可完成交易。

只要能減少網購的麻煩和壓力，即使只是一丁點兒，都能增加幾百萬的營收，同時可以更加鞏固業務，讓敵人瞠乎其後。亞馬遜於是提出一份長達十九頁的專利申請書「經由通訊網絡下訂單的方式與系統」，這個專利申請案在1999年秋天獲准，亞馬遜也註冊了「一鍵下單」這個商標。結果，這項專利引發一場訴訟大戰，延燒多年。法學界不斷爭論，這種基本的商業工具如果得到法律保護，是否代表智慧財產權走火入魔。

批評者認為「一鍵下單」的構想很原始，美國專利局竟然會批准這樣的專利，實在是官僚、怠惰的作風，這樣的審查根本有問題。其實，貝佐斯本人也鼓吹專利改革，反對沒有價值的專利，但他還是決定利用現狀，攫取任何可能的優勢。1999年底，他控告邦諾書店侵害「一鍵下單」的專利，華盛頓州法院判決亞馬遜勝訴，邦諾必須退讓，改採「兩鍵下單」。2000年，亞馬遜在沒有揭露授權金的情況下，把這項專利授權給蘋果，而且他們還想利用這項專利對付自1998年年中以來出現在競爭雷達上的強勁對手，也就是eBay。

eBay的威脅

布萊克本恩最先偵測到eBay的威脅；他後來成為亞馬遜的事業開發長。eBay成立於1995年，是矽谷的新創公司，本來叫拍賣網（AuctionWeb），1997年獲利570萬美元，1998年躍升為4,740萬美元，到了1999年，更高達2.247億美元。

布萊克本恩知道這家公司成長迅速，更令人不安的是，他們一直在賺錢，而亞馬遜則還在賠錢。eBay的營利模式再完美不過了：他們從每一筆交易抽取佣金，沒有庫存費用和郵寄、包裝成本。賣家把自己的商品貼在網站上，誰出價最高就賣給誰，然後自行將商品寄給顧客。這個網站從收藏品（如豆豆寶貝和棒球卡）起家，也是一家「無所不賣」的商店，搶先一步實現了貝佐斯的夢想。

1998年夏天，貝佐斯邀請eBay創辦人伊朗裔的歐米迪亞（Pierre Omidyar）及其執行長惠特曼（Meg Whitman，前迪士尼高階主管）來到西雅圖。那時，eBay剛申請公開上市，兩組人馬初次見面。之後雙方命運不斷糾纏，長達十年之久。

貝佐斯帶eBay團隊去亞馬遜在道森街的物流中心參觀。亞馬遜設備的自動化讓歐米迪亞大開眼界，員工身上的刺青也讓他看得目不轉睛。歐米迪亞說：「這地方真的很酷。」後來，惠特曼潑他冷水，說道：「得了吧。對我們來說，管理那樣的倉庫簡直是噩夢。」

在開會期間，雙方主管討論了多種合作方式。歐米迪亞與惠特曼建議亞馬遜把eBay的連結放在他們的網站上，這樣一來如果顧客在亞馬遜網站找不到東西，像豆豆寶貝，就可以經由連結前往eBay；反之，如果有人在eBay找不到伍爾夫（Tom Wolfe）的書，也可以透過eBay上的連結，前去亞馬遜購書。貝佐斯透露他們有意投資eBay。eBay主管則推測，貝佐斯想用6億美元買下eBay——這筆錢差不多是eBay後來首次公開募股從市場募集的資金，但後來布萊克本恩不記得他們當時是否曾提出任何正式的提案。這不打緊，eBay的人相信他們開創了新的虛擬商業模式，也就是供需雙方一起決定商品的理想價格。然而，貝佐斯的狂笑則讓他們不敢恭維。

支持eBay的創投家到處打聽，卻聽到這樣的說法：你不可能和貝佐斯合作，只能為他賣命。

貝佐斯當時並沒有看出eBay會為他們帶來直接的威脅。然而，隨著eBay銷售額和獲利不斷攀升，他開始擔心，一想到線上購物，大家自然而然會想到eBay。雖然貝佐斯一再強調亞馬遜是一家「以顧客為中心，而非把焦點放在競爭者身上的公司」[4]，eBay還是讓他們有芒刺在背之感。翻開報章雜誌，不時可以看到有人對網路新經濟大放厥詞，亞馬遜的人因此憂心忡忡，eBay不只生意比他們好，而且會使固定零售價格成為歷史。

那年稍晚，貝佐斯在哥倫比亞大樓的二樓祕密成立了一個拍賣業務小組。計畫代號叫EBS，是Earth's Biggest Selection（地球上擁有最多商品選擇之處）的縮寫，員工則開玩笑說，也可以說是eBay by spring（明年春天前就要成為eBay）。其他員工和董事會都不知道這件事，因為軟體製造商直覺公司的創辦人庫克（Scott Cook）身兼亞馬遜和eBay兩家公司的董事。史匹格和布萊克本恩共同負責這個計畫，必須在三個月內達成複製eBay的任務。

貝佐斯有信心擊垮eBay，特別是亞馬遜資金雄厚，可以向賣家收取更低的上架費，而且提供免費保險，以彌補網路詐騙對買家或賣家造成的損失。為了拍賣業務與付款方式無縫接軌，貝佐斯還花了1.75億美元收購才創立半年、擁有電子商務交易技術的Accept.com。雖然這家公司尚未正式營運，和eBay的交易已談得差不多了，沒想到這時殺出貝佐斯這個程咬金。

那年冬天，貝佐斯和庫克、杜爾一起去亞斯本滑雪，這才透露與eBay對決的計畫。庫克說：「他告訴我和杜爾：『我們就要贏了，你們也許可以考慮是不是要繼續待在eBay的董事會。』他認為這是必然的結果。」庫克表示，他想再等等，看情況再說。

亞馬遜拍賣在1999年3月正式上線，雖然一開始進展緩慢，貝佐斯又加倍下注。他收購了一家網拍直播公司，為了拍賣高檔商品，於是與老字號的蘇富比（Sotheby's）拍賣公司簽約。然而，這一切最後還是徒勞無功。想上亞馬遜拍賣的顧客只能從亞馬遜的首頁進去，但是對習慣使用亞馬遜購物、可以看到每項商品價格的人來說，這裡就像一個骯髒的廚餘桶。

高科技產業從網路效應的動能學到一課：愈多人使用，產品或服務才愈有價值。在線上市場，網路的影響無遠弗屆，賣家想要接觸眾多的買家，反之亦然，只是怕不得其門而入。但在拍賣業務方面，eBay已取得無可超越的優勢。亞馬遜的主管依然記得這次挫敗的痛苦，然而也從中得到啟發。

布萊克本恩說：「1990年代那些日子，是我在亞馬遜經歷過最緊張刺激的一段時光。最有才華的一群人在這裡殫精竭慮，希望推出更好的拍賣網站。我們最後發現，網路效應才是關鍵。你大可說我們太天真，但我們的確創造出偉大的東西。」

貝佐斯並不會對這次挫敗耿耿於懷，認為都是自己的錯。他**把錯誤當做是推動一連串重要實驗的第一步**，這些實驗就是為了引進第三方賣家。後來，貝佐斯更推出了所謂的zShops，為賣家提供一個交易平台，允許賣家自行決定定價（zShops差點就叫做「傑夫俱樂部」，就像沃爾瑪的「山姆俱樂部」）。不管怎麼說，亞馬遜拍賣最後還是關門大吉。至少到目前為止，網路上的小賣家仍然依附在eBay之下。

在亞馬遜拍賣營運期間，最忠實的顧客或許就是貝佐斯本人。他開始蒐集古董和標本。最特別的一樣就是，他以4萬美元買到的一具冰河時期洞熊的骸骨，連同熊的陰莖骨。夏天，公司總部再次搬遷，從殘破的哥倫比亞大樓搬到太平洋醫學中心大樓（後改名為太平洋塔）。這棟具有1930年代裝飾藝術風格的醫院大樓坐落在西雅圖的山丘上，可俯瞰5號州際公路。貝佐斯把這隻熊的骸骨放在公司大廳入口，旁邊立著一個牌子，上面寫道：請勿餵食。

亞歷山大計畫

幸好此時證券市場上沒有熊出沒的跡象。1998年12月15日，歐本海默基金（Oppenheimer）的分析師布拉吉特（Henry Blodget）對亞馬遜的股價做了有史以來最大膽的預測。那時，隨著科技股瘋漲，亞馬遜的股價已站上200美元以上，但布拉吉特說，在十二個月內，亞馬遜的股價可望每股衝上400美元。這等於是一種自我應驗的預言，社會大眾因而搶進股市，大做發財夢。布拉吉特發布消息的那一天，亞馬遜單日的股價就狂漲46美元，只消三週，即已突破400美元的天價（經過兩次分割之後，高點仍有107美元）。華爾街和媒體極力吹捧、爭相報導，投資人漸漸失去理性。

貝佐斯聲稱，他不會因此興奮過頭。然而，眼看著這波浪潮愈演愈烈，他想利用這獨特的氛圍加速亞馬遜的成長。他認為，如果有在網路攻城掠地的機會，亞馬遜必然一馬當先。那年，他曾這麼說：「我們不把自己看成是一家網路書店，或是一家音樂CD商城。我們希望無論顧客想要買什麼東西，在亞馬遜都找得到。」[5]

要達到這個目標，有兩條路：一是循序漸進，慢慢增加商品的種類，另一條路則是一起全部推出。貝佐斯兩條路都試過了，有些點子實在天馬行空，員工稱之為「熱夢」。

有一項內部計畫叫做亞歷山大計畫（Alexandria Project，員工私底下稱之為諾亞方舟計畫），也就是將所有已出版的書放兩冊在肯塔基州萊辛頓（Lexington）的物流中心。這麼做不但要花一大筆錢，而且沒有效率，大多數的書只是擺在架上吃灰，而且占空間。但貝佐斯希望，如果顧客需要亞馬遜書店上列出的任何一本書，都能很快送到他們手中。這項計畫最後還是被書籍採購部門打了回票，存貨只放最暢銷的書，然後和經銷商、出版商簽約，如果是不那麼暢銷的書，就由他們直接寄給下訂單的顧客。

貝佐斯還有一個更加荒謬的夢想，叫做法哥計畫（Project Fargo）。「法哥」是柯恩兄弟（Coen brothers）執導的電影片名（中文片名為「冰血暴」）。貝佐斯打算擴大亞歷山大計畫，不只是書，而是每一種商品都儲存在物流中心，此即法哥計畫。在亞馬遜工作多年的主管拉克梅勒（Kim Rachmeler）說：「如果我們的倉庫連牛仔馬術競技表演的行頭都有了，那還會缺什麼嗎？」

拉克梅勒婉轉地說，法哥計畫並沒得到公司上下的支持。「每一個人都嗤之以鼻，但貝佐斯還是想讓這個計畫敗部復活。我記得很清楚，有一次貝佐斯召開員工大會，希望說服員工推動這個計畫。『這是亞馬遜成立以來，最關鍵的一個計畫。』他差不多是這麼說的。」但是由於遇到更緊急的任務，這個計畫最後胎死腹中。

然而，現在亞馬遜的運作已經達成貝佐斯的夢想，也就是在顧客下訂單之後立即出貨，儘速送達。杜爾說：「多年來，我們一直想達成當日送達的目標。」因此，他們曾在送貨服務的Kozmo.com上投資了6,000萬美元。Kozmo從零食到電玩什麼都送，甚至包括熱騰騰的星巴克咖啡，送貨速度神速，每一個紐約市民只要下單，不久就可以在家門口簽收（該公司因為推出免運費服務，大受歡迎，但銷售量愈大，低價產品愈多，虧損也愈大，終於在2001年破產）。貝佐斯還曾異想天開，想在曼哈頓每個街區僱用大學生，讓他們在公寓囤積一些暢銷日用品，等到訂單一來，就騎自行車送貨到府。員工聽了，莫不瞠目結舌。曾在華盛頓特區軟體公司服務的工程師瓊斯說道：「我們不是已經為了亞特蘭大物流中心的貨品失竊事件焦頭爛額？」

新增比價服務

1998年，亞馬遜併購矽谷一家名叫強哥立（Junglee）數據搜尋公司，這個案子或許更能讓人感覺到貝佐斯夢想的熱度。強哥立是在網路上第一個出現的比價網，創立者是三位史丹佛大學的資訊科學博士。強哥立會蒐集眾多購物網站的資料，顧客只要輸入商品名稱，就可以知道各家的售價，進行比較。亞馬遜公開上市幾個月後，即以1.7億美元橫刀奪愛，打敗雅虎，搶下這家新創公司。貝佐斯想把強哥立的比價資訊納入亞馬遜網站，顧客想到的任何商品都可以在亞馬遜網站找到相關商品資訊，即使亞馬遜沒賣，也知道可以去哪裡買。

由於強哥立本來在加州，被亞馬遜納入旗下之後，亞馬遜可能必須向加州政府繳納銷售稅，因此亞馬遜的主管堅持強哥立的員工必須搬遷到西雅圖來工作。幾個月後，亞馬遜的網站就新增了「比價服務」的特色。顧客在亞馬遜搜尋某種產品時，強哥立的軟體可以提供各家網路商店的價格和藍色連結，點選藍色連結就可以連到其他網站購買。

很多亞馬遜主管對這種挖自己牆角的做法深惡痛絕。他們怎麼可能眼睜睜地看著顧客去別家買東西？不到幾個月，這項服務就無疾而終。後來到亞馬遜擔任事業開發部主管的強哥立營運長希瑞拉姆（Ram Shriram）說道：「這就像器官排斥，其中一個原因是，亞馬遜的經營團隊根本不吃這一套。」

不管怎麼說，亞馬遜併購強哥立都算是下錯了棋。1999年底，強哥立的創辦人和大多數員工都離開亞馬遜到舊金山灣區工作。然而，這樁交易最後卻為貝佐斯帶來意外的收穫。強哥立的創辦人不知希瑞拉姆正悄悄地當起另外兩位史丹佛博士生：佩吉（Larry Page）和布林（Sergey Brin）的軍師，協助他們構思新的搜尋引擎。1998年2月，這家專攻搜尋引擎的公司成立了，也就是Google，包括希瑞拉姆在內，最初的四位投資人每人各出資25萬美元。

半個月後，也就是1998年夏天，貝佐斯夫婦和友人去灣區露營。貝佐斯告訴希瑞拉姆，他想見見Google的人。一個週六的早晨，希瑞拉姆開車去沙拉托加（Saratoga）一家飯店載貝佐斯夫婦到他家，佩吉和布林也一起到希瑞拉姆府上共進早餐，向貝佐斯展示他們剛建構出來的搜尋引擎。多年後，貝佐斯告訴科技記者李維（Steven Levy），他聽這兩個Google小子解釋為什麼不在首頁上放廣告，他們的「擇善固執」，讓他印象深刻。[6]

早餐後，布林和佩吉隨即告辭。他們走了之後，貝佐斯立刻對希瑞拉姆說，他想拿出自己的錢來投資Google，再次表示他對熱情企業家掌控網路的能力有絕對的信心。希瑞拉姆說，幾個月前，Google的資金已募集完畢，但貝佐斯還是堅持要加入，而且希望交易方式和其他最早的投資人一樣。希瑞拉姆說，他會設法。後來，他回頭去找布林和佩吉，說道貝佐斯的洞見和名氣對他們這家新創公司會很有幫助。這兩位Google的創辦人同意讓貝佐斯加入，然後飛到西雅圖，在亞馬遜的辦公室和貝佐斯談了一個小時，討論一些技術上的問題，如電腦基礎系統架構。佩吉說：「在我們剛創立公司之時，貝佐斯給了我們很多寶貴的意見。」

於是貝佐斯也成為Google最初的投資人，這家公司未來將成為亞馬遜的勁敵。當時，貝佐斯已經創立亞馬遜四年，投資Google的這筆錢到了今日，也許已經變成10億美元以上（Google在2004年首次公開募股，貝佐斯至今仍不肯透露手中持有的Google股票是否已賣出部分，或者全部留著）。希瑞拉姆在2000年離開亞馬遜，目前仍是Google董事會的成員，多年後談起貝佐斯最早投資Google的事，依然嘖嘖稱奇。希瑞拉姆說：「貝佐斯很有先見之明，就像能洞視未來。他也是個極度謹慎的人，而且有自知之明，如果要做一件事，他知道可以做到什麼樣的地步。」

有系統的擴展商品種類

由於亞馬遜有一些實際的問題需要面對，貝佐斯的熱夢於是漸漸降溫。他們必須找出一個有系統的方式來擴展商品種類。1998年，亞馬遜不再只是賣書，也賣音樂CD和DVD，一切進行得很順利，沒多久就在影音市場脫穎而出，超越專賣CD的網路商店CDNow.com和販售電影DVD的Reel.com。起初，亞馬遜無法直接從唱片公司和電影公司批貨，就像書籍一樣，必須透過批發商才拿得到書。但亞馬遜最後突破了這個限制，取信於片商，直接拿到商品。

1999年初，大膽的貝佐斯決定以玩具和電子產品做為公司擴展的新目標。為了推出玩具販售的業務，資深零售副總裁里舍找剛自史丹佛取得MBA學位的米勒（Harrison Miller）承擔這個重責大任。里舍會挑上他，最重要的一個原因是他曾在紐約市一所小學的五年級任教。換言之，米勒對玩具銷售其實一無所知，但貝佐斯不在乎。他要的是全方位的人才、身手矯健的高手，動作快且能成就大事的人。

米勒只有一個助手，也就是布萊威瑟。他們必須在八個月內把玩具部門建立起來，才能趕上歲末佳節的購物狂潮。米勒和布萊威瑟接下這個任務不到幾天，就飛往紐約參加一年一度的玩具大展。兩人在飛機上的座位隔了一條走道，於是將手中的玩具業務分析報告傳來傳去。那個星期，他們在會場上自我介紹，玩具公司的人不由得提高警覺，不知道亞馬遜和電子商務是否會為他們帶來機會，或者構成威脅。玩具公司的主管問米勒和布萊威瑟，他們打算採購多少產品。亞馬遜這兩個菜鳥主管根本沒有確切的答案。

玩具的販售，基本上和書籍、音樂CD及影片大不相同，沒有第三方的批發商供應商品並回收沒賣出的庫存。大玩具製造商會仔細估算該給每家零售商多少貨，而零售商則幾乎需要在一年前預估下一個耶誕節、新年假期最暢銷的玩具是什麼，做父母的總會在這為期六週的節慶假期瘋狂採購玩具給小孩，因此玩具的銷售量多集中在這段時期。如果零售商的預測錯誤，就會有大麻煩，因為假期過後，沒賣掉的玩具是無法退貨的，有如爛掉的水果乏人問津。米勒說：「玩具為流行風潮所趨，有點像是只看電影預告就來賭奧斯卡的贏家是誰。」

為了玩具，亞馬遜頭一次不得不向供應商低頭，因為對方具有銷售商品的優勢。為了販售「星際大戰」三部曲裡的公仔，米勒、貝佐斯和杜爾專程去舊金山拜訪全球第二大玩具製造商孩之寶（Hasbro）的執行長哈森菲德（Alan Hassenfeld），雙方在費蒙特酒店餐敘。亞馬遜一行人也去舊金山北部馬林郡的盧卡斯影業總部朝聖。米勒說：「我們頭一次向人家低聲下氣地要求對方供貨，這任務就像越過高山一樣艱巨。」

那年夏天，米勒和貝佐斯為了玩具進貨的種類和數量，在董事會前吵了起來。貝佐斯要米勒投入1.2億美元充實每一種玩具的庫存，從芭比娃娃到稀有的德國木製火車，乃至便宜的塑膠海灘桶子一應俱全，應有盡有，小孩和父母就不會因為在亞馬遜網站上遍尋不著玩具而失望。但米勒有先見之明，擔心大難臨頭，因此要貝佐斯減少進貨量。

「不行！不行！就是1.2億美元！」貝佐斯吼叫道：「一毛錢都不能少。如果賣不掉，我就開車載去垃圾掩埋場丟掉！」

「你開的是本田雅歌，」柯維對他說：「那得載很多趟才載得完。」

但貝佐斯還是贏了，而且公司準備在新年假期過後捐一筆錢給「送玩具給兒童」慈善計畫*。米勒說：「對我們的玩具部門而言，第一個節慶假期是最棒的，也是最糟的。對顧客而言，亞馬遜的確是個買玩具的好地方，我們達成了目標，締造了天文數字般的銷售金額，然而其他可能出錯的一切也都逃不了。假期過後，我們仍有5,000萬美元的庫存商品。我不得不叫同事偷偷從後面樓梯出去，扛著一大袋維尼去紐約賣，或是去墨西哥賣數碼寶貝，以兩折的價格出售。反正，我們得趕快解決這些庫存。」

亞馬遜成立電子產品部門之後，面對的挑戰更大。為了販售這類商品。里舍找了一個曾在亞馬遜DVD店工作的達特茅斯畢業生佩恩（Chris Payne）來當主將。佩恩和米勒一樣，必須用低姿態懇求廠商供貨，只是他要面對的廠商是亞洲電子產品大廠，如索尼、東芝和三星。

佩恩很快就碰壁了。日本電子產品大廠認為亞馬遜這樣的網路商店只是無足輕重的折扣店。實體大型商場像百思買、電路城跟他們咬耳朵，要他們別理會亞馬遜。雖然有英格拉姆電器（Ingram Electronics）這樣的中間批發商，但其供貨種類有限。貝佐斯請杜爾出馬，去和美國索尼的史群爾（Howard Stringer）洽談，但無功而返。

佩恩只好退而求其次，找水貨商合作。先前在知名休閒服飾艾迪鮑爾（Eddie Bauer）工作的亞馬遜零售財務主管米樂（Randy Miller）說道，這就像暗巷交易，賣家偷偷摸摸打開後

* 譯注：Toys for Tots，美國海軍陸戰隊有名的慈善活動。海軍陸戰隊從1948年開始每年耶誕節都要在全美各地募集嶄新的玩具，然後分送給低收入家庭的孩子。他們的口號是「讓美國的窮孩子們聖誕快樂」，至今已募集了幾億個玩具。

車廂拿貨給你。「庫存不能一直這麼搞，但是如果你急需在網站或實體店面擺上一些比較特別的產品，就不得不這麼做。」

儘管供貨管道有點問題，佩恩和手下還是充實了亞馬遜虛擬貨架上的庫存。貝佐斯對這種做法很不以為然，說這不就像前蘇聯的超市。然而，亞馬遜還需努力多年，才有足夠的銷售量得以打動那些亞洲電子產品大廠。至此，亞馬遜的網路電子產品網頁仍乏善可陳。貝佐斯要求，在1999年的節慶假期，電子產品部門至少要達到1億美元的銷售額，佩恩和他的團隊達成了三分之二。

1999年夏天，亞馬遜正式宣布推出新的玩具和電子產品商店。9月，公司在曼哈頓城中的喜來登舉行記者會，為這兩類產品造勢。有人提議，在喜來登會議室的桌上擺滿各種產品，以展現產品的多樣化。貝佐斯覺得這個點子很棒，但是他在記者會前夕一走進會議室，就大發雷霆：他認為那裡擺放的產品太少了。「你們是不是想把生意拱手讓給對手？」他用電話對部屬狂哮：「這種排場丟不丟臉？」

米勒、佩恩和他們的手下，那晚立刻兵分多路在曼哈頓各商店瘋狂掃貨，把計程車後車廂塞得滿滿的。米勒那晚光是在哈洛德廣場（Herald Square）的玩具反斗城（Toys "R" Us）就花了1,000美元。佩恩的信用卡眼看著就要刷爆，連忙打電話回西雅圖跟老婆說，要她這幾天別刷她那張附卡。會議室桌上的商品終於堆得像座小山，貝佐斯這才龍心大悅。但這個事件等於是一個警告：隨著節日的腳步愈來愈近，為了滿足顧客和嚴苛的老闆，亞馬遜的主管必然要趕快解決採購和庫存商品種類的問題，不能再投機取巧，或是臨時抱佛腳。

亞馬遜的DNA

在亞馬遜瘋狂成長、假期訂單應接不暇的情況下，貝佐斯不斷努力把他理想中的文化灌輸到這個年輕的新公司。公司用的辦公桌是用門板釘成，員工的停車補助也少得可憐，這些都是為了強調公司的儉約之風。太平洋醫學中心大樓一樓的咖啡店會給顧客集點卡，每十杯可獲贈一杯免費咖啡。儘管貝佐斯已是身價千萬的大老闆，每次買咖啡仍不忘拿出他的集點卡，或是把他的免費咖啡送給在後面排隊的同事。那時，他已開始搭私人飛機出差，飛機是他從西雅圖本地的一個商人那裡分租的。每次同事和他一起搭機出差，他總是說：「這可不是公司出的錢，是我自己出的。」

1998年，亞馬遜買下德國網路書店Telebuch和英國網路書店BookPages，讓貝佐斯有機會說明公司的核心原則。在與Telebuch幾位創辦人舉行多方電話會議之前，從DESCO到亞馬遜人力資源部工作的艾爾戈（Alison Algore）與貝佐斯討論如何介紹公司。兩人就公司的核心價值觀達成共識，在會議室的白板上寫下：**以顧客為中心、崇尚節儉、行動至上、主人翁精神、以高標準來招募人才**。後來，亞馬遜又加上一項：**創新**。

除了在辦公室和物流中心的牆上張貼標語，貝佐斯還不斷思索如何把這些價值觀灌輸到每一位員工的心中。為了加強他們招募人才的高標準，他向微軟取經。在召募人員的過程中，微軟會指派一位資深面試官主掌生殺大權。此人會在最後與面試者談，決定是否錄用。這位面試官主要任務是確保一定的聘用標準，招募到最優秀的人才。貝佐斯從史匹格和里舍那裡聽聞這種做法，於是設法學習，發展出自己的一套方法，進而成立所謂的「**抬桿者**」（bar raiser，原指跳高比賽中，一次次將桿調高的人）團隊。

這種做法行之有年，直到今天，面試者仍需通過抬桿者那一關。要勝任抬桿者，必須證明自己有慧眼識英雄的直覺。達澤爾和貝佐斯親自挑選能擔任抬桿者的主管，其中之一就是從DESCO來的霍登。在每次面試人員的過程中，至少要有一位貝佐斯認可的抬桿者參與。為了不斷提高公司用人標準，抬桿者有權刷掉任何一個面試者，即使是招募經理也不能推翻抬桿者的決定。達澤爾說：「很多公司為了因應成長與人力需求，不得不妥協，降低僱用標準。但是在亞馬遜，我們絕不會這麼做。」

此外，貝佐斯為了加強源於沃爾瑪創辦人華頓的「行動至上」理念，他開辦一個名為「做就對了」（Just Do It）獎項，以表揚在自己工作本分之外，勇於提案並執行的人。即使最後沒有成功，因發揮冒險犯難的精神、致力於問題的解決，雖敗猶榮，這樣的員工仍可以獲獎。然而，為了強調公司自創立以來崇尚節儉的精神，貝佐斯認為這個獎項不該用金錢來鼓勵。他向自家公司的工程師克雷夫特（Dan Kreft）買了雙15號的耐吉球鞋做為獎品。克雷夫特是前西北大學籃球校隊，有一大堆破爛舊鞋，於是成了這個獎項的獎品供應者。

員工在擁抱亞馬遜這些價值觀的同時，另一方面也被瘋狂的工作步調逼得喘不過氣來。隨著亞馬遜成長加速，貝佐斯對員工驅策更甚，要求他們週末來開會，在週六早上要求主管參加讀書會，而且經常把三大要求掛在嘴上，也就是用聰明的方法工作、努力工作，以及投入更多時間在工作上。有家庭要照顧的員工就像蠟燭兩頭燒一樣心力交瘁，有些主管為了要有孩子，不得不辭職。拉克梅勒論道：「貝佐斯不相信員工可以在工作和家庭生活求取平衡，但他相信工作與家庭生活的和諧是可能達成的。我想，他認為員工可以兩者兼顧。」

這種磨擦經常出現在員工大會的問答時間。多年來，公司都在西雅圖有百年歷史的摩爾劇院（Moore Theater）舉行員工大會。員工站起來向主管團隊提問時，常會提到不堪負荷的工作量和快得令人招架不住的工作步調。有一次，一位女性員工用尖銳的語氣問貝佐斯，公司何時才能使員工的工作與家庭生活獲得平衡。貝佐斯聽了之後，並不覺得這是多嚴重的問題，他說：「你們來這裡上班，最重要的就是努力把事情做好。這就是亞馬遜的DNA。如果你應付不了，無法全力以赴，那就不適合在這裡工作。」

加利當家

亞馬遜會計部員工夜以繼日地工作，數字讓他們愈來愈緊張。他們必須把數字合理化，並預測未來，但所見到的只是巨額虧損。公司有七家昂貴的物流中心日夜不停地在燒錢，讓他們有如深陷泥淖。貝佐斯堅持以客為尊，讓顧客有最棒的購物經驗，然而就是不肯預測獲利率。他在會議上說：「在這種環境之下，對這種事多計劃二十分鐘，只是浪費時間。」

這兩年來，華爾街對亞馬遜的龐大開支睜一隻眼、閉一隻眼。在每季營收報告出來之後的例行電話會議上，分析師總是興高采烈地恭賀，亞馬遜主管不得不自我克制，以免予人囂張高傲之感。他們在會議草稿上寫著幾個大字：謙遜，謙遜，謙遜。還有幾次則寫著：「梅格在偷聽喔」，提醒自己保密；梅格就是eBay執行長惠特曼。

1999年春天，華爾街的狂喜似乎已經消退了。知名財經週刊《霸榮》（*Barron's*），刊登了一篇引人注目的文章，題為〈亞馬遜．炸彈〉（Amazon.bomb），宣稱：「投資人很快就會了解到，這支充滿傳奇的個股大有問題。」[7]這篇文章甚至暗示亞馬遜將不敵沃爾瑪和邦諾書店。此言一出，的確暫時降低市場對亞馬遜的熱情。下一個月，亞馬遜發布上一季營收報告，雖然銷售成績又有顯著成長，虧損也變大。股市幾無反應，亞馬遜的股價只跌了一點點。然而，參與電話會議的華爾街分析師已不再像過去一樣熱情道賀。

亞馬遜的會計長布蘭農（Kelyn Brannon）說道，那時她和柯維把貝佐斯拉進會議室，讓他看一種財務分析報表，即共同比財務報表，把資產負債表上的每一項目都以銷貨的百分比來表示。根據這樣的計算，照目前發展的情況看來，亞馬遜幾十年內，都不可能有獲利。布蘭農說：「這終於讓他有當頭棒喝之感。」

貝佐斯同意腳放開油門，朝向獲利的目標。為了銘記這件事，他拿出隨身攜帶的傻瓜相機，和一起開會的團隊合照，然後把照片印出來，貼在辦公室門上。

然而，龐大的開支和赤字的大窟窿還是讓亞馬遜主管團隊坐立難安。他們認為年方三十五歲、性格反覆無常的執行長也許需要有人從旁協助。董事會不斷聽到員工抱怨，說貝佐斯剛愎自用，為所欲為，於是要求他卸下執行長一職，另外找個人來治理公司，沒想到這成了公司創建頭十年的最大錯誤。

貝佐斯最後還是滿心歡喜地接納了這個提議。他相信公司應該盡可能儲備有經驗的經理人，再說他也希望能有多一點的時間做自己喜歡的事。亞馬遜與不少曾居高位的主管面試，例如華爾街的老將戴蒙（Jamie Dimon），戴蒙不久前剛被花旗的董事長懷爾（Sandy Weill）解聘。但亞馬遜最後還是屬意加利（Joe Galli Jr.）。加利喜歡招搖，野心勃勃，曾在百得家用電動工具公司（Black and Decker）立下很多戰功，包括擴展得偉電動工具的產品線。貝佐斯、柯維和杜爾使盡全力招攬加利。其實，加利本來準備要到百事可樂旗下的菲多利食品上任，亞馬遜捷足先登，在6月的一天趕緊與他簽訂合約。[8]

杜爾說，貝佐斯親自草擬新的報告架構。亞馬遜所有的主管現在都必須向加利報告，加利再向貝佐斯報告。加利也加入了亞馬遜董事會。原來的J團隊，重新命名為S團隊（S代表Senior，也就是資深的意思）。貝佐斯現在可把精力放在新產品的開發、公關，能兼顧自己的興趣，也比較有時間陪家人。麥肯琪幾個月前懷孕了，他們從西雅圖的公寓搬進華盛頓湖東邊、在馬代納（Medina）一棟價值上千萬美元的豪宅。加利說：「貝佐斯很想做一些慈善事業，他還有很多興趣。他願意把經營公司的重責大任交給我，我真的很興奮。」

加利的父親是義裔美國人，在匹茲堡經營一家資源回收廠。加利擅長成本削減和資金週轉，急欲在全世界最令人矚目的商業舞台大展身手。他走起路來架勢十足，身穿頂級奢華的布里歐尼手工西裝，為了引人矚目，還經常拿著球棒。起初，貝佐斯似乎挺欣賞這樣的派頭。他對公司上下介紹加利時，說道：「我請加利來當家。但我要他做的只是火上加油，使公司更旺。」

加利在亞馬遜展現的衝勁十足，就像是在西班牙潘普洛納（Pamplona）橫衝直撞的公牛。他曾在百得公司待了十九年，認為百得的紀律與亞馬遜的散漫成了鮮明對比。加利說：「我看到來自史丹佛和哈佛的年輕人在這裡跑上跑下，他們都很優秀，就是沒有紀律與控制。這裡就像是西部蠻荒。」加利上任之後放的第一把火，就是下令公司不再免費提供止痛藥Advil。他認為這項罕見的員工福利是不必要的浪費。此事引起軒然大波，幾乎釀成員工暴動。

加利沒有電腦方面的專業技術，這點對他很不利，畢竟亞馬遜是一家網路公司，不是零售商，很多員工都從事程式與軟體開發的工作。加利不上網看電子郵件，等祕書列印出來才會看，而且他希望改變亞馬遜的文化，要員工多利用電話溝通，不要只是使用電子郵件。他喜歡坐擁權威，甚至以擴展海外業務為由，用公款買了架私人飛機給自己搭乘。公司的人常說，他老是把自己的保時捷停在貴賓車位，最後大樓警衛不得不叫人把他的車拖走。加利說，他只是停錯車位。

1999年10月，加利為了在亞馬遜網站上增加五金工具的販售，主導併購北方工具（Tool Crib of the North）的計畫，北方工具是北達科塔州的小型連鎖五金店。儘管油漆不易運送，而且網頁上呈現的顏色常有色差，例如名為瑞士咖啡的奶油白油漆，加利還是希望增加這類產品，於是飛到克利夫蘭和謝爾文－威廉斯塗料公司（Sherwin-Williams）的主管洽談。他也用上了百得公司的行銷奇招，也就是成立一支黑色休旅車組成的車隊，在車上塗上亞馬遜的商標，讓員工開車到各地，教民眾如何上網及使用亞馬遜的網站購物。幾個月後，由於有更緊急的任務，那些休旅車就被棄置在公司大樓的停車場，這對主張減縮開支、力行節約的公司來說，猶如一大諷刺。

加利說：「大多數的公司可能有四十五個已按優先順序排好的好點子，分類容易，但在亞馬遜隨時有一百五十個好點子，而且貝佐斯每天都能想出一個新點子。」

貝佐斯和加利打從一開始就格格不入。雖然貝佐斯自己草擬了新的組織架構，加利也走馬上任，貝佐斯的手還是緊緊握著公司方向盤，對每一個併購計畫，甚至網站外觀的小小改變，他都有很多意見。加利認為公司與他簽約，要他管理這家公司，他就該爭取更多的權威。公司董事歐伯格說：「說實在的，加利很為難。他想做的是執行長，卻不能做執行長要做的事。」貝佐斯在長子培斯頓出生後請假，回來後發現加利的管理手法粗暴，公司已經雞飛狗跳。此刻，亞馬遜及其董事會為了領導危機傷透腦筋。

但加利對亞馬遜也有一些重要貢獻。他讓執掌產品部門的米勒和佩恩變成懂得控制盈虧的經理人。加利在百得公司服務時曾和家得寶這樣的大賣場交手，深諳行銷的推力和拉力，因此引進傳統零售業的一些觀念，像是行銷合作或是特別為供應商的某些商品促銷。

另外，已為亞馬遜效勞三年的柯維因為工作過於勞累，身心已無法負荷，加利於是從達美航空（Delta）挖角，找來新的財務長簡森（Warren Jenson）。由於萊特常在班頓維爾和西雅圖之間飛來飛去，老是找不到人，加利終於忍無可忍，對他施壓，於是萊特在1999年耶誕假期前離職。最後，威爾基（Jeff Wilke）能從聯訊集團（AlliedSignal）來到亞馬遜擔任新的營運主管也算是加利的功勞。在往後幾年，威爾基將成為亞馬遜的頭號戰將。

找尋遺失的胖丁

1999年的耶誕假期，顧客蜂擁至亞馬遜網站。消費者在過去的一年不斷聽聞網路熱潮，再也禁不起誘惑，紛紛上網探險。亞馬遜的員工繃緊神經，屏息以待。

此時，亞馬遜在美國共有五個物流中心，在歐洲則有兩個。萊特和許許多多來自沃爾瑪的人都走了，原本用來處理書籍寄送的軟體系統現在得應付五花八門的產品，從電視到孩子玩的沙箱都有。混亂是亞馬遜的宿敵，再度虎視眈眈。

正如所料，感恩節過後，亞馬遜最暢銷的玩具缺貨了。從沃爾瑪跳槽過來的採購莫里斯，只得召集亞馬遜的員工到全美各地的好市多（Costco）和玩具反斗城掃貨，尤其是神奇寶貝和美泰兒（Mattel）生產的一種會走、會搖尾巴的玩具狗，那一季這兩種玩具賣得最火熱。玩具反斗城的網站不久前開始營運，莫里斯把他們網站上的神奇寶貝庫存一掃而空，利用他們的免運費促銷，把貨寄送到亞馬遜位於芬利的物流中心。她說：「玩具反斗城那年才開拓電子商務，等他們想到該設計庫存不足的警示工具之時，已經太晚了。」

急遽增加的成長迫使公司再度發動「拯救耶誕老人」的任務。員工向家人告別，在接下來的半個月待在公司輪值，接聽顧客服務部門的電話或是去全美各地的物流中心報到。為了省錢，亞馬遜讓每兩個員工住一間飯店房間。有些員工認為這是很棒的經驗，有些則抱怨連連。芬利物流中心的總經理韋格納（Bert Wegner）說：「他們不是妄自尊大，只是不習慣，沒想到這裡會這樣，很多人都覺得受不了。」

有些員工去芬利物流中心支援時，入住雷諾的金塊酒店（Golden Nugget），清晨六點上完大夜班，就去賭場的酒吧暢飲啤酒。後來，甚至傳出附近監獄的受刑人假釋出獄也來幫忙了，然而這很難證實。亞馬遜早期員工熊霍夫就曾去德拉瓦州支援，那裡的臨時員工素質很差。他說：「很多臨時工像是從戒毒或戒酒中心來的。」他親眼看到有一個員工因為上班時間還酩酊大醉，遭到開除，他想要抗議，卻尿了一褲子。

熊霍夫和他的團隊花了一個星期才清理好存貨，把員工組織起來。他說：「我們兢兢業業、勤奮不懈。這樣聽起來會不會像是往自己的臉上貼金？我們的目標是順利送走耶誕節，達成我們對顧客的承諾。這就是我們的信念。」

拉克梅勒和史匹格也曾率領一批人馬進駐喬治亞州麥多諾（McDonough）22,400坪的全新物流中心。由於該中心尚未完工，員工還必須戴著安全防護帽。他們是支特種部隊，主要是解決商品已在網路上賣給顧客，卻因為在物流中心失蹤後，而無法出貨的疑難雜症。這要比一百位顧客在耶誕節前下訂單、但無法及時收到貨品還嚴重。在耶誕節前後出貨的高峰期，分揀機不停地在運作，任何無法出貨的訂單都可能影響到另一份訂單，造成無法準時出貨的問題。如果卡住的訂單愈來愈多，會影響到物流中心的運作。有一次，拉克梅勒的團隊就為了一箱遺失的神奇寶貝胖丁而抓狂。

亞馬遜資料庫顯示那箱胖丁已經送到物流中心，看來不是放錯地方就是被偷。儘管拉克梅勒組織了一支搜索隊，仍遍尋不著。要在兩萬多坪的物流中心找這麼一個箱子，就像大海撈針。拉克梅勒說：「這就像電影『法櫃奇兵』結尾那一幕。」她衝到附近的沃爾瑪買了幾副望遠鏡，讓搜索隊的人輪流用，看那箱子是不是在金屬貨架的上層。

他們就這樣搜尋了三天三夜。凌晨兩點，拉克梅勒還在辦公室，她已心力交瘁，萬念俱灰。突然間，門開了，同事在她面前手舞足蹈，她以為自己在做夢。接著，她發現員工列隊大跳康康舞，頭上頂著那盒遺失的胖丁。

電商之王

1999年的耶誕節到新年假期結束後，亞馬遜的員工和主管終於可以好好喘一口氣。他們的銷售額比前一年增加95%，已在網站上註冊的顧客原有兩千萬名，又吸引了三百萬名的新顧客。貝佐斯榮膺《時代》雜誌的「年度風雲人物」，是有史以來最年輕的一位，被譽為「電子商務之王」。[9]這對亞馬遜和其任務可說是絕佳的肯定。

然而，亞馬遜這一路走來也是跌跌撞撞，還曾報廢一批價值達3,900萬美元銷不出去的玩具。由於公司上下不斷努力，用心付出，才沒出現大麻煩或是讓顧客失望。同時間，他們的勁敵：玩具反斗城與梅西百貨（Macy's）的購物網站，幾乎在遇到第一個重大節日就熬不過去，被顧客罵到臭頭，媒體也給予惡評，最後甚至因為無法完成出貨承諾，遭到聯邦貿易委員會（FTC）調查。[10]

2000年1月，大家好好休養生息、放假歸來之後，亞馬遜舉辦了一年一度的化妝舞會。新上任的財務長簡森在自家網站上買了幾十個芭比娃娃，縫在毛衣上，說道，這身打扮是「庫存過剩」的經典之作。米勒以為他只是在開玩笑。

亞馬遜一直在努力對抗大混亂，過一天算一天，員工還不知道公司差點從懸崖邊緣滾下去。公司的內部帳目一團亂，因成長太快，庫存貨品放錯或被偷的事時有所聞，乃至到了第四季結束，帳目都還沒結算好。為了解決這個問題，亞馬遜把德國分公司的會計師蔡爾德（Jason Child）召回西雅圖擔任審計長。他說：「這是亞馬遜自成立以來最瘋狂的一季。」公司不但尋求外部支援，也透過安永（Ernst and Young）再找一位會計師。那個人進來公司之後，不到幾個星期就摸摸鼻子走了。蔡爾德和同事直到一月底才勉強算好那一季的帳。

此刻，亞馬遜董事會不得不面臨領導危機的問題。公司裡的人對加利頗有微詞，他急切地想要當真正的執行長，但很多員工覺得貝佐斯沒用心為公司栽培其他領導人，不肯傾聽他們的話，也不願意在員工個人成長上投資。杜爾悄悄地打電話給公司很多資深主管，想知道他們對領導團隊鬥爭趨於白熱化的反應。為了解決這個問題，他求助於矽谷傳奇人物坎貝爾（Bill Campbell）。

坎貝爾是前哥倫比亞大學美式足球教練，在蘋果任職期間頗得人心，於1990年代中期擔任直覺公司執行長。他精明機敏，願意用心聆聽，能臨危受命，幫助公司主管面對自己的缺點。賈伯斯把他當成知己，1997年回蘋果重新掌權之時，就要他加入蘋果的董事會。杜爾請坎貝爾來亞馬遜，主要是請他協助加利，讓他能和公司其他人相處得好一點。坎貝爾在那幾週，不斷來回矽谷和西雅圖，悄悄地在亞馬遜的主管會議現身旁聽，也和亞馬遜的經理人私下懇談，看如何解決公司的領導問題。

亞馬遜有幾位主管相信，董事會祕密授權坎貝爾，看他能不能說服貝佐斯靠邊站，讓加利放手做。這也和當時矽谷的領導思維相符，也就是「讓大人當家」，以實現創辦人的遠見和計畫。因此，惠特曼接掌eBay，前摩托羅拉主管庫格（Tim Koogle）取代了雅虎的創辦人楊致遠。亞馬遜董事會目睹公司的巨額開支與不斷增加的虧損，也從其他主管那裡聽聞貝佐斯的衝動和控制欲。他們自然而然會擔心下金蛋的鵝會把自己的蛋壓碎。

然而，董事會成員包括庫克、杜爾、歐伯格等人都否認他們要貝佐斯靠邊站。再說，如果貝佐斯就是不肯退居一旁，怎麼說都沒用，畢竟這家公司大半業務還是在他的掌控當中。但是坎貝爾在2011年接受《富比士》專訪時，曾如此描述自己那段時間在亞馬遜擔任的角色：「我早先曾去亞馬遜，看看他們是否需要一位新的執行長。我的感覺是：『你們為什麼要找人取代他？』貝佐斯這人雖然是個瘋子，卻能做出驚天動地的大事業。」[11]

無論如何，坎貝爾最後的結論是：加利對薪資、紅利和私人飛機這樣的福利極度關注、錙銖必較，而且他看得出來，員工的心依然向著貝佐斯。於是他建議董事會，還是讓創辦人掌舵吧。

加利說，離開亞馬遜是他自己的決定。在進入亞馬遜之前，他已經讀了史考利（John Sculley）寫的《企業歷險記：從百事到蘋果》（*Odyssey: Pepsi to Apple*）。史考利在1980年代中期到蘋果擔任執行長，在董事會發動政變，把賈伯斯逐出蘋果。加利說：「加入亞馬遜之前，我對自己和家人保證，絕不會做出對不起貝佐斯的事，就像史考利當年對賈伯斯那樣。我只是覺得貝佐斯愈來愈痴迷於自己的願景和公司的未來。但我可以預見，那麼做根本行不通。他需要一個執行能力強大的助手。但我不想當老二，這是我的天性。」

2000年7月，加利離開亞馬遜到新創公司垂直網（VerticalNet）當執行長，由於網路泡沫化，這家公司不久就倒閉了。不到幾個月，他又去消費者產品大廠紐威爾集團（Newell Rubbermaid）任職，當時公司危機重重，接著又連續四年大裁員，股價一路下滑。他後來成為創科實業（Techtronic Industries）執行長，這是家亞洲製造商，主要生產電動工具、灰塵剋星與胡佛牌吸塵器，在加利執掌的六年期間，公司業務皆有成長。

在加利離開之後，亞馬遜董事會開始物色營運長。執掌Drugstore.com網路藥房的前微軟主管紐珀特有幾個月一直出現在S團隊的會議上，但紐珀特和貝佐斯兩人就長遠的合作仍有很多歧見。貝佐斯很享受那種被員工需要的感覺，關注細節，也喜歡主動參與公司事務。歐伯格說：「他決定把未來的歲月都貢獻給亞馬遜，讓公司更強大，不願漸漸退居幕後。」

加利事件和那年的風波給亞馬遜留下永遠的傷疤。在本書寫作之時，亞馬遜依然沒有任命另一個人來當總裁或營運長。在接下來數年也沒有重要的併購案，即使真要併購其他公司，貝佐斯也會從當年的魯莽記取教訓。

在千禧年展露曙光之時，亞馬遜已在懸崖邊。2000年，公司虧損已經超過10億美元，網路的榮景一去不返，取而代之的是黑暗的深淵。早在創業之初，貝佐斯不斷向每個人保證，亞馬遜必然能熬過赤字和虧損的重重考驗，不會被風暴捲走。其實，危機的種子早在網路狂熱的時代就埋下了。

04 分析師的烏鴉嘴

亞馬遜管理階層在瘋狂擴張時期的混亂，只是一連串考驗的開頭，未來還有重重難關。2000年和2001年這兩年是網路泡沫破裂之後的低潮，也是投資人、一般大眾，以及亞馬遜很多員工的夢醒時分，他們不再擁戴貝佐斯。大多數的觀察家不只認為亞馬遜沒有前景，甚至懷疑這家公司能不能生存下去。

亞馬遜的股價自首次公開募股後，一直往一個方向前進，也就是不斷地飆漲，一度衝破400美元大關，即使在分割後仍一度創下107美元的高點。然而，在接下來的二十一個月，股價開始直直落，跌幅之大教人瞠目結舌。

股市逆轉有幾個原因。首先，網路科技引爆的商業熱潮已經退燒。其次，沒有實體店面的公司即使能籌到上億美元的資金，上市之後，又能讓股價一飛沖天，但其財務基礎並不穩固。2000年3月，《霸榮》的封面故事指出，像亞馬遜這樣的網路公司正以自毀的速度燒錢。網路公司的繁榮是建立在一個樂觀的信念上，相信市場會給這些年輕、還不能賺錢的公司成熟的空間，然而《霸榮》予人當頭棒喝，提醒投資人最後審判日即將到來。納斯達克指數自3月10日攀升到頂端之後，即搖搖欲墜，不斷下滑。

在接下來的兩年，災難接踵而來，包括能源巨擘安隆（Enron）一夕崩塌，以及911恐怖攻擊事件等，對網路公司的負面情緒也跟著爆發。事實上，很多投資人已不再盲目的樂觀，決定用比較務實的眼光來看網路公司的發展，包括亞馬遜在內。

其他網路公司無不合併或倒閉，亞馬遜則以決心、應變能力和運氣度過了難關。2000年初，亞馬遜新上任的財務長簡森認為，公司需要有更強大的現金變現能力，以應付緊張兮兮的供應商要求亞馬遜提前支付貨款；簡森來自達美航空，更早則在奇異公司旗下的NBC任職。

摩根士丹利全球科技集團的波拉特（Ruth Porat）建議貝佐斯向歐洲市場進軍，亞馬遜因此在2月向海外投資人招募了6.72億美元的可轉換公司債。此時，由於股市波動和全球市場衰退，資金的籌措不像過去那麼容易。亞馬遜不得不提供更優惠的利率（6.9%）和更靈活的債券轉換條件，這顯示今日經濟情勢已不同於以往了。

一個月後，股市崩盤，任何公司要募集資金都變得極度困難。所幸，亞馬遜已有緩衝，不然在接下來的一年恐怕要面臨無力償債的命運。

此時，由於投資人心有疑慮，加上高階主管的請求，貝佐斯終於改變經營方向，從「快速擴張」改為「整頓門戶」，並喊出這樣的口號：紀律、效率、杜絕浪費。公司在1998年有1,500名員工，因為擴張，到了2000年初，已暴增為7,600名。

現在，就連貝佐斯都同意，該是休息一下的時候，不再那麼快推出新類別的產品，同時改採免費的作業系統Linux，並設法使相距甚遠的各個物流中心協同努力，以增進效率。簡森說：「我們會有這麼多的點子，其實是情勢所迫。」

然而，網路公司大崩盤也使亞馬遜受到重創。員工同意犧牲假日與家人相處的時間，沒日沒夜地工作為公司賺錢。亞馬遜股價慘跌把公司裡的人分成兩種：早期加入公司的員工仍是富翁富婆，但很多最近才進公司的人拿到的配股已不值錢。

即使是高階主管，對公司的幻想也破滅了。那年，有三位資深主管曾在會議室召開祕密會議，把貝佐斯的成敗一一列在白板上。失敗的項目包括拍賣業務、zShop、投資其他網路公司，以及大多數的併購案等長長一串；成功的項目則只有書籍、音樂CD和DVD。至於新類型的產品，像是玩具、五金工具和電子產品未來的發展會如何，還是個問號。

儘管如此，貝佐斯未曾顯露焦慮或擔心。亞馬遜資深副總裁布里托（Mark Britto）說道：「我們就像火燒屁股，心想：『這下子該怎麼辦？』然而，貝佐斯還是老神在在。我沒看過在暴風圈裡，還能如此鎮定的人，彷彿這個人血管裡流的是冰水。」

在接下來的兩年，這段動盪不安的日子裡，貝佐斯不得不為亞馬遜重新定位以因應時代的快速變遷。這時，他與兩位零售業的傳奇人物見了面，他們建議他使出每日低價的殺手鐧。貝佐斯也重新思索傳統廣告方式，想辦法消除網路購物的不便並降低運費。他常表現出反覆無常的一面，如果主管無法達到他立下的超高標準，他就對他們大聲咆哮。

我們今天對亞馬遜的認識，包括這家公司的種種特質都是貝佐斯和亞馬遜經過千錘百鍊的結果。儘管經歷黑暗的網路泡沫化期間，眾人曾對亞馬遜和貝佐斯的領導缺乏信心，亞馬遜還是愈挫愈勇，才有今日的成就。

但在這段掙扎的過程中，亞馬遜有很多高階主管都覺得被操到油盡燈枯，在忍無可忍之下，紛紛出走。不管如何，亞馬遜還是存活下來，不知有多少類似的資本雄厚的網路公司和電信公司都慘遭滅頂。

貝佐斯證明很多人都錯看了亞馬遜。

直覺公司創辦人、亞馬遜的董事庫克說道：「在此之前，我只看到貝佐斯全力衝刺，不惜任何代價朝向積極擴展的目標，我看不到他對獲利和效率做了什麼努力。話說回來，絕大多數的主管，特別是第一次當執行長的人，只擅長一件事，只跳自己會的那支舞。坦白說，我當時也不看好他。」

進入非常時期

2000年6月，納斯達克指數低迷，亞馬遜的股價也一直下滑。這時，貝佐斯第一次聽到蘇里亞（Ravi Suria）這個名字。蘇里亞生於印度馬德拉斯（Madras），父親是學校教師，後來留學美國，就讀俄亥俄州的托雷多大學，之後在紐奧良的杜蘭大學取得MBA學位。2000年初，年方二十八歲的他還是個默默無聞的小子，剛進入雷曼兄弟投資銀行（Lehman Brothers）擔任可轉換公司債的分析師，在世界金融中心14樓的一間小辦公室工作。[1]沒想到，到了那年年底，他已成為貝佐斯和亞馬遜的頭號敵人，也是華爾街最多人提起的分析師。

蘇里亞踏上職涯的前五年是在普惠投資銀行（Paine Webber）服務，之後才到雷曼。他寫過一些冷門文章，像是對電信與生技公司過度投資的問題。在亞馬遜高調募集了三次公司債之後，加上營運長加利黯然離去，蘇里亞開始關注亞馬遜的動向。他研究亞馬遜上一季的營收報告，分析前一年耶誕假期購物季的巨額虧損，得到的結論是這家公司危機重重，並在廣泛發布的調查報告中預測亞馬遜的末日即將到來。

在接下來的八個月，他發表了數篇有關亞馬遜的負面報告，每篇都有強大殺傷力，例如他在第一篇論道：「從債券的角度來看，我們發現亞馬遜不但信用薄弱，而且每況愈下。」蘇里亞說，投資人如果手上握有亞馬遜的債券，該不惜一切代價，趕快脫手。他還說過亞馬遜在配送方面的表現，可謂「一場糊塗」。最致命的一擊是：「我們認為這家公司在不到四個季度的時間內，現金將會枯竭，除非他們能像變魔法一樣，從帽子變出一大堆錢。」

蘇里亞的預測一出，舉世譁然。《紐約郵報》就出現這樣的新聞標題：分析師揭發網路公司底細。[2]早先的跌幅已讓投資人如驚弓之鳥，他們這下子更恐慌起來，急著出脫持股，亞馬遜的股票因而再重跌20%。

蘇里亞的報告刺痛了亞馬遜的人。當時，亞馬遜公關部主管柯瑞（Bill Curry）駁斥蘇里亞的報告簡直是胡扯。貝佐斯接受《華盛頓郵報》採訪時也說，「那完全是胡說八道」。[3]

以後見之明來看，蘇里亞的分析的確有誤。亞馬遜利用債券從歐洲募得額外的資金，握有的現金和股票幾乎將近10億美元，足以付清應付給供應商的帳款。再者，亞馬遜採用負營運資本（negative working capital）的運作模式（在支付待售產品或服務的成本之前，先向顧客收取現金），貨品一銷售出去就可先拿到現金，怎麼會沒有錢營運？而且亞馬遜在削減成本方面也大有進步。

亞馬遜真正的危機在於，雷曼報告可能成為自我應驗的預言。蘇里亞的預測可能造成擠兌效應，致使供應商要求亞馬遜立即結清貨款，亞馬遜的營業成本就會上升。蘇里亞所言也可能使顧客害怕，在負面報導鋪天蓋地之下，很多人因此相信網際網路只是一時的熱潮，最後不敢上亞馬遜購物，亞馬遜的營收就會下降。這麼一來，沒問題也會變得有問題。換言之，儘管蘇里亞和華爾街一些空頭派本來是錯的，萬一亞馬遜真的被唱衰了，反倒變成他們是對的。亞馬遜的出納主管葛蘭迪納堤說道：「讓人焦心的是，危機並非來自事實而是感覺。」

這也就是為什麼亞馬遜對於損害控制極為敏感。2000年初夏，簡森和葛蘭迪納堤跑遍全美與歐洲各地，與重要供應商見面，向他們報告亞馬遜財務健全，毋需擔憂。葛蘭迪納堤說：「如果我們無法在短時間內證實自己的清白，別人就會認定我們有罪。」

有一次，簡森和葛蘭迪納堤飛到納許維爾，向英格拉姆的董事會打包票，亞馬遜的財務基礎絕對穩固。該公司董事長約翰．英格拉姆說：「我們相信你們，也欣賞你們的表現。」他的母親即公司總裁瑪莎．英格拉姆，則在一旁觀望。但約翰又說：「然而，如果你們完蛋，我們也會被拖下水。如果我們看錯了你們，可不是咒罵一聲就完了。我們的應收貨款有一大部分來自亞馬遜，要是亞馬遜付不出來，我們就死定了。」

由於亞馬遜的商譽和品牌不斷遭受媒體攻擊，貝佐斯於是化身為亞馬遜的捍衛戰士。突然間，他頻頻在媒體上現身。他上NBC的節目，接受報章雜誌記者的訪問，也對投資人喊話，強調蘇里亞說的太離譜了，亞馬遜的財務很穩健。那時，我是《新聞週刊》的記者，負責報導矽谷的新聞。那年夏天，貝佐斯和簡森都接受了我的採訪。我和貝佐斯第一次見面，他就告訴我：「最重要的一點就是，蘇里亞對敝公司現金流的預測完全是錯的。」

十年後，我重看那一次的採訪稿，貝佐斯的信心和決心似乎仍躍然紙上。他不斷引用他的「貝氏語錄」，像是建立一家基業長青的公司、從錯誤得到教訓等。他強調亞馬遜不只是一個販售書籍或數位媒體的品牌，而是以顧客為出發點，再從他們最關心的事情反推回來，滿足顧客真正需求的公司。

但是貝佐斯一談到蘇里亞的預測，防衛心就變得非常強。「首先，任何注意過亞馬遜發展的人，不管時間長短，都可發現這只是歷史重演。」他在回答時不時穿插陣陣大笑聲。「在現今這個時代，十分鐘就已經算是長期了（笑），然而如果你從歷史的角度來看……這樣好了，我問你一個問題。你知道過去三年來亞馬遜的股票漲了多少？二十倍！所以，這個發展是很正常的。我總是說，我們不會無端挑起是非，但我們總是會碰到是非（笑）。」

其實，亞馬遜已經陷入非常時期。來自蘇里亞的挑戰與網路公司的崩塌已使經濟氣候生變，貝佐斯也知道這點。幾個星期後，簡森和貝佐斯一起坐下來研究亞馬遜的資產負債表，得出一個結論：即使公司有合理的成長，但固定成本，包括物流中心與人事費用還是太高。他們必須努力削減成本。貝佐斯在公司內部通告中宣布，亞馬遜正在「打地基」，到了2001年第四季將會有盈餘。[4]簡森也說，公司會「盡量務實，盤算收入該花在哪裡，每個人都得努力達成節約開支的目標。」

但媒體仍不放過亞馬遜。之後，亞馬遜才剛宣布刪減成本的目標，又引來另一波的批評，說他們並沒有按照比較傳統的會計方式，而依擬制性會計來衡量獲利（可以略去員工配股等支出），因此有粉飾太平之嫌。

在接下來的八個月，蘇里亞繼續撰文打擊亞馬遜。他的研究成為一塊試金石，可藉以看出人們對網路時代的看法。相信網路的力量，甚至賭上自己生計的人可能會對蘇里亞的報導存疑。但那些認為網路時代將威脅到自己的生意、擾亂自己對自然秩序的感知，甚至影響自己身分認同的人也許會同意蘇里亞這類分析師的看法，認為亞馬遜不過是建築在股市非理性繁榮的痴夢。

或許，這就是為何極度理性的貝佐斯會如此在意那個溫文儒雅、戴著眼鏡的股市分析師。對貝佐斯而言，蘇里亞代表一種非理性邏輯思考，而且會影響眾多的股市投資人，讓人相信網路革命及其大膽創新只是曇花一現。根據亞馬遜的人所言，貝佐斯那時常提到蘇里亞的分析。財務部有個主管於是用蘇里亞的名字拉維（Ravi）創造了一個新字「milliravi」，意味造成百萬美元損失的計算錯誤。貝佐斯覺得很妙，自此經常把這個字掛在嘴上。

走上平台之路

每一家科技公司都有這樣的野心，也就是希望公司的價值遠遠超過各組成部門的總和。而訣竅就是想辦法提供一套工具，讓其他公司也能使用以拉攏顧客。用科技術語來說，就是建立一個平台。

微軟即把這種策略運用到淋漓盡致，堪稱為典型代表。軟體開發業者無不以Windows作業系統來研發商品，之後蘋果也推出手機和平板電腦可以使用的iOS作業系統。多年來，像英特爾、思科（Cisco）、IBM和AT&T也致力於平台的建造，以占據優越的地位，攫取利益。

因此，早在1997年初，亞馬遜的主管已經開始想到如何把公司網站變成一個平台，讓其他電子商務公司也能使用，以擴大商機。他們踏出的第一步就是亞馬遜拍賣網，之後又建立zShop，允許其他小零售商在亞馬遜的網站上開店。可惜，在這方面，eBay的地位已無可動搖，亞馬遜只好黯然收兵。然而，到了2000年，根據亞馬遜內部通告，貝佐斯告訴員工，等到亞馬遜年度營收規模達2,000億美元，他希望一半營收來自亞馬遜自行銷售的產品，另一半則來自其他使用公司網站的小零售商所付的佣金。

諷刺的是，亞馬遜真正走上平台之路卻是因為1999年的過度擴張。那時，玩具反斗城從日本軟體銀行（SoftBank）和墨比爾斯私募基金公司（Mobius Equity Partners）獲得6,000萬美元的資金，以創立其網路分公司玩具反斗城網（ToysRUs.com），然而出師不利，在1999年的節日假期即慘遭滑鐵盧。網站因出貨延遲，有些顧客為小朋友訂的耶誕禮物，直至過完節了仍未送達，因此引發諸多批評，連實體店也受到牽連。玩具反斗城最後因沒能完成出貨承諾，被聯邦貿易委員會罰了35萬美元。同時間，亞馬遜則有一批價值3,900萬美元的玩具銷不出去而蒙受損失。先前，貝佐斯曾發過毒誓，如果銷不出去，他就親自開車載到垃圾掩埋場填埋。

耶誕節過後，一天晚上，玩具反斗城網的財務長佛斯特（Jon Foster）從辦公室打電話給貝佐斯，建議雙方合作，不要再搞得兩敗俱傷。亞馬遜網站可提供主要的電腦基礎設備，而玩具反斗城的實體店則提供商品專業和供貨商方面的人脈，像是孩之寶。貝佐斯建議玩具反斗城主管跟亞馬遜負責玩具部門的經理米勒見面談談。雙方雖然在西雅圖有了初步接觸，亞馬遜因為不願和主要競爭者合作而興致缺缺。

2000年春天，米勒和亞馬遜營運團隊研究了存貨和運送問題，得到的結論是：如果要有獲利，銷售額必須接近10億美元。最大的挑戰是挑選貨品和進貨，而這正是玩具反斗城的長處。

幾個星期後，米勒和負責事業開發部門的資深副總裁布里托代表亞馬遜與玩具反斗城的主管，在芝加哥奧黑爾國際機場一間小會議室針對合作案進行正式協商。米勒說：「我們現在才知道挑選芭比娃娃和數碼寶貝有多難，他們也終於了悟要建立世界級的電子商務系統成本有多高。」

雙方似乎是天作之合。玩具反斗城知道每一季要挑選什麼產品，而且和供貨商關係密切，可取得最優惠的價格，暢銷產品貨源充足。亞馬遜則專精於網路零售，而且能及時送達。

然而，只要貝佐斯現身，協商的時間就會拖得很長。根據佛斯特的說法，那實在是一場折磨。他們第一次見面時，貝佐斯堅持在會議室留一張空椅子，解釋說那是要留給顧客的。貝佐斯希望貨品種類應有盡有，愈多愈好，要玩具反斗城承諾，每一種有庫存的商品都讓亞馬遜上網販售，但玩具反斗城認為這種做法不實際，而且成本太高。同時，玩具反斗城則希望成為亞馬遜的獨家玩具銷售商，然而貝佐斯認為這個條件對亞馬遜的限制太大而反對。

雙方就這樣拉鋸了好幾個月，最後不得不各退一步才能達成交易。玩具反斗城同意販售幾百種最暢銷的玩具，同時亞馬遜保有權利可補充一些較不暢銷的玩具來滿足顧客的需求。沒有一方能完全稱心，但也互不吃虧，每個人都鬆了一口氣。8月，這兩家公司共同發表了長達十年的合作計畫，玩具反斗城給亞馬遜的現金挹注猶如一場及時雨，也幫忙解決了亞馬遜資產負債表的一些問題。雙方同意玩具反斗城的庫存放在亞馬遜的物流中心，這也是亞馬遜建立平台業務的第一步。

這個合作案成為亞馬遜與其他公司合作的樣板。米勒把玩具業務外包給玩具反斗城之後，隨即擔任平台服務部門的主管。他與工程副總裁羅斯曼（Neil Roseman）開始遊走各地，企圖打動其他零售業巨人，拉攏他們來利用亞馬遜的平台。

他們與電子產品龍頭百思買頻頻接觸。眼看協商就要完成，在一個星期六上午的電話會議上，百思買創辦人舒爾茲（Richard Schulze）堅持百思買擁有在亞馬遜獨家販售電子產品的權利。雙方變得劍拔弩張，貝佐斯悍然拒絕。之後，亞馬遜和其他公司的洽談也不順利，如家居用品零售商家品（Bed, Bath, and Beyond）和邦諾等。

但索尼公司則躍躍欲試，希望利用亞馬遜的網站來販售商品。在協商的過程中，索尼美國分公司負責人史群爾到亞馬遜的芬利履行中心參觀。史群爾在倉庫地上看到一大堆的索尼產品，讓他非常驚訝。照理說，亞馬遜不該賣這些貨品。史群爾和手下仔細檢查那批產品的商標，抄下產品序號，以了解貨品來源。這個合作案當然就吹了。

但到了2001年初，亞馬遜在平台方面的努力終於有了起色。連鎖書店博德斯在納許維爾市郊建造了一座大型物流中心，以處理網路訂單，後來才驚覺他們需要的是分布在各地的小型倉庫，才能迅速把書籍送達顧客手中，運送成本也沒那麼高。博德斯只好壯士斷腕，改和亞馬遜合作。幾個月後，亞馬遜也承接了美國線上的購物頻道，美國線上則同意以1億美元投資亞馬遜。這筆資金的挹注等於為亞馬遜打了強心劑。此外，亞馬遜也與電路城簽約，原本空蕩蕩的電子產品貨架變充實了。

上述交易使亞馬遜的資產負債表在短期內好看多了，但長遠來看，對亞馬遜與其平台合作夥伴來說，都有尷尬之處。這些零售商因為線上業務太依賴亞馬遜，在電子商務這個新疆界的探險就更落後了，而且把不少忠實顧客拱手讓給這家新創公司。博德斯和電路城都有這樣的問題，自2008年金融危機發生之後，更難以為繼，最後走向破產。

貝佐斯也不盡然滿意，特別是產品線外包之後，不見得可以照貝佐斯的理想，提供無限選擇。雖然與玩具反斗城的合作計畫，讓亞馬遜獲利甚豐，但網站提供的玩具種類還是有限，不像貝佐斯所想的那樣應有盡有，貝佐斯因此倍感挫折。這樣的心結終於使雙方反目成仇，幾年後在聯邦法庭展開激烈的攻防戰。

以顧客為重，就能度過難關

2000年夏天，蘇里亞繼續對亞馬遜發動攻擊，亞馬遜的股價跌得更凶猛了。在6月，短短三個星期，股價從57美元跌到33美元，幾乎慘遭腰斬。亞馬遜的員工不由得緊張起來。貝佐斯在辦公室的白板上寫上一行字：「我是我，股價是股價。」他也要每個人別去理會日益濃厚的悲觀氣氛。

貝佐斯在員工大會上說道：「股票飆升30%的時候，你不會因此比過去聰明30%。同樣地，即使下跌30%，你也不會比過去愚蠢30%。」他引述價值投資之父、巴菲特的恩師葛拉漢的話：「短期來看，股市是個投票機，長遠來看，則是個體重計。」一家公司真正的價值在其分量，而非一時之間受到多少人的歡迎。貝佐斯強調，如果亞馬遜一直以顧客為重，就能安然度過難關。

貝佐斯似乎是要證明他對顧客經驗的執著，因此讓亞馬遜騎上魁地奇飛天掃帚，在哈利波特系列新書上賭一大把。7月，羅琳（J. K. Rowling）出版《哈利波特》奇幻小說系列第四部《火盃的考驗》。亞馬遜不但提供六折優惠，還有快遞服務，但顧客只要付普通郵件的費用，就可在7月8日新書上市的當天拿到書。亞馬遜共收到25.5萬筆訂單，每一筆都得倒貼幾美元。華爾街最看不慣的就是這種灑錢策略。然而貝佐斯這麼做，只有一個目的，也就是鞏固顧客對亞馬遜的忠誠度。那年夏天，他在接受我們訪問時說道：「如果你認為對顧客好，必然得犧牲股東的利益，這種想法實在很幼稚。」

然而，就連亞馬遜的主管也對這種不惜血本的促銷活動憂心忡忡。當時負責書籍部門的布雷克（Lyn Blake）說道：「我在想，天啊，這要花多少錢啊。」但她後來還是承認貝佐斯是對的。「我們得到媒體的好評，聽到許多讀者描述他們在家門口從快遞人員那裡拿到書的狂喜。送貨司機也見證了這興奮的一刻，說道那是他們最快樂的一天。」那年6月、7月間有關哈利波特新書的報導或故事當中，有七百多篇都提到亞馬遜。

貝佐斯滿腦子都是顧客經驗，如果發現有人不是和他一樣在意顧客，或是不能從大處著眼，就控制不住自己的脾氣。有一個倒楣鬼因此常常被他修理，那就是客服部副總裁普萊斯（Bill Price）。

普萊斯本來是長途電話公司MCI的老將，1999年進入亞馬遜。早先，他曾建議公司讓經常出差的主管坐商務艙，此言一出，就像拿大石頭砸自己的腳。貝佐斯常說，他希望公司裡的人能說出心底話，但你要是冒犯到他，就吃不了兜著走。普萊斯說：「你可能會以為我是想把傾斜的地軸調正。」多年後，他回憶起那一刻仍心有餘悸。「貝佐斯用力拍桌面，說道：『如果你為自己公司著想，就不會這麼說！這真是我聽過最白目的建議。』」

「其實，我只是說出大家的心聲。」普萊斯說。

2000年的耶誕假期對普萊斯而言，又是一次嚴苛的考驗。他領導的客服部門必須注意兩大指標：一是客服人員與顧客的平均通話時間，另一則是每筆訂單的連絡次數（亦即每筆訂單的電話或電子郵件洽詢次數）。貝佐斯要求普萊斯降低這兩大指標，但這根本是不可能的。如果客服人員與顧客通話時間長得足以解決所有的問題，洽詢次數就會變少。反之，如果客服人員急著掛電話，即使可以縮短與顧客的通話時間，但顧客可能因為問題未能完全解決而再次來電洽詢。

但貝佐斯不管這麼多，他就是討厭**顧客打電話進來，這表示系統設計有瑕疵**。他相信顧客可以利用網頁上自助服務工具（如問題與說明）自行解決問題。[5]顧客打電話來的時候，貝佐斯希望客服人員能迅速、確實地解決顧客的問題，做不到就改進，沒有任何藉口。普萊斯只能要他的團隊更加把勁。由於他無法招募新人，原來的員工都快撐不下去了。

從耶誕節到新年假期是亞馬遜最大的考驗，員工拚全力出貨，由三十位左右的資深主管組成的S團隊則天天擠在公司的「作戰指揮室」裡開會，檢討與公司和顧客有關的重大問題。這間指揮室就在太平洋醫學大樓的頂樓，可將浩瀚的普吉特灣納入眼底。耶誕節的銷售量不斷攀升，客服電話也愈來愈難打進來。有一天開會，貝佐斯一開始就問普萊斯，顧客來電要等候多久才能聽到客服人員的聲音。普萊斯向他保證，應該不到一分鐘，但沒有提出任何證據。他真是捅到馬蜂窩了。

「真的嗎？」貝佐斯說：「那我們來試試看吧。」會議室中央有支電話。貝佐斯撥了亞馬遜800的免費電話，按了免持聽筒的按鍵。歡樂的電話等候音樂響起，更顯得室內氣氛的沉重。貝佐斯解開手腕上的手錶，刻意表示他在算時間。頭一分鐘令人如坐針氈，接著是第二分鐘。在場的每一個主管都坐立難安，普萊斯則偷偷打手機到客服部門找他的部屬。貝佐斯的臉漲得通紅，額頭青筋暴凸，眼看著就要大發雷霆。差不多過了四分半鐘，客服人員才接聽這通電話，但根據在場的人描述，那幾分鐘就像永恆那麼長。

客服人員親切、愉快的話語聲終於出現：「您好，這裡是亞馬遜，很高興為您服務！」貝佐斯冷冷地說：「我只是打電話來試看看的。」隨即猛然把話筒掛上去。他對普萊斯大聲咆哮，指責他無能又愛說謊。

十個月後，普萊斯即黯然離職。

推出網路市集

在亞馬遜主管拉攏大型連鎖商之時，還有一個對手正在對亞馬遜垂涎。那年秋天，eBay執行長惠特曼帶著得力助手裘登（Jeff Jordan）造訪亞馬遜，提出一個誘人的計畫：eBay打算接下亞馬遜的拍賣業務。

亞馬遜拍賣網本來就是個爛攤子。惠特曼說，小零售商很難搞，如果把這方面的業務交給eBay，亞馬遜就可專心於核心零售業務，不必管這些難纏的第三方賣家。再者，亞馬遜和這些賣家經常銷售同樣的商品，會互相競爭，由於eBay本身不賣任何東西，沒有這方面的衝突。惠特曼說道，這筆交易既可為亞馬遜解決問題，同時eBay也可更鞏固其拍賣霸主的地位。這可說是典型的雙贏策略。

儘管惠特曼說得頭頭是道，貝佐斯仍不為所動。儘管亞馬遜拍賣和zShop乏人問津，貝佐斯還是堅持留下，因為他不想放棄，仍希望亞馬遜能成為成功的中小零售商銷售平台。儘管目前做得差強人意，並不代表永遠做不好。

亞馬遜的拍賣網和zShop雖然都設在自家網站當中，卻一直被顧客忽視。貝佐斯感慨地說，進了這個拍賣網或zShop就像走進死胡同。顧客會走到這裡，通常是透過相關商品頁上的交叉連結過來的。例如，販售復古釣魚桿的賣家可以把要拍賣的商品的交叉連結，放在與西式毛鉤釣魚有關的書籍或電影網頁上。[6]

亞馬遜曾試著用演算法來分析拍賣網頁與產品頁上的一些特定語句，然後使類似商品自動配對。然而，這種做法會產生一些滑稽的錯誤。像是青少年小說《黃金羅盤》的續集《奧祕匕首》，就可能連結到一些彈簧刀或納粹武裝親衛隊軍械模型組的拍賣網頁。史匹格坦言：「搜尋結果可能不如人意。有些販售童書的賣家會闖進我的辦公室，對我吼叫，他們的拍賣網頁怎麼會連上納粹紀念品？」

2000年秋天的一個週末，貝佐斯召集幾個S團隊的成員和主管，到他的湖畔豪宅地下室開了一整天的會，研究為什麼第三方銷售在亞馬遜的網站推不起來。儘管問題存在，但團隊成員發現，很多顧客是透過商品頁上的交叉連結，連到第三方賣家的。

這一點很重要。顧客造訪亞馬遜，主要是因為亞馬遜的產品介紹最可靠。例如你在eBay搜尋海明威的小說《太陽照常升起》(*The Sun Also Rises*)，可以發現幾十本拍賣的書，有的是新書，有的則是舊書。但你如果搜尋亞馬遜的網頁，就只有一個網頁，上面有小說的詳細說明，這就是顧客紛紛前來亞馬遜的原因。

亞馬遜主管得到一個結論：在網際網路上，他們擁有最權威的產品介紹目錄，應該好好利用。這樣的洞見不只使**亞馬遜變成小型網路商家可以利用的平台，也是今日成功的關鍵**。如果亞馬遜要吸引其他賣家過來，就必須把自己的商品和其他賣家的列在同一個網頁上給顧客看。布萊克本恩說道：「那次會議很重要。經過那一天的腦力激盪，我們百分之百確信，這就是公司的未來。」

那年秋天，亞馬遜宣布即將推出新的計畫：網路市集(Marketplace)。一開始，這個網路市集只賣二手書，然而也歡迎其他書籍賣家利用亞馬遜書籍網頁上的小方框，刊登他們的產品資訊。因此，顧客不只可以直接向亞馬遜購買，如果第三方賣家的價格更便宜或是亞馬遜無庫存，顧客也可以從第三方賣家那裡選購。儘管亞馬遜會損失一筆交易，但能從第三方賣家那裡抽取佣金。羅斯曼說：「貝佐斯一開始就很清楚。如果有人能賣得比我們更便宜，我們就該讓他們賣，同時想辦法了解為什麼他們能賣得這麼便宜。」

亞馬遜的網路市集在2000年11月正式上線，一開始只販售書籍。然而，這個計畫一推出，抗議聲浪即不絕於耳。美國出版協會和美國作家協會各在自己網站上發表一封公開信，譴責亞馬遜的網路市集將會打壓新書的銷售，讓二手書交易大行其道，作家應得的版稅也會變少。[7]公開信論道：「如果二手書在積極促銷之下大受歡迎，這項服務將會影響新書的銷售，直接傷害到作家和出版商。」

與亞馬遜內部的驚慌相比，這樣的抗議根本沒什麼。各類產品的經理發現，現在顧客上門來，不一定會購買亞馬遜販賣的東西，可能會向市集的賣家購買。如此一來，自己的店反倒幫別人拉生意。更糟的是，顧客在網路市集購物如果有不好的經驗，還是會在亞馬遜的網頁上留下負評。公司現在就得面對憤怒的出版商和其他生產商，他們想知道，為什麼未經授權的賣家販售的二手商品可以和他們的新品擺在一起。由於在接下來的數年，亞馬遜不斷增加新產品和來自第三方的二手商品，反對聲浪才慢慢平息。其實，網路市集讓供貨給亞馬遜的零售商更難達到貝佐斯立下的超高標準。

佩恩提到自己對網路市集最初的反應：「假設你負責價值

幾千億的庫存商品，突然有個瘋子跑來，把他的低價破爛東西放在你的網頁上，這必然會引發衝突。」

多年來，網路市集這個新策略不只是在亞馬遜各部門之間造成緊張，他們與供應商，以及各產業團體之間的關係也受到影響。但貝佐斯不在乎，他只關心亞馬遜是否能提供顧客更多的選擇，是否能成為擁有最多產品的商家。幾乎每一個人都不解他為何如此一意孤行，就連他的同事也多有怨言。亞馬遜的資深副總裁布里托說道：「貝佐斯和往常一樣，不惜和全世界唱反調。」

與沃爾瑪的龍爭虎鬥

2000年12月初的一個星期六，布里托與事業開發部一名主管波亞克（Doug Boake）到芬利物流中心。波亞克本來是在專攻電子商務交易技術的Accept.com工作，因公司被亞馬遜併購，而成為亞馬遜旗下的人員。他們在包裝禮品的時候，布里托的手機響起，是貝佐斯打來的。貝佐斯要他們那晚飛到阿肯色的班頓維爾和他會合，然後一起造訪沃爾瑪。

由於亞馬遜和沃爾瑪現在是死對頭，雙方共聚一堂似乎令人匪夷所思，但亞馬遜還是希望沃爾瑪這條大魚能上鉤，答應讓亞馬遜經營其網站。沃爾瑪穩占零售業霸主的地位，每年在全世界開設好幾百家分店，即使熊市來臨，生意幾乎一樣興旺。邀請貝佐斯前來的，是沃爾瑪自成立以來的第三任執行長史考特。他還親自邀請貝佐斯到家裡作客。聽聞這個好消息，布里托和波亞克於是把手邊的工作放下，趕往雷諾機場。

那晚，亞馬遜的人在班頓維爾聚集，也對沃爾瑪的節儉之風印象深刻。沃爾瑪為他們訂了三星級的廉價旅館天天旅店（Days Inn）。貝佐斯、布里托和波亞克三人就在附近一家Chili's餐廳共進晚餐，然後在歷史悠久的城中心廣場散步。

第二天早上，三部黑色的雪佛蘭巨無霸休旅車準時停在旅店門口，司機都戴耳機、太陽眼鏡，表情冷酷。亞馬遜的人都坐在中間那一部，對沃爾瑪的安全防護驚異不已。在這一刻，貝佐斯已瞥見自己的未來，只是他渾然不知。

車隊開到一個有圍籬的社區，旁邊是座高爾夫球場。亞馬遜的人下了車，走向前去，敲敲大門。史考特的夫人琳達開了門，讓這群來自亞馬遜的客人有賓至如歸之感。琳達告訴貝佐斯，自己是他的粉絲，幾個星期前才在CNBC的現場談話節目「財經揚聲器」（Squawk Box）上看過他。

貝佐斯等人走進有著大扇凸肚窗的餐廳，見到了沃爾瑪的大老闆史考特和他們的財務長蕭偉（Tom Schoewe）。雙方談了兩個小時，一起享用糕點和咖啡。史考特和貝佐斯都是有話直說的人，各自談到自家公司的文化。貝佐斯特別提到他從沃爾瑪創辦人華頓的自傳學到的原則，以及亞馬遜在網頁的個人化和協同過濾方面的努力，協同過濾背後的技術是一種演算法，可以計算出購買特定類別產品的人，也傾向於購買另一類產品。

史考特說，沃爾瑪也有類似的技術，可以推測某一種商品（如兒童使用的地球儀）和其他商品（像著色本）擺在一起，是否能帶動銷售量。不管亞馬遜或沃爾瑪，都對這種組合販售的方式深感興趣。

史考特也談到，沃爾瑪認為廣告和定價策略，是一體兩面。他說：「你看看我們的致股東報告書就知道了。我們在行銷上的花費只有四十個基點，大都是在報上刊登廣告，讓人知道我們店裡有什麼，其他的行銷預算則用在降低售價。因此，我們的行銷策略就是定價策略，也就是達成天天低價。」

在雙方碰頭之前，達澤爾警告貝佐斯要小心史考特這個老滑頭，然而貝佐斯就像一塊海棉，急著吸收史考特所說的一切。畢竟亞馬遜是家電子商務公司，不是零售業者。在零售業的領域，他一直只有業餘水準，直到今天才真正見識到這個領域的第一高手。

談了一個小時後，雙方即開始談生意，史考特想知道亞馬遜有何想法。貝佐斯等人解釋他們和玩具反斗城的合作方案，亞馬遜除了為玩具反斗城經營網站業務，也為其他零售商管理物流。史考特只是說，這值得好好談談，沒做任何允諾。最後，他探身詢問貝佐斯：「我們是否該考慮更進一步、更有策略價值的方案？」

貝佐斯說，他在想如何讓沃爾瑪對他的建議感興趣。接著，雙方握手道別，亞馬遜的人回到停放在門口的車上。往機場途中，布里托和波亞克認為史考特臨別所說的話，暗藏有收購亞馬遜的意圖。貝佐斯說：「真的嗎？他真有這個意思嗎？」

當然，貝佐斯不想把公司賣給沃爾瑪，而史考特終究也不願把沃爾瑪的線上銷售這麼重要的業務外包給亞馬遜。自此，雙方未曾有進一步的發展，在班頓維爾的會談猶如一次偶遇，只是讓人猜想若雙方攜手合作未來會有什麼樣的光景。之後，這兩家公司繼續各走各的，多年後將展開更加激烈的龍爭虎鬥。

股價跌到個位數

2001年2月，陰魂不散的蘇里亞又來了。他再次發表一篇報告，質疑亞馬遜的儲備資金是否足夠。由於亞馬遜一年必須支付1.3億美元的債券利息，加上預計持續虧損，蘇里亞推算，到了年底，亞馬遜即將面臨現金短缺的窘況。

這次，亞馬遜決定把此事弄成私人恩怨。亞馬遜發言人柯瑞在受訪時駁斥道，蘇里亞的報告簡直「愚不可及」。[8]簡森親自去拜訪雷曼的副董事長克拉克（Howard Clark），杜爾也打電話給該公司執行長傅德（Dick Fuld），請他們好好審查蘇里亞的報告，別讓他無的放矢。

多年後，我和蘇里亞在曼哈頓中城的王牌酒吧（Trump Bar）小酌。蘇里亞在昏暗的燈光下，撫摸光滑的原木桌面，抱怨當年亞馬遜給他極大的壓力。他說：「公司想叫我走路。只有我膽敢把話說出來，因此每一個人都恨我。每次我接起電話，總有人在另一頭對我咆哮。」

蘇里亞目前在一家對沖基金公司服務，談起當年和亞馬遜的過節仍滿懷悲憤。「亞馬遜就像一個愛欺負小學生的高中老大哥。那時，我才二十九歲。對亞馬遜這家公司而言，也是性格發展的關鍵時期。在我看來，他們實在壞到骨子裡了。我那兩年就這麼毀了。」蘇里亞認為貝佐斯根本「精神錯亂」，而且驕傲地說，自從他和亞馬遜交手以來，不曾在亞馬遜的網站買過任何東西。

然而，蘇里亞的分析對投資人還是有相當的影響力。他在2月發布那篇研究報告之後，亞馬遜的股價也跌落到個位數，有如被打入第十八層地獄。那也是蘇里亞在雷曼寫的最後一篇報告，不久就離職，轉往杜肯資本管理公司（Duquesne Capital Management）工作。蘇里亞的報告還引發另一陣風波。那個月，亞馬遜律師在內部人持股異動申報書中提到，貝佐斯打算賣出一小部分的股票，市價約1,200萬美元。由於雷曼允許亞馬遜在蘇里亞的報告發布前先行過目，此時賣股時機敏感，證券交易委員會因而認為，貝佐斯有意在亞馬遜的負面消息曝光之前賣出持股。

事後來看，這根本不是事實。貝佐斯一直深信他的公司會成功，怎麼可能想要棄船？然而，證券交易委員會先前因為網路泡沫化搞得灰頭土臉，想要重振威信，於是決定對貝佐斯開刀，宣布要對貝佐斯的疑似內線交易案展開調查。儘管調查毫無結果，《紐約時報》等媒體已大肆報導。[9]簡森說：「不管你是誰或是有多大的膽子，拿起《紐約時報》一看，赫然發現自己的照片登在報上，而且被指控內線交易，這可一點都不好玩。我們走過那樣的風風雨雨才有今天。貝佐斯也是，他也是歷經千錘百鍊走過來的。傷疤不會那麼快復原的。」

現在，亞馬遜當務之急是面對股價急跌與過度擴張的問題。那個月，亞馬遜給員工配股重新定價，員工可用3股舊股換1股新股。由於亞馬遜原來的配股幾無價值，此舉是為了激發士氣。但亞馬遜也宣布裁員1,300名，約占員工總數的15%。

亞馬遜已習慣不斷擴大、增人，而不是縮編，裁員的確是殘酷的現實。有人幾個月前才被僱用，卻三言兩語就被解僱了，生涯與個人生計突然變得沒有著落。例如在DVD部門任職的商品經理博曼（Mitch Berman），先前是在亞特蘭大的可口可樂工作，為了到亞馬遜任職才搬到西雅圖。他在亞馬遜只待了四個月，公司就叫他走路，實在覺得莫名其妙。他說：「我大老遠搬過來，希望在這裡好好過日子。現在我只得捲起袖子，重新開始。我真的覺得好累。」博曼現今擔任人生教練，定居於西班牙巴塞隆納。

皮亞森蒂尼（Diego Piacentini）則是貝佐斯從蘋果挖角來的新主管，他的人生也被這波裁員搞得亂七八糟。皮亞森蒂尼生於義大利、個性溫文儒雅，在2000年初接掌亞馬遜的國際事務部。他向前老闆賈伯斯說要離開蘋果的時候，賈伯斯完全不可置信。兩人在蘋果位於庫珀蒂諾（Cupertino）的總部餐廳一起吃午餐，賈伯斯問皮亞森蒂尼，為什麼要去一家無聊的零售商工作，而非留在蘋果為電腦產業的創新努力？接著，賈伯斯諷刺他說，他實在很笨，才會決定離開蘋果，像他這樣的笨蛋，走了也好。

起先，皮亞森蒂尼也曾質疑自己為什麼要換工作。他到亞馬遜上任的時候，正當貝佐斯和加利衝突得最厲害的時候。上班不到幾個星期，他打電話給在米蘭的老婆，告訴她還不要打包來西雅圖的行李。加利離開後，他漸漸有如魚得水之感。沒想到過了一年，又碰到公司大裁員，他負責關閉亞馬遜在海牙新設的多語客服中心。海牙是金融與外交的中心，亞馬遜的客服中心位於一家銀行的舊址，在一棟有著大理石地板的大樓內。當初選擇在海牙設立這個中心顯然是個決策錯誤，然而亞馬遜各階層的人都主張有些部門應該分散出去，不要全部集中。這個客服中心於是在倉促之下成立。

這個客服中心才營運幾個月，皮亞森蒂尼就得親手結束這個地方。他與幾個來自西雅圖的同事，請兩百五十名左右的員工在大理石大廳集合，用英語簡短報告了裁員的壞消息。據在場的一個員工說，有人開始哀嚎、吼叫，有個女員工起先只是啜泣，後來竟在地上打滾。

在亞馬遜的辦公室，有時他們也會有天崩地裂之感。有一次，真的是地震來襲。2月28日星期三的早晨，羅斯曼、達澤爾和一位名叫基拉里亞（Tom Killalea）的主管在貝佐斯的私人會議室開會。幾個主管在做簡報，說亞馬遜的二手書市場可能有個資外洩的問題。才說了幾分鐘，房間就開始搖晃。

起先是慢慢地搖，來自地下的轟隆聲傳到牆壁，接著搖得愈來愈厲害。會議室裡的四個人都疑惑地看著彼此，然後跑到房間中央門板做的桌子底下躲起來。此次震央在西雅圖西南五十六公里的尼斯卡利（Nisqually），是芮氏地震規模6.9級的強烈地震。

太平洋醫學大樓是有86年歷史的老建築，在地牛翻身之時，在戶外可見磚塊碎片和灰泥像大雨一樣落下。辦公室裡的防火灑水裝置被震開，員工連忙躲在厚厚的門板辦公桌下。

在貝佐斯的小會議室，「星艦奇航」的公仔和水槍等東西掉落一地，甚至被震得發出響聲。室內還有一顆重約十公斤的鎢球，那是布蘭德與恆今之鐘策劃人送給貝佐斯的紀念品。震到一半，大家都聽到那顆球即將從架子上滾下來的聲音。羅斯曼開玩笑說：「我蹲在地上，像是圖騰柱最下面那個人，只露出一半的腿。」幸好，那顆球滾落到地上時，沒傷到任何人。

地震尚未平息，基拉里亞從桌子底下探頭出來，把桌上的筆電拿過來，看看亞馬遜的網站是否還能正常運作。（這個奮不顧身的舉動為他贏得一次「做就對了」獎項，照例獲得一隻破舊的球鞋。）

過了四十五秒後，地板才不再搖晃，員工紛紛跑到大樓外。貝佐斯像是在演出一樣，從他蒐集的那些稀奇古怪的玩意兒拿出一頂造型像寬邊牛仔帽的安全帽，然後爬上停放在停車場上的一輛車車頂，指揮員工兩兩一組進入大樓搶救自己的重要財物。後來，這棟大樓的10樓和12樓都封閉了，以進行維修，足足有好幾個月，大樓的外牆覆蓋著塑膠布，以防磚瓦掉落砸傷人。

那年3月，我為了要幫《新聞週刊》撰寫一篇報導而去亞馬遜採訪。那時，亞馬遜的股價一直在10美元左右徘徊。市政府督察員鑑於安全考量，下令太平洋醫學大樓關閉大廳。那殘破的現場讓人看了只能搖頭，亞馬遜不只門面難看，而且前景堪憂。訪客必須從大樓後面的地下室進入，牆上貼了一大張標語，提醒經過的人小心磚塊掉落。

向零售業老將取經

2001年初，亞馬遜的現況和未來還混沌未明。問題不只是市場資金縮減、人員過剩和擴張過度。亞馬遜當時出售的商品半數以上都是書，這類商品也是亞馬遜的起點，過去每年幾乎都有兩位數以上的成長，現在則已趨緩。公司內部的主管擔心，書籍銷售的頹勢代表網購整體成長率下降。負責網路市集的副總裁林吉渥德（Erich Ringewald）說道：「我們都嚇得要死。書籍業務下滑，每一個人都在想，沃爾瑪的購物網站可能會以賠本賣書的方式來打擊我們。」

接著，亞馬遜做出了一件破天荒的事。財務長簡森為了趕上公司自訂的獲利率改善截止期限，說服貝佐斯悄悄提高傳統媒體產品價格。因此，亞馬遜販售的暢銷書不再打那麼低的折扣，而且開始向從海外上亞馬遜訂購的顧客收取更高的費用。本來貝佐斯已同意這麼做了，但他與另一個人碰面之後，隨即改變心意。

那年春天，一個星期六上午，貝佐斯在貝爾維邦諾書店裡的星巴克，與好市多的創辦人辛尼格（Jim Sinegal）見面。在創業之初，貝佐斯就是在這裡和員工開會的。辛尼格是匹茲堡人，個性隨和，說話老實，相貌酷似老演員布林利（Wilford Brimley），留著茂密的白鬍子，和藹親切，完全看不出他內在擁有企業家鋼鐵般的決心。

辛尼格雖然早就過了退休的年紀，但依然精神奕奕，完全不想放慢腳步。他和貝佐斯兩人有很多共通點，其一就是都曾和華爾街分析師過招。華爾街希望好市多提高衣服、電器用品和包裝食品的售價，但辛尼格不從。辛尼格也和貝佐斯一樣，這麼多年來不斷拒絕其他零售巨人的併購，包括華頓。辛尼格常說，他沒有撤退策略，希望好市多能永續經營下去。

這次會面是貝佐斯安排的，因為有些製造商不肯把商品賣給亞馬遜，他想到詢問辛尼格，亞馬遜是否可向好市多批貨。雖然這筆生意沒談成，貝佐斯還是用心聆聽辛尼格的看法，希望從這位零售業老將汲取重要經驗。

辛尼格向貝佐斯解釋好市多的商業模式，也就是以建立顧客忠誠度為目標。好市多的倉庫約有四千種商品，包括一些限量的季節性產品或是流行商品，讓顧客有尋寶之感。雖然每一類商品的選擇有限，但數量很多，而且都是令人不可思議的超低價。好市多大批進貨之後，以進價成本加14%販售，即使可以更高的價格賣出，他們還是堅持這樣的低價。因此，好市多不必打廣告，大部分的毛利來自向會員收取的年費。

「會員費一年才收一次，但每次顧客走進店裡，發現我們賣的47吋電視比其他店家便宜200美元，他們就會深深覺得物超所值。顧客都知道，好市多賣得最便宜。」[10]

好市多的低價策略促成龐大的銷售量，公司就可依據這樣的數量要求供應商給他們更優惠的進價，藉以提高毛利。供應商再怎麼心不甘情不願，最後還是低頭了。辛尼格說：「不願賣給我們的供應商很多，可以把整個棒球場塞得滿滿的，然而等到我們生意規模夠大，證明我們是絕不拖欠貨款的好客戶，他們就會自問：『為什麼不跟他們做生意？我一定是個笨蛋。他們對公司業績會有很大的貢獻。』」

「價值超越一切，」辛尼格繼續說：「我一直相信這點。這也是顧客來我們店裡購買的原因，正因我們注重價值。我們經常傳輸這樣的觀念，幹這一行是沒有養老金的。」

十年後，辛尼格終於準備退休之時，他還記得當年和貝佐斯的談話。他說：「我想，貝佐斯知道我們的做法後，很認真思考如何運用在自己的公司上。」辛尼格絲毫不介意把功夫傳授給貝佐斯，讓他成為凶猛的對手。「說來，我們也是一樣，一看到好點子，就下手去偷。」

2008年辛尼格向亞馬遜購買Kindle電子書閱讀器，因為產品有瑕疵，亞馬遜的客服免費讓他換一部新的。之後，他寫了一封熱情洋溢的信給貝佐斯，讚美亞馬遜的服務。貝佐斯回信說：「我願意當你的專屬Kindle客服人員。」

也許貝佐斯覺得他欠辛尼格人情，因為2001年兩人見面喝咖啡那次，他真的從辛尼格那裡學到不少東西，甚至有青出於藍的表現。

飛輪開始轉動

貝佐斯與辛尼格見面之後的那個星期一，就把S團隊找來開會，宣示變革的決心。根據在場幾位主管所述，貝佐斯認為公司的定價策略不一致。雖然亞馬遜口口聲聲說自己最便宜，有些商品還是賣得比別家貴。貝佐斯說，他們該像沃爾瑪和好市多，力行「天天低價」的原則。公司應該時時刻刻注意其他大型零售商的動靜，追蹤他們的最低價。如果亞馬遜能在售價保有競爭力，加上商品有無限選擇，以及快捷的宅配服務，讓顧客不必開車去買東西，也用不著排隊結帳，必然能夠打敗天下無敵手。

2001年7月，亞馬遜宣布書籍、音樂CD和DVD將降價20%至30%。這也是貝佐斯受到辛尼格刺激的結果。貝佐斯在那個月的每季電話會議上對分析師說道：「**零售商有兩種：一種是千方百計設法賣貴一點，另一種則是絞盡腦汁思考如何幫顧客省錢。亞馬遜是後者。**」這句話自此變成「貝式語錄」中的名言，三不五時就會出現，一直流傳到今日。

貝佐斯似乎下定決心不再沉湎於金融操作，以免自掘墳墓。他不只向辛尼格學習，還有新的做法。他召開為期兩天的度假會議，要主管和董事會的成員參加，而且邀請重量級企管思想家柯林斯（Jim Collins）來講述他即將出版的新書《從A到A⁺》（*Good to Great*）。柯林斯已深入研究過亞馬遜，帶領大家進行一系列的深入討論。他告訴亞馬遜的主管：「你們必須認清自己的強項在哪裡。」

貝佐斯和他的團隊利用柯林斯的飛輪效應（或自我強化迴圈），描繪出可增加公司動力的良性循環。他們的構想如下：更低的價格將吸引更多的顧客上門；更多的顧客上門，就能增加銷售量，吸引更多第三方賣家來亞馬遜，使亞馬遜抽取更多的佣金。如此一來，亞馬遜就能充分利用固定成本的履行中心和經營網站必備的伺服器，賺到更多錢。經營效能提升，也能促使商品價格再下降。

這個飛輪的任何一個部分只要得以強化，就能加速自我強化的良性迴圈。亞馬遜的主管茅塞頓開，大為興奮。根據幾位S團隊成員所述，經過五年來的摸索，他們終於了解自己的公司。後來，簡森問貝佐斯，和分析師開會時，是否要把這個飛輪效應加進來，貝佐斯說還不要，因為這是他們的祕密武器。

2001年9月，貝佐斯、布里托、米勒和公司的兩位公關人員飛到明尼亞波利斯，宣布亞馬遜將與第三大零售商塔吉特（Target）成為長期合作夥伴。宣布當天，貝佐斯一行人在八點前就到了塔吉特位於市中心的總部，搭乘電梯到塔吉特廣場大樓南塔第32樓上的攝影棚，這棟建築是明尼亞波利斯的第一高樓。正當他們在坐電梯的時候，亞馬遜公關主管柯瑞接到西雅圖同事打來的電話，說一架飛機撞上紐約世貿中心。他們出了電梯，就請塔吉特的人員打開電視機。

雙方主管驚懼萬分地看著第二架飛機撞上世貿中心，沒有人知道是怎麼一回事。柯瑞以前在波音擔任過公關，說那架飛機看起來像波音767。結盟記者會和衛星電視採訪全部泡湯。這是個令人斷腸的早晨，全世界都陷入震懾。塔吉特大樓宣布所有的人員必須立即疏散，然後才又重新開放。這一日，亞馬遜和塔吉特的主管大都聚在一起看電視上的新聞報導。

下午，喜愛攝影的貝佐斯在塔吉特的辦公室閒晃，用手中的佳能Elph數位相機記錄這令人驚恐的一日。有人向負責亞馬遜合作案的塔吉特經理尼許基（Dale Nitschke）抱怨，他於是悄悄地制止了貝佐斯。

在接下來的72小時內，所有的商業航班一律停飛，貝佐斯等人暫時無法飛回西雅圖。9月12日的上午，他們在馬歇爾菲爾德百貨公司（Marshall Field）買了些衣物和車用行動電話充電器，從赫茲（Hertz）租車以超高的日租費租了輛白色馬自達小廂型車，開上90號州際公路，一路往西，終點就是西雅圖。[11] 布里托負責開車，米勒坐前座，每一個人心中都充滿焦慮、驚魂未定，一邊聽音樂，一邊想著自己的心事。米勒說：「我們駛過一大片農田，心想這片田園風光真是超現實，也讓人有滌淨身心之感。」

布里托開車時，貝佐斯則用行動電話指揮調度，在亞馬遜首頁上發起捐獻活動，兩週內即為紅十字募集了700萬美元。他們一度在荒郊野外停車，下車伸伸腿，然後在拉許莫爾山上的一間旅店過夜，貝佐斯記得小時候曾和家人來過這裡。拉許莫爾山上的紀念館降半旗，旅客都神色凝重。有幾個人認出貝佐斯，不是因為他是亞馬遜的創辦人，而是他曾出現在塔可鐘（Taco Bell）速食餐廳一支好笑的廣告中；他會接那支廣告，是為了幫特殊奧運募款。後來，貝佐斯一行人都買了海軍藍的拉許莫爾山風衣，在公園自助餐廳用餐。

他們繼續往西行駛。那天稍晚，美國空域暫時開放讓私人飛機起降，貝佐斯的飛機在一個小停機坪上等他們。由於心情沉重，貝佐斯這次沒像以前強調坐這趟飛機的錢不是公司出的。他們直接飛回西雅圖，終於結束這趟橫越東西的驚愕之旅。

排除網購最大阻礙

貝佐斯也許由於那支好笑的塔可鐘廣告而變成家喻戶曉的

人物，其實亞馬遜也曾在網路時代推出幾支令人難忘的電視廣告。例如舊金山的博達華商廣告（FCB Worldwide）就為他們拍攝了一系列毛衣人的廣告。在廣告中，一群男人清一色穿著白襯衫、黑領帶和淺藍色的毛衣，看起來就像電視節目主持人羅傑斯先生（Mr. Rogers）。他們組成合唱團，讚頌亞馬遜的商品應有盡有。這種輕鬆愉快、復古的形象也呈現貝佐斯有趣的一面。但在陷入網路泡沫危機這一年中，貝佐斯一直在想如何停止所有的廣告。

如同以往，貝佐斯得和行銷主管角力。他們認為，如要吸引新顧客，必然得透過電視廣告。然而，亞馬遜虧損得愈嚴重，貝佐斯就愈堅持反對的立場。他讓行銷部門進行測試，只在明尼亞波利斯和波特蘭的媒體上打廣告，看看是否能激發當地的銷售量。雖然銷售量提升了，貝佐斯認為這樣的數據還不足以支持廣告上的投資。[12] 從百事可樂跳槽至亞馬遜的財務副總裁史塔賓嘉思（Mark Stabingas）說：「我們後來知道了，電視廣告不一定見效。」

結果，亞馬遜不只取消所有的電視廣告，行銷部的人事也跟著大洗牌。從萬事達信用卡（MasterCard）來的行銷長布朗（Alan Brown）做了一年就離開了。亞馬遜的行銷部解散了，這方面的業務則由傑西和霍登等人接手，以寄發廣告電郵等方式來做宣傳。直到七年後，Kindle問世，亞馬遜才再度在電視上打廣告。在亞馬遜負責資料挖掘部門，也幫忙進行廣告測試的英國資深經理萊爾（Diane Lye）說道：「亞馬遜只有一個行銷主管，就是貝佐斯。」

貝佐斯認為，光靠口碑就可吸引新顧客。他想**把行銷費用省下來，拿來提供顧客更好的購物體驗**，使公司成長的飛輪加速旋轉。當時，亞馬遜已在進行一項實驗，也就是免費到貨。

在2000年到2001年的耶誕節、新年假期，亞馬遜提供下單達100美元以上的顧客免費送貨到府的服務。這個促銷案雖然成本高，但的確能提升銷售量。顧客調查顯示，運費是網購最大的阻礙。在此之前，亞馬遜很難讓顧客把不同種類的產品統統放進購物車，如一次購買的商品包括書籍、廚房用具、電腦軟體等。現在，顧客為了達到消費100美元的免運費門檻，不得不把不同種類的商品放進同一個購物車內。

2002年初，一個星期一晚上，貝佐斯在簡森的會議室召開會議，討論如何把耶誕假期的免運費服務變成常態。這是他運用行銷預算的一個方式。簡森反對這種做法，他擔心免運費的成本過高，再說亞馬遜已經給所有的顧客折扣價，特別是買很多的大客戶。

這時，財務副總裁葛立禮（Greg Greeley）提到航空公司的做法。他說，航空公司把顧客分為兩種：一種是商務客，另一種是度假的遊客，如果顧客願意週六待在目的地過夜，則給予比較優惠的機票價格。葛立禮建議亞馬遜可以如法炮製。

如果顧客不在乎多等幾日才到貨，就可以享有免運費的服務。亦即亞馬遜也把顧客分成兩種，一種是急需商品的人，另一種則是不急的人。如此一來，公司能夠減少免運費服務的成本，因為履行中心的員工可以在卡車還有空間時塞進免運費包裹，然後再將這些包裹交給快捷業者和郵局。貝佐斯很欣賞這個點子，他說：「這就是我們要做的。」

2002年1月，亞馬遜又推出「超省免運費服務」，凡訂單金額超過99美元者都可享有這項服務。不到幾個月，免運費門檻下降到49美元，之後又掉到25美元。超省免運費方案為日後多項新計畫打下基礎，如亞馬遜尊榮（Amazon Prime）服務。

然而，並非每一個人都樂見其成。會後，簡森把葛立禮叫到一邊，把他罵得狗血淋頭。在簡森眼中，免運費服務只會讓亞馬遜的資產負債表更難看。

愛將一一出走

在接下來的一年，亞馬遜的主管爆發離職潮。有人是因拿到既得股票而離開，也有人是因為薪水偏低，加上公司股價低迷，短期內根本無法靠配股致富。有人則是心力交瘁，希望人生能有所轉變。還有人則覺得貝佐斯不聽別人的建言，而他也不想改變這點。幾乎所有人都認為亞馬遜的黃金時代已成為過去，在2002至2003年間公司耗損得很厲害。後來轉往矽谷新創公司訂位網（OpenTable）任職的波亞克說：「貝佐斯說，他將把亞馬遜發展成一家資產達800億美元的公司，但除了他自己，公司員工沒幾個人相信。」

每個離開的人都有自己的原因。里舍轉往華盛頓大學商學院任教。史匹格因孩子已屆青春期，希望自己能在他們離家上大學前，多花點時間陪他們。布里托想回舊金山灣區。米勒則覺得自己已油盡燈枯，需要改變一下。佩恩跳槽到微軟，幫忙開發搜尋引擎Bing，之後則到eBay擔任高階主管。除了他們，還有許許多多曾在亞馬遜努力打拚的人都走了。

離開亞馬遜的人，喘口氣後，頓時迷失方向，就像剛逃離邪教的控制一樣。很多人都無法繼續在貝佐斯底下工作，因為貝佐斯往往強人所難，而且吝於讚美。然而，還是有一些人留下來，對貝佐斯忠心耿耿，很驚訝自己在亞馬遜能成就這麼多的事。拉克梅勒很喜歡引用一位同事的話：「如果你表現不好，貝佐斯會把你吃下去，把骨頭吐出來。然而，你要是表現好，他會跳到你的背上，把你當馬騎。」

眼看著愛將一一出走，貝佐斯並不會因此沮喪。貝佐斯的同事說，他的一個長才就是可以鞭策、激勵手下，而不會因為他們要離開，就依依不捨。然而，他手下的主管離職前，他還是會在百忙之中挪出時間跟他們好好談談。

米勒在告別前和貝佐斯共進午餐，說道他在亞馬遜最引以為傲的成就，就是建立與大零售商合作的平台。在2002年，這部分業務占了亞馬遜現金流的三分之一。貝佐斯說：「別忘了，我們的玩具部門也是你創建的。這個部門表現得很棒。」貝佐斯會這麼說，顯示他看重長期目標勝過短期的平台營收。平台營收再怎麼亮眼，也比不上他希望提供無限選擇給顧客的壯志。

布萊威瑟臨走前，在雞尾酒餐巾紙上列出他在亞馬遜的美好時光。他和貝佐斯兩人拿著餐巾紙合影，回想起當年他開車送貝佐斯從哈佛商學院到波士頓機場。貝佐斯說：「那就是我們交往的起點，真令人難忘。」

貝佐斯很少這麼多愁善感。亞馬遜的出納賴達（Christopher

Zyda）投靠eBay陣營時，亞馬遜把eBay告上聯邦法院，指控賴達違反與該公司簽訂的競業禁止條款。此舉跟沃爾瑪當初告亞馬遜挖他們的牆角如出一轍。但這場官司也和沃爾瑪控告亞馬遜一樣，最後雙方和解，都沒蒙受任何損失。但我們可從貝佐斯的法律策略看出，eBay顯然已成他的心頭大患，畢竟他們的市值已大幅超越亞馬遜。

eBay與亞馬遜的競爭變得激烈，至少有一個人的立場變得尷尬，那就是直覺公司的創辦人庫克。他身兼這兩家公司的董事，現在不得不做個了斷。他決定離開亞馬遜，保留eBay董事會的席次。庫克說：「貝佐斯很生氣，但不是衝著我。他在對自己生氣，為什麼在我表明要加入eBay董事會的時候，他沒攔阻我。他討厭輸給別人。」

簡森也離開了。這位財務長解釋說，他想回到妻兒的身邊，因他們都還住在亞特蘭大。由於這時亞馬遜最棘手的財務問題都解決了，他可放心離去。當然，這是一面之辭。

其實，簡森和貝佐斯一直不和。簡森努力提高公司的獲利率，以安撫憤怒的投資人。他在關鍵時刻透過債券從歐洲募集最後一輪的資金，也迫使貝佐斯在公司窘迫的情況之下，做出抉擇。他催促貝佐斯答應提高商品價格，也反對免運費服務。他說：「我從未誇口說自己做到盡善盡美。然而，不管我做什麼，都是為了公司好。」

儘管簡森已離開十年以上，亞馬遜的人仍對他在公司的功過議論紛紛。有些人認為他這個人太會玩弄政治手腕，還有一些人則認為，公司能懸崖勒馬，不再漫無目的地成長，他有很大的功勞。此外，他還組織了一支優秀的財經團隊，對亞馬遜在科技世界闖盪多有助益。簡森的確對亞馬遜有功，這是無可駁斥的事實。簡森的手下史蒂芬森（Dave Stephenson）說道：「在那個時候，簡森就是最好的財務長，沒有人能做得比他好。他強迫我們面對問題，進行激辯，然後做出決定。在這家公司，只有他膽敢挺身而出，跟貝佐斯對抗。」

簡森走了之後，貝佐斯從奇異公司挖來新的財務長司庫塔克（Tom Szkutak）。為了籠絡司庫塔克，貝佐斯寫了封長達兩頁、語氣懇切的信給司庫塔克夫婦，說他們可攜手合作，在網際網路發展的關鍵時刻展現影響力。司庫塔克來得正是時候。在接下來的幾個年頭，他輔佐貝佐斯完成雄心壯志，進軍新的領域。

或許亞馬遜最嚴重的衝突來自兩個部門的內訌，即編輯團隊和個人化服務團隊。編輯部門在亞馬遜創業之初就已成立，由寫手和編輯組成，主要是利用文字使亞馬遜的首頁或商品頁得以觸動人心。貝佐斯一開始希望編輯部能使亞馬遜網路書店營造出獨立書店的文學氣氛，並向顧客推薦他們可能會感興趣的書，以減少遺珠之憾。

但經過多年的發展之後，個人化服務團隊開始侵犯編輯部的地盤。這個團隊的代號是P13N（P是個人化personalization的首字母，最後一個字母則是N，13則是這個字的字母總數），他們擅長利用分析與運算，基於每一位顧客先前的購買紀錄給予推薦，以提高顧客的購買意願。幾年下來，P13N團隊的表現愈來愈突出。自從2001年開始，亞馬遜開始就顧客瀏覽過的商品給予推薦，而不只是根據購買紀錄。

編輯團隊和P13N團隊的手法互異。編輯利用巧妙的文字和直覺來向顧客推薦商品。（例如，他們曾在1999年的首頁推出這樣的文案：「我們不是獅子：看這個神奇的巨人背包如何幫助第一天入學的新生克服上學恐懼症。」）P13N團隊就不會用雙關語等文字技巧，而是利用冷冰冰的統計數據來做分析，把顧客可能想買的商品通通擺在貨架上。

貝佐斯沒表明他偏向哪一方，但他注重實驗結果。經過一段時間之後，勝負已然分明：人類最後還是不敵機器。P13N團隊在辦公室張貼了一張標語：「大家都忘了約翰．亨利最後還是一命嗚呼。」相傳，約翰．亨利是個鐵路工人，知道公司將引進利用蒸汽引擎的鑽洞機，他不甘心被機器取代，於是拚命挖一個大洞，證明他可以贏過機器，然而在勝利不久後，就死翹翹了。

大多數編輯和寫手不是轉調到其他部門工作，就是被裁員。小狗魯福斯的主人蘇珊．班森請了長假，回來上班後，媒體副總裁凱勒要她參加一個會議，並在電子郵件中透露此次會議要討論的是「編輯遊戲規則的改變」，她因此預知自己的前途凶多吉少。她說：「這次會議主要是討論如何把編輯工作拆解，融入自動化的宇宙。我知道，是的，我該離開亞馬遜了。」

促成編輯部門全面瓦解的，是一種叫做亞馬遜機器人（Amabot）的程式。亞馬遜機器人會針對每一位顧客的需求自動給予建議，不再需要編輯絞盡腦汁。這個系統通過一系列的測試，推銷能力完全不遜於編輯。不久，也就是在2002年2月，亞馬遜有一位員工匿名在西雅圖的獨立報紙《陌生人》（*Stranger*）的情人節留言板上，留下這麼一段話：

> 親愛的亞馬遜機器人：
>
> 希望你有一顆心，能感受我們的恨……
>
> 算了吧，你只不過是破銅爛鐵隨便拼湊出來的。
>
> 只有真正的血肉之軀，能獲得最後勝利！

初嘗獲利的滋味

2002年1月，亞馬遜宣布季度財報，破天荒嘗到獲利的滋味，儘管淨收益只有500萬美元，然而象徵意義遠大於實際數字。亞馬遜的行銷成本降低，來自英國與德國的海外營收增加，利用亞馬遜平台的第三方賣家銷售額則占該公司所有訂單的15%。值得稱許的是，不管是用有爭議的擬制性會計或傳統會計來算，亞馬遜都有盈餘。

亞馬遜終究可以向全世界宣告，他們不是曇花一現的網路公司。在盤後交易，公司股價一飛沖天，大漲25%，自此不再在個位數打滾。亞馬遜的新公關人員薩維特（Kathy Savitt）告訴貝佐斯，她想把最近有關公司的一些正面報導剪下來裱框，掛在辦公室的牆上。但貝佐斯說，他寧可把負面報導裱框，像《霸榮》那篇以「亞馬遜．炸彈」為題的封面故事。在人人稱頌亞馬遜之時，貝佐斯希望員工記住那篇文章，永懷戒慎恐懼之心。

亞馬遜自始至終仍不明白他們的資產負債表問題出在哪裡，但公司還是轉危為安。翌年的第一季，即使沒有假期效應，亞馬遜的銷售額仍突破10億美元的大關，為這一年的獲利鋪好了路。公司最早在1998年募集的債券儘管還要五年才到期，他們還是決定全額支付給債券的持有人。

正當他們要宣布這件事的時候，財務部有人想知道他們的仇家蘇里亞在想什麼。大家又想起「milliravi」這個字，也就是離譜的計算錯誤。會計長皮克（Mark Peek）開玩笑說，他們該設法把這個字嵌在新聞稿中。每個人都覺得這個點子很棒，包括貝佐斯在內，他們於是開始用電子郵件討論。股東服務部的主管史通還問貝佐斯，他是否當真。貝佐斯說，他當然是認真的。

因此，在2003年4月24日，亞馬遜召開記者會，宣布當季盈餘，然而股東、分析師和記者都被這樣的標題搞得一頭霧水：「有意義的創新引領、發動、激發亞馬遜不斷改善顧客服務。」（Meaningful Innovation Leads, Launches, Inspires Relentless Amazon Visitor Improvements.）

把原文每個字的第一個字母合起來，就是milliravi。這一句明明是簡單、平實的英文，但好幾個分析師和記者看了半天，仍看不出其中暗藏的玄機。事實上，只有亞馬遜內部的人才知道是什麼意思。對貝佐斯和亞馬遜的員工而言，這代表第一次關鍵性的戰役。

他們終於打贏了這一仗。

第二部 文學的靈光

達志影像

05
火箭小子

在網路泡沫破滅後的低潮期，貝佐斯不只駁斥蘇里亞和其他看衰亞馬遜的人，拿出轉虧為盈的鐵證讓他們啞口無言，甚至偷偷地在新聞稿中暗藏勝利密碼。同樣地，他不只在書市擊潰邦諾，也時常暢談亞馬遜在成立之初，如何把邦諾裡的咖啡店當成他們的會議室。

貝佐斯的老朋友和同事提到他的爭強好勝，非把敵人擊潰不可的性格時，常常會提到從前，也就是貝佐斯的童年，那幾乎是五十年前的事了。

貝佐斯生於一個幸福之家，父親邁克與母親賈姬對他非常寵愛，他和弟弟馬克、妹妹克莉絲蒂娜的感情很好。表面上看來，這一家人像其他幸福家庭一樣，似乎沒什麼特別的。

但在這平凡的童年之前，也就是他的幼年時期，有段時間他曾與母親和外公、外婆同住，剛出生時，他是和他的母親及生父約根森（Ted Jorgensen）一起生活。貝佐斯告訴《連線》（*Wired*），他十歲那年，父母才向他坦白，邁克不是他的親生父親。差不多在這時，他發現自己的視力不良，必須戴眼鏡。他說：「我為身世的事哭了一場。」[1]多年後，他上了大學，一度向母親質問自己的身世，他提出很多尖銳的問題。日後，兩人都不願提起那次對話的細節。貝佐斯只是說，他最後擁抱母親說：「媽，妳真的很了不起。」[2]

貝佐斯說，有一次他必須在健康紀錄表上面填寫家庭病史，才想起生父約根森。1999年，他在接受《連線》訪問時說道，他未曾見過他的生父。嚴格來說，這並非事實。他最後一次見到生父，是在他三歲時。

貝佐斯是否因為幼年有這麼一段坎坷的身世，因此激發他的才智、雄心，使他不斷想要證明自己的能力，我們當然不得而知。另外兩位科技界偶像人物，蘋果的賈伯斯與甲骨文的艾利森也是養子。有人認為這樣的身世就是他們成功的動力。

以貝佐斯而言，在他還很小的時候，父母和老師已發現這個孩子很特別——他擁有非凡的天賦，而且會不斷驅策自己，朝向目標前進。他的童年就像發射台，讓他像火箭一樣一飛沖天，最後成為成功的企業家。他剛好也對太空探險有著不滅的興趣，或許有一天真能夢想成真，在太空中遨遊。

生父約根森

希歐多爾．約翰．約根森（Theodore John Jorgensen）小名泰德，是個馬戲團員，他的單輪車特技在60年代的阿布奎基（Albuquerque）轟動一時。當地報紙的檔案還留存了一張他當年表演時的彩色照片，充分顯現他年輕、矯健的身姿。還有一張黑白照則是刊登在1961年的《阿布奎基日報》上，那年，他才十六歲，站在單輪車踏板上，神情專注，一手扶著座椅，另一隻手擺了個帥氣的姿勢。照片下方有一段介紹，說他是當地單輪車俱樂部成員中最多才多藝的一位。

那年，阿布奎基一家自行車店老闆史密思（Llyod Smith）找約根森和其他六個單輪車手組成一支單輪車馬球隊，他們像騎馬一般騎著單輪車、拿著球桿打馬球，到處征戰，在加州新港灘（Newport Beach）和科羅拉多州博爾德（Boulder）都獲得勝利。報紙還報導了博爾德的賽事：四百名左右的觀眾在酷寒的天候下，前往一家購物中心停車場，觀看兩隊人馬在十幾公分厚的冰上，揮舞長約九十公分的塑膠球桿，追逐一顆直徑十五公分的小塑膠球。[3] 約根森的隊伍分別以3:2和6:5擊敗對手。

1963年，約根森所屬的單輪車團再度出現在報紙上。他們成了單輪車牛仔，在鄉村市集、運動會和馬戲團表演中演出。他們一邊騎車一邊跳方塊舞、吉魯巴，還會旋轉、跳繩，在高空鋼索上騎車的特技表演。這些都需要真功夫，因此他們經常練習，每週在史密思的店裡排練三次，還要上兩次的舞蹈課。有位成員在接受《阿布奎基論壇報》採訪時說：「我們必須快如閃電，同時還得展現曼妙的舞姿。」[4] 林林兄弟馬戲團（Ringling Brothers）來本地表演時，單輪車牛仔也上陣了。1965年春天，他們又跟隨魯德兄弟馬戲團（Rude Brothers Circus）表演了八場。他們還向好萊塢進軍，曾上「蘇利文秀」（Ed Sullivan Show）的節目。可惜，最後沒能走紅。

約根森生於芝加哥，父母都是浸信會教徒。他和弟弟戈登上小學的時候，他們一家搬到阿布奎基。約根森的父親在桑迪亞（Sandia）核武器裝配廠擔任採購，祖父是來自丹麥的移民，也是美西戰爭倖存的老兵。

約根森上高中時，和小他兩歲的學妹賈姬．吉斯（Jacklyn Gise）約會。賈姬的父親也在桑迪亞工作，因此雙方父親互相認識。賈姬的父親是羅倫斯．培斯敦．吉斯（Lawrence Preston Gise），朋友都叫他培斯敦。他在美國原子能委員會的地方辦事處擔任主管。該委員會原歸軍方掌控，在第二次世界大戰戰後，杜魯門總統簽署了原子能法案，將之歸為政府機構。

約根森剛滿十八歲、高中畢業那一年，女友賈姬懷孕了。賈姬只是個十六歲的高二女生，但小倆口打得火熱，已決定結婚。賈姬的父母給他們一筆錢，讓他們飛到墨西哥的華雷斯（Juárez）成婚。幾個月後，也就是在1963年7月19日，他們又在女方家辦了一次婚禮。由於賈姬未成年，由母親當她的法定代理人，與約根森一起申請結婚證明書。1964年1月12日，寶寶出生，他們為他取名為傑弗瑞．培斯敦．約根森（Jeffrey Preston Jorgensen），小名傑夫。

這對新手父母在阿布奎基市區的東南丘租了間公寓，賈姬也完成高中學業。白天，母親瑪蒂幫她照顧寶寶。所謂貧賤夫妻百事哀。約根森一直是個窮光蛋，他們唯一的財產就是一輛1955年出廠的奶油白雪佛蘭老車。單輪車表演的收入很少，賺來的錢當然是自行車店的老闆史密思抽最多，剩下的才給成員平分。約根森最後在環球百貨找到一份時薪1.25美元的工作。賈姬偶爾也會帶寶寶去逛那家百貨店。環球百貨是渥爾格林百貨（Walgreens）的分支，主打廉價商品，可惜沒能發展起來，後來量販市場才出現沃爾瑪和Kmart等零售巨人。

約根森和賈姬未滿二十歲就結婚，兩人都不夠成熟，這場婚姻一開始就有很多問題。約根森很愛喝酒，常跟狐群狗黨狂飲到半夜，不管是做父親或為人丈夫，都不及格。他的岳父想拉他一把，幫忙付了新墨西哥大學的學費，但他念了幾學期就輟學了。好心的岳父又幫他在新墨西哥州警局找到一份差事，但約根森沒多久就做不下去。

最後，賈姬帶著孩子回桑迪亞，跟父母一起住。1965年6月，寶寶十七個月大的時候，她申請離婚。法院判決約根森每月必須支付40美元的撫養費；根據法院紀錄，當時約根森每月收入為180美元。在之後幾年，約根森偶爾會去看兒子，但很少按時付撫養費。他沒錢，連三餐溫飽都大有問題。

後來，賈姬開始跟別的男人約會。約根森來看兒子的時候，有時會碰到那個男的，為了避免尷尬，兩人盡量迴避。約根森四處探聽，聽說他是個好男人。

1968年，賈姬打電話給約根森，說她要再婚，搬到休士頓。她說，約根森可以不付撫養費，但希望兒子改跟新丈夫姓，變成他的養子。她要求約根森不要再來打擾他們。差不多在同時，賈姬的父親也去找約根森談，要他答應離賈姬和他們的兒子遠遠的。但賈姬的新丈夫要收養她兒子必須取得生父約根森的同意，約根森想了又想，覺得兒子還是跟賈姬和她的新丈夫一起生活比較好，就答應他們的請求。

幾年後，約根森與這一家人失去連絡，甚至連他們姓什麼都忘了。幾十年來，他一直不知道這個兒子後來怎麼了，當年的遺憾也一直困擾著他。

追求自由、熱愛工作的繼父

1959年爆發的古巴革命，攪亂了少年米格爾·安赫爾·貝佐斯·佩瑞茲（Miguel Angel Bezos Perez）的人生。貝佐斯這位未來的繼父曾在古巴東南聖地牙哥一所耶穌會教士辦的名校朵若雷斯學院（Colegio de Dolores）就讀。革命之後，巴蒂斯塔政府垮台，卡斯楚（他也是朵若雷斯學院畢業的）以社會主義青年團替代學校，私人企業紛紛關閉，米格爾·貝佐斯的父親和叔叔經營的木材工廠也難逃噩運。以前，每天早上米格爾都在工廠工作，現在只能在街上遊蕩。他說：「我們做了些不該做的事，像是寫反卡斯楚的標語。」

父母知道他做的這些事，擔心他會惹上麻煩，於是和當時很多古巴父母一樣，準備把十幾歲的孩子送到美國。

米格爾的父母等了一年，才透過天主教會的協助為愛子取得護照。米格爾的母親擔心北方天候寒冷，於是和米格爾的妹妹把舊毛衣拆掉，重織了一件給他。米格爾就穿著那件毛衣去機場。（他後來把這件毛衣裱框，掛在亞斯本家裡的牆上。）母親開車送他到機場附近，然後把車停在附近的停車場，看飛機起飛。一家人都以為這只是暫時別離，等到古巴政局安定，一切又可回復到從前。

1962年，十六歲的米格爾·貝佐斯孑然一身來到邁阿密。他只會一個英文字，也就是hamburger（漢堡）。他是透過天主教會的人道救援任務「彼得潘行動」來到美國的。這個計畫幸賴美國政府大力贊助，1960年代初期古巴成千上萬名青少年才得以逃離卡斯楚的魔爪。

米格爾是年紀最大的一個。天主教福利局送米格爾到南佛羅里達的麥特庫梅營區（Matecumbe），和四百名左右的流亡少年在此接受庇護。到了營區的第二天，他就遇見堂弟安赫爾，讓他喜出望外。米格爾說：「我們就此形影不離。」

幾個星期之後，他們被叫到辦公室，營區的人給了他們行李箱和厚重的夾克，然後把兩人一起送到德拉瓦州威明頓（Wilmington）的團體家屋。米格爾回憶說：「我們面面相覷，說道，這下子完了。」

米格爾和他的堂弟等二十多個流亡少年來到了薩雷斯之家（Casa de Sales）。負責照顧他們的是年輕神父白恩斯（James Byrnes）。白恩斯的西班牙語說得很流利，偶爾喜歡喝一杯伏特加湯尼。那裡的孩子後來才知道白恩斯神父剛從神學院畢業，然而還是對他十分敬畏，視他為權威人物。白恩斯教他們英語，要他們認真讀書，在這些少年每週六完成交辦事項後，就給每人50美分，讓他們在星期六晚上去參加舞會。

米格爾和安赫爾的室友亞伯特（Carlos Rubio Albet）說：「我們永遠也無法報答白恩斯神父為我們做的一切。他照顧我們這群不會說英語、離鄉背井的孩子，把我們變成一家人。還記得1962年我在美國過的第一個耶誕節，他要我們每一個人都準備禮物，放在樹底下。」那年10月爆發古巴飛彈危機，足足持續十三日，人人神經緊繃，薩雷斯之家那些孩子知道，他們短期內回不了家了。

雖然白恩斯神父的管教嚴格，那些孩子卻過得很開心，日後他們從各地回來和神父重聚，都說在薩雷斯之家那段日子是他們生命中最快樂的時光。少年米格爾特別喜歡開一個玩笑。如果有人剛來到這裡，他會假裝又聾又啞，咿咿呀呀地指著餐桌上的東西。過了幾天，如果有漂亮女孩從他們身邊經過，他就會突然站起來，叫道：「天啊，這女孩好正！」讓那個新來的孩子嚇一大跳。這時，他的朋友就會齊唱：「這是神蹟！」然後，每個人都笑得前仰後翻。

米格爾在一年後離開薩雷斯之家，成為阿布奎基大學的新鮮人。這所天主教大學現已廢校，然而當年曾提供全額獎學金給古巴難民。米格爾為了多賺一點錢，在新墨西哥銀行值大夜班。這時，剛離婚的賈姬．吉斯也在該銀行的會計部上班。兩人上班時間有一小時重疊。米格爾用古巴腔濃重的破英語約她出去，賈姬一再客氣地拒絕，但最後還是答應了。他們第一次約會去看了電影「真善美」。

米格爾從新墨西哥大學畢業之後，1968年4月與賈姬在阿布奎基的第一公理會教堂結婚。婚宴在桑迪亞基地的柯洛納多俱樂部（Coronado Club）舉行。米格爾在艾克森石油公司找到第一份工作，任職工程師，他們因此搬遷到休士頓，後因不斷調派，足跡遍布三大洲。

賈姬的兒子已經四歲，也正式改名為傑弗瑞（傑夫）．培斯敦．貝佐斯，並開始叫米格爾爸爸。一年後，賈姬與米格爾的女兒克莉絲蒂娜出生，再過一年，又多了個兒子馬克。

貝佐斯和弟弟、妹妹從小到大看父親努力不懈地工作，似乎不會感到倦怠，父親也經常說他很愛美國，感謝這個國家給他機會和自由。米格爾後來改名叫邁克，他承認他是自由主義者，對政府干預私人生活和民間企業的做法很反感。雖然他們一家在飯桌上不討論政治，話題都圍繞著孩子，他說：「大人的政治思想當然對家中成員有耳濡目染的效果。不管是左派、右派或是中立派，只要政府採取極權主義，我都無法忍受。也許，我這種政治立場對我的孩子產生影響。」

資優少年貝佐斯

所謂從小看大，賈姬回顧往昔，發現從貝佐斯兒時的幾件事就可看出這孩子非比尋常。比方說，貝佐斯在三歲大的時候，就堅持要跟大人一樣睡真正的床，甚至拿螺絲起子把自己的嬰兒床拆了。還有一次，賈姬帶他去公園在湖上坐旋轉船。其他小孩都在跟媽媽揮手，他則目不轉睛地看著纜線和滑輪是怎麼運作的。

小貝佐斯在蒙特梭利幼稚園就讀時，老師曾經跟他的父母說，這孩子不管做什麼事都非常專注。如果要他換到另一個地方，得連人帶椅子一起把他搬過去。那時，賈姬只有貝佐斯這麼一個孩子，還以為所有的孩子都是這樣。她說：「在當時的教育環境之下，『資優』還是個新鮮詞兒，對一個二十六歲的母親來說，更是如此。我知道這孩子很早熟，意志堅定，不管做什麼都很專注。你可以看出，直到現在，他完全沒變。」

貝佐斯八歲時參加學科測驗，拿到高分，父母於是讓他進橡樹河小學，接受「先鋒計畫」的資優教育，學校離他們的家約有半小時車程。貝佐斯在學校表現突出，像雷伊這樣的貴賓為了寫作《引爆天才》一書到學校參觀，校長就派他當小接待員。當地一家公司的電腦主機有多餘的資源分給學校使用，小貝佐斯就和幾個同學利用學校走廊的電傳機連上那家公司的主機。他們自學程式，後來在主機上找到最初的「星艦奇航」遊戲，好一陣子沉迷其中。

那時，貝佐斯的父母擔心他會變成書呆子。賈姬說，為了讓他在各方面有良好的發展，「克服自己的短處」，於是讓他加入幾個青少年球隊。貝佐斯是棒球隊的投手，但沒有人知道他會把球投到哪裡。他的母親只好把床墊綁在籬笆上，規定他只能往那裡投。

儘管他討厭美式足球，體重也差點達不到加入球隊的標準，父母還是要他參加。教練要他當後衛隊長，因為他能記住複雜的戰術和每個人的位置。貝佐斯說：「我對美式足球一點興趣也沒有。在這樣的比賽中，每個人都要把我壓在地上，真是討厭。」然而，基於強烈的好勝心，他所屬的噴射機隊在冠軍賽輸了之後，他難過得痛哭流涕。[5]

儘管經常打球，貝佐斯還是很喜歡看書、看電視等靜態娛樂。他們在休士頓的家，最愛看「星艦奇航」影集。貝佐斯和弟弟、妹妹下午放學回來，常看重播。賈姬說：「我們都是星艦迷，貝佐斯甚至迷到能把台詞倒背如流。」

外公吉斯是精神導師

「星艦奇航」觸發貝佐斯對太空探險的著迷。自從五歲那年，他在家裡那部老舊黑白電視看阿波羅11號登陸月球，就對太空非常嚮往。他的外公在二十年前曾任職軍方的尖端研究計畫署（ARPA，即現在的DARPA），也對太空探險深深著迷，常講述火箭、飛彈的故事和太空旅行的神奇。

1968年，貝佐斯的外公那年五十三歲，與官僚、強悍的華盛頓長官大吵一架，憤而辭去美國原子能委員會的職務，和太太瑪蒂一起回娘家，在德州科圖拉（Cotulla）的農場生活。因此，貝佐斯從四歲開始到十六歲，每年都會去外公、外婆的農場過暑假，也幫外公幹活。那裡很偏僻，離最近的商店或醫院有一百六十公里遠。

貝佐斯的外公吉斯在第二次大戰期間，曾在美國海軍擔任少校。外公等於是貝佐斯的精神導師，灌輸他自立自強和機靈應變的精神，也教他從骨子裡痛恨效率低落。賈姬談到她的父親時說道：「幾乎沒有他不能自己做的事。他認為不管什麼問題，都可以在車庫裡解決。」貝佐斯曾和外公一起修理風車、閹公牛、填平泥巴路，甚至設計自動門，以及一部吊車，可把壞掉的D6型履帶式堆土機的零件吊起來。

吉斯外公喜歡自己動手做固然不錯，但是有時似乎走火入魔。有一次，他養的忠心耿耿的獵犬史派克，尾巴被車門夾傷，末端不得不切除。附近的獸醫都專精醫治牛隻等大型家畜，很少醫狗。吉斯外公認為，他在自家車庫幫史派克手術即可，但後來他說：「沒想到狗的尾巴也會血流如注。」

外公不只教貝佐斯在農場幹活、幫動物手術，也要孫子認真讀書，成為有學問的人。他常帶孫子到當地的圖書館，接連幾個暑假，小貝佐斯已讀了許多大部頭的科幻小說，那些書都是那裡的一個居民捐贈的。少年貝佐斯讀了凡爾納（Jules Verne）、艾西莫夫（Isaac Asimov）和海萊因（Robert Heinlein）等人的經典之作，開始幻想星際旅行，立志長大之後當太空人。外公也教他下棋，貝佐斯常輸得很慘，賈姬請老爹高抬貴手，讓小孩子贏一局，結果老爹說：「他遲早會打敗我的。」[6]

貝佐斯的外公、外婆也教他要常懷一顆憐憫之心。

幾十年後，也就是在2010年，他在普林斯頓大學對畢業生演講時提到這段故事。每隔幾年，貝佐斯的外公、外婆就會開著車，後面拖著一台露營車，和其他露營車車主組成車隊一起旅行。有時，他們會帶貝佐斯一起去。貝佐斯十歲那年也去了，坐在後座的他為了殺時間，開始做心算。他曾在反菸公益廣告看過香菸危害健康的統計數字，他算了一下，發現外婆如果繼續抽菸，將會減少九年的壽命。他於是把頭探到前座，講述他得到的這個結果。沒想到外婆聽了，流下淚來。接著，外公把車停在路邊。

他的外婆那時已經罹癌多年，幾年後不敵病魔，與世長辭。貝佐斯在普林斯頓大學的演講中提及這段往事：

我外公下了車，打開後座車門，等我下來。我是不是做錯了什麼？外公是個很有智慧但不多話的人。他一向對我很好，沒說過一句重話，但這次，他會不會開口責備我？會不會要我回到車上，去跟外婆道歉？我和外公、外婆不曾有過這樣的磨擦，不知道結果會如何。我跟著外公走，走到露營車旁。外公看著我，靜默了半晌，語重心長地對我說：「傑夫，總有一天，你會了解，做個仁慈的人，要比當個聰明人更難。」

貝佐斯十三歲那年，父親被艾克森石油調到佛羅里達的潘沙科拉（Pensacola），因此舉家搬遷到該地。當地的中學有資優班，只是新生必須等候一年才能進入，但賈姬決心要讓兒子直接加入。儘管多次遭拒，她還是不屈不撓，堅持只要校方評量貝佐斯的表現，他們就知道該讓這孩子進資優班。[7]貝佐斯的好友魏斯坦（Joshua Weinstein）說道：「如果你想知道貝佐斯為什麼可以成功，看看他母親就知道了。沒有人比她更強悍，然而她也是最溫柔和忠誠的女人。」

那時，賈姬才三十歲，而她的大兒子已進入青春期。她很了解兒子，也讓他盡量發揮。貝佐斯夢想成為像愛迪生那樣的發明家，只要他想去附近的無線電屋（Radio Shack）買材料，她就會載他去。貝佐斯曾設計過很多新奇的東西，包括機器人、氣墊船、太陽能爐子，以及可把弟弟、妹妹趕出房間的裝置。貝佐斯後來說：「我用鬧鐘在家裡設了很多陷阱，有些不只是會發出聲響嚇人，而是真的陷阱。有時，我擔心爸媽一打開門，會有十幾公斤的釘子掉下來，砸在他們頭上。」[8]

貝佐斯偶爾會幫忙照顧弟弟和妹妹。賈姬說：「我們要他帶弟弟和妹妹去看電影，但那兩個小的回來之後，說道：

『哥哥笑得太大聲了，真令人難為情。我們看的是迪士尼的電影，但只聽到他一個人的笑聲。』」

這一家在潘沙科拉住了兩年，又隨邁克的調派搬到了邁阿密。十五年前，邁克從古巴來到這裡，當時還是個身無分文的難民。現在，他已是艾克森石油公司的主管，在達德郡（Dade County）富裕的棕櫚社區買了棟漂亮房子，裡面有四個房間，後院還有游泳池。

當時邁阿密並不安定，政府正在當地展開全面緝毒戰。1980年，大批古巴難民從馬列爾港（Mariel）乘船逃離共產黨的統治，前來美國。然而，那個時期的暴力與動亂並未擾亂貝佐斯的平靜世界，也未妨礙他在這裡交新朋友。

貝佐斯在邁阿密棕櫚高中就讀，加入學校的科學和西洋棋社團。他開著一部沒有冷氣的藍色福特獵鷹旅行車，不管做什麼都很拚命，留給同學非常深刻的印象。住在他家附近的魏斯坦說道：「他極度專心，不像是瘋狂科學家那樣，而是對某些事情瘋狂專注。他非常有紀律，因此做什麼都能成功。」魏斯坦是他高中認識的好友，兩人至今仍是至交。

貝佐斯社交廣闊，朋友常在他家聚集。他們在他家車庫打造了一部科學社的花車，畢業舞會之後就在花車上開慶祝派對。儘管貝佐斯的母親賈姬還很年輕，這群孩子都很尊敬她，也常見到她。賈姬和魏斯坦的媽媽組織了一支社區巡邏隊，就在自己的家開會。賈姬也有嚴格的一面。有一次，貝佐斯和朋友在高速公路被州警開罰單，她要貝佐斯打電話給車上的每一個朋友，向他們道歉。

青少年時期的貝佐斯很少頂撞母親。賈姬記得，他在高三那年，有一次因為某個意識型態的問題和父親展開激烈的辯論。至於到底辯論什麼，現在已不記得了。父子發生爭論的時間是在晚上十點左右，兩人都不願讓步。結果吵了起來，邁克之後回到自己房間，貝佐斯則待在一樓的浴室。那時，南佛羅里達很多人家會在一樓的浴室多開一扇通往後院的門。賈姬讓他們父子倆靜一靜，再看他們的火氣消了沒。她說：「邁克一直待在房裡，表情悲傷，像是失去最好的朋友。」她接著下樓，敲敲浴室的門，無人回應，但門還鎖著。她繞到後院，打開浴室的另一扇門，發現裡面空無一人，但家裡的車子都還在。「我擔心死了。那時是平日午夜，他一個人跑出去。我意識到情況不對。」

賈姬在想下一步怎麼做時，家裡的電話響了，是貝佐斯打回來的。他在附近一家醫院，用付費電話打來的。他說他很安全，不想讓媽媽擔心，但他還不想回家。賈姬最後才說服他，讓她開車去載他回來。他們經過一家通宵營業的餐廳，在裡面談了好幾個小時，貝佐斯好不容易才肯回家。回到家的時候，已過了凌晨三點，天亮後他還得去上學。看來他一夜沒睡。第二天早上，邁克準備去上班的時候，在公事包裡發現一封兒子寫給他的信。至今，他還留著這封信。

強烈的好勝心

貝佐斯念高中的時候，打了很多零工。有一年暑假，他在當地的麥當勞當油炸工，也學了不少廚藝，包括用單手打蛋。很少人知道，他曾幫助過一位古怪的鄰居，那鄰居打算飼養倉鼠來賣。貝佐斯幫她清洗倉鼠籠子，餵這些小動物飼料，但是不久他就發現，他多半的時間都在聽那個鄰居吐苦水。顯然，那個鄰居把他當知己。有一次，鄰居竟然打電話到學校找他，把他從課堂上拉出來，說自己又碰到麻煩了，想跟他討論應該如何是好。這件事被賈姬發現了之後，就禁止兩人往來。

貝佐斯高中時期的朋友都說，他的好勝心簡直強烈到令人匪夷所思的地步。他連續三年拿到學校的科學獎，有兩年獲得數學表現最佳獎，並以無重力環境對家蠅的影響榮獲全州科展大獎。他曾向同學宣布，他想在畢業典禮上代表全校六百八十名畢業生致詞。為了這個目標，他更拚命用功，希望以更傑出的成績來爭取。魏斯坦說：「對其他學生來說，這件事根本沒那麼重要，但貝佐斯還是卯足了勁，比任何人都努力。」

貝佐斯高中時的女友韋納（Ursula Werner）說道，他是個很有創意，而且很浪漫的人。為了慶祝她的十八歲生日，他花了好幾天設計一個尋寶遊戲，讓她去邁阿密的一些地方，做一些尷尬的事，例如去銀行提領一百萬個1分錢硬幣，以及去家得寶店內某一間廁所的馬桶蓋下面尋找線索。

貝佐斯在麥當勞的廚房與油煙奮戰了一個暑假後，就不想再做任何低薪工作了，於是和韋納創立「夢想學院」，為十歲大的小朋友設計為期十天的暑期課程，包括研究《格列佛遊記》、黑洞、核威懾等，貝佐斯也拿出家中的蘋果二號電腦教他們使用。

根據貝佐斯發給家長的傳單，此課程強調將「以新的思考方式來研究一些舊領域的問題」。韋納說，她父母對這個點子嗤之以鼻，懷疑有人會來上課。但貝佐斯的父母卻大力支持，立刻幫貝佐斯的弟弟和妹妹報名。韋納說：「我覺得貝佐斯的父母總是鼓勵他，培養他的創造力。」

貝佐斯在邁阿密棕櫚高中成績優異，很早就取得普林斯頓大學的入學資格，不只代表畢業生在畢業典禮上致答詞，還獲得了銀騎士獎，這是由《邁阿密先驅報》贊助的獎項，也是佛羅里達州高中生所能獲得的最高榮譽。韋納說，貝佐斯拿著銀騎士獎學金的支票去銀行存款，行員看了半天，問道：「《邁阿密先驅報》為什麼要給你這筆錢？」貝佐斯趾高氣昂地說：「我得了銀騎士獎。」

貝佐斯自己草擬畢業致答詞，賈姬幫忙打字，她一看就知道這個高中生有遠大的夢想。至今，賈姬還保留這份稿子。貝佐斯在致答詞中提到「星艦奇航」的經典片頭語「太空，人類的終極邊疆」，也談到在環繞地球的太空站建立人類的永久居住地，以解決地球生活的困境，同時希望把地球變成巨大的生態保育區。

但這些並非只是天馬行空的想法，而是貝佐斯的遠大目標。韋納說：「不管他預見自己的未來是何種光景，必然和財富有關。如果沒有財富，他就不能完成夢想。」貝佐斯究竟想要什麼？曾有記者為了更加了解這位網路鉅子，在1990年代連絡上韋納。她說：「他賺這麼多錢，就是為了上太空。」

總有一天要上太空

2000年，正當亞馬遜一邊與懷疑網路商機的人奮戰，一邊努力交出及格的資產負債表，貝佐斯發現他的財富大幅縮水，從先前的61億美元，掉到20億美元。[9] 儘管如此，20億美元仍是龐大的數目，足以使他躋身世界富人榜。貝佐斯親眼看到科技、耐心與長遠思考使他獲得豐厚的報酬。因此，雖然全世界的人對亞馬遜未來的發展疑慮不斷，他還是祕密成立了一家新公司，致力於太空探險，並在華盛頓州註冊。

貝佐斯把新的太空實驗室列為機密，但不少亞馬遜的同事已知他打算向太空進軍的雄心。1990年代，他就曾跟亞馬遜的公關主管丹嘉德提過。丹嘉德於是把太空計畫悄悄納入亞馬遜的品牌中，讓貝佐斯龍心大悅。她甚至在艾迪．墨菲的電影「星際冒險王」推出之前，和電影公司談了一個置入性行銷案，讓亞馬遜的商標出現在月球上。然而，她在讀了電影腳本之後，才發現這是部爛片，於是打退堂鼓。1999年，丹嘉德還設法說服NASA，讓發現者號太空梭上的太空人在繞行地球時，上亞馬遜的網站訂購耶誕節禮物給親朋好友。NASA一開始表示有興趣，但後來覺得這種做法太商業化而拒絕了。

貝佐斯也曾向亞馬遜最早的投資人漢奧爾吐露這個夢想。在公司成立的頭五年，漢奧爾也是非正式董事會成員之一，他說：「貝佐斯堅信，自己總有一天可以上太空，這一直是他的人生目標之一，這就是為什麼他每天一大早就開始工作。他對自己的要求一直這麼嚴格。」

回顧過去，對太空計畫深藏不露的貝佐斯似乎偶爾會露一點口風，來吊媒體的胃口。他在1999年接受《連線》的採訪時，說到他對地球長遠的福祉憂心忡忡。「我很樂意盡一己之力。我想，我們都是同一個籃子裡的雞蛋。」[10]2001年，他又對《高速企業》(*Fast Company*)的記者說，如果《沙丘》(*Dune*)*這部小說不是「虛構」，人類真的能像書裡描述的那樣移民到其他星球，那就太棒了。

2000年時，我採訪貝佐斯，問他在讀什麼書。他提到了祖賓(Robert Zubrin)的《上太空》(*Entering Space*)和《移民火星》(*The Case for Mars*)。在採訪的最後，我問在矽谷的創業家何時將會大膽創立私人的太空探險公司；這是在PayPal創辦人馬斯克(Elon Musk)創辦了火箭公司SpaceX兩年前的事。貝佐斯拐彎抹角地答覆我：「技術上來說，非常困難。這樣的投資在短期內很難回收。但我認為，是的，或許現在就有人在做……如果你參加創投會議，沒有人會談到這點。即使說冷門，也過於誇大，不足以形容這個領域的冷。」

2002年，貝佐斯在亞馬遜公布了他的「願望清單」，每個人都可以從這張清單看出他喜歡讀什麼樣的書。這張書單包括：佛尼斯(Tim Furniss)的《太空飛行器的歷史》(*History of Space Vehicles*)、華德(Peter Douglas Ward)與布朗李(Donald Brownlee)合著的《地球是孤獨的》(*Rare Earth*)等。

2003年2月，我到加州蒙特利參加了TED年度大會，一個以科技與設計為主題的盛會。我聽到有人在閒聊時提到西雅圖

* 譯注：美國作家赫伯特(Frank Herbert)所寫的科幻小說，共六部。

有一家名叫「藍色」(Blue)的太空公司。一個月後，貝佐斯和他的律師搭乘直升機，在德州西部阿爾平(Alpine)附近發生意外，幸好只受到輕傷。那裡方圓數百里皆是一片荒地。根據美國聯邦航空總署發布的航空事故報告：「直升機起飛時，尾管撞到了樹，機身因而傾斜，栽進小溪。機上的三位乘客都受傷了，被送到附近醫院治療。傷勢不重，沒有生命危險。」

貝佐斯接受《時代》訪問時，提到他在事故發生當時只有一個念頭：這種死法實在愚蠢極了。我們後來才知道，他會在德州搭直升機，是為了想在那裡買塊地，建造一座農場。由於他在外公、外婆位於科圖拉的農場長大，希望他的孩子將來也能體驗這樣的農家生活。

然而，他也在找尋一個可以蓋發射台的好地方。

在直升機事故發生時，還沒有人知道貝佐斯創辦了一家太空探險公司。然而，根據前面所述的蛛絲馬跡，我還是嗅出了一點端倪。

事故發生後，我搜尋華盛頓州的公司資料庫，看是不是真有一家叫「藍色」的公司。結果找到一家名為「藍色行動有限責任公司」(Blue Operations LLC)，地址登記在西雅圖南十二大道1200號——這裡正是亞馬遜的總部。這家公司的網站看起來神祕兮兮的，正在招募專精推進器和航空電子學的工程師。當時，我只是《新聞週刊》的小記者，得知這位網路億萬富豪可能正在祕密建造私人太空船，怎能不繼續追蹤這個頭條新聞？

於是，在2003年3月，我飛到西雅圖。我租了一輛車，在深夜開到「藍色」公司在華盛頓州登記的另一個住址，也就是在西雅圖南部工業區杜瓦密許水道（Duwamish Waterway）旁的一個倉庫，面積約有1,500坪，前門上方有個藍色雨棚，上有「藍源」（Blue Origin）這兩個白色的字。

雖然那時已是週末深夜，倉庫的燈還亮著，門口停放了幾部汽車和摩托車。倉庫的窗戶都遮起來，外面一個人都沒有，因此我什麼也看不到。空氣中飄散著河水和木材的氣味，我坐在租來的車子裡，想像神祕的太空飛船和億萬富豪贊助的火星計畫。除此之外，我什麼也不能做，真教人沮喪。一個小時後，我實在受不了了，於是下了車，靜靜地沿著街道散步，走到一個垃圾桶前，從裡面掏出一堆東西，丟進後車廂，然後回到駕駛座上。

幾個星期後，我為《新聞週刊》撰寫了第一篇有關「藍源」的報導，標題為〈太空中的貝佐斯〉。[11] 那天晚上，我真是太走運了。那堆垃圾裡竟然有一疊沾上咖啡漬的藍源計畫書草稿。我根據這份文件，報導該公司的長遠目標是在太空中建造一個適合人類永久居住的基地。公司正在打造一艘名為「新薛波德號」的太空船，此名源於探測水星的太空人薛波德（Alan Shepard），希望能把旅客送到大氣層的上層。這艘太空船設計獨特之處在於能夠垂直起飛，以及可控制垂直著陸的推進器，因此太空船可再利用，達到經濟效能。這家新創公司也贊助新推進器系統的前瞻研究，如波轉子以及由地面雷射光驅動的火箭。

從藍源的倉庫回來的幾天後，我發了一封電子郵件給貝佐斯，讓他知道我的發現，以及我打算在報導中揭露哪些細節，希望得到他的回應。雖然我把自己發送的郵件弄丟了，我在信中暗示他或許已對NASA的載人太空旅行計畫等得不耐煩了。我一直留存他當時回覆的信件：

布萊德：

我現在在外地出差，用黑莓機回覆你——希望你能收到。

關於藍源，現在要說什麼或評論什麼，都還言之過早，因為我們尚未做出值得評論的事。如果未來你仍對這個話題感興趣，我們要是做出值得討論的事，會記得告訴你。你知道的一些事，有些是正確的，有些則是錯的。我將針對一點澄清，因為你觸及了相當敏感的一點，可能會傷到NASA的人。

NASA是國家之寶，如果你說NASA讓我等得不耐煩，實在是胡扯。我對太空感興趣，單純是因為在我五歲時，看阿波羅11號登陸月球，就對太空非常嚮往。有多少政府機關能讓一個五歲的孩子心生感動？NASA對技術的要求極高，工作人員的風險也很大，然而他們一直努力不懈，不斷締造偉大的成就。如果小小的私人太空公司能夠有一丁點兒成果，那是因為他們站在NASA這個巨人的肩膀上。

舉例來說：你可以想像這些公司都是用複雜的電腦程式來分析結構、熱流和空氣動力學，而這些程式都是NASA經過多年不斷地精密測試、排除萬難才研發出來的！

傑夫

《新聞週刊》刊出我寫的這篇文章後，其他媒體也紛紛跟進，但藍源依然祕密行事。貝佐斯買到德州的農場後，即以名留青史的探險家命名（如庫克有限公司或科羅納多投資企業），如此一來就不至於洩露機密。他出高價向德州凡霍恩（Van Horn）一帶的地主購地，就在先前直升機出事的地點附近。[12] 到了2005年，他擁有的土地面積有1,170平方公里——大約是羅德島的三分之一。有一天，他臨時起意，走進當地的《凡霍恩報》（*Van Horn Advocate*）辦公室，宣布他即將興建太空發射中心的計畫，編輯驚訝得不知所措。

2011年，貝佐斯在卡內基美隆大學演講時提到，藍源的目標就是把人類送上太空的成本壓低，並提高技術的安全性。他表示，該公司團隊「致力於降低太空飛行的成本，以建造一個讓人可親自探索太陽系的未來。儘管進展緩慢，只要持續不斷地向前，假以時日，還是能克服挑戰。」

太空旅行的進展也許比貝佐斯及其火箭科學家一開始想像的要來得更緩慢。2011年，藍源的試驗飛行器失控，當時的速度是1.2馬赫，高度約為13,700公尺，結果在空中燃燒起來，變成一顆壯觀的火球，讓凡霍恩的居民不禁回想起挑戰者號太空梭的爆炸。貝佐斯在藍源的網站寫道：「這是我們都不願意看到的結果，但我們早就知道這個任務困難重重。」[13]

一年後，藍源的太空艙逃生系統試驗成功，也獲得了NASA的兩項贊助經費，總計超過2,500萬美元，以開發太空商業飛行的技術。創立SpaceX的網路鉅子馬斯克及維珍銀河公司（Virgin Galactic）身價億萬的老闆布蘭森，也和貝佐斯志同道合，正朝相同的目標努力。

貝佐斯的太空研究機構不對一般大眾和媒體開放。2006年，藍源總部搬遷到華盛頓州的肯特（Kent），也就是在西雅圖南邊三十二公里處，以擁有更寬敞的空間。據訪客描述，貝佐斯在那裡放了很多和太空有關的收藏品，像是「星艦迷航」裡的小道具、有史以來各種太空船的火箭零件和前蘇聯太空人穿過的太空裝等。那裡的工程師騎著賽格威（Segways）在近8,000坪的工作區來來去去。大樓中庭裡有一個太空船模型，那是按照維多利亞時代凡爾納小說中的描述等比例打造的，有駕駛艙、黃銅控制桿和19世紀的裝飾風格。訪客可入內，坐在天鵝絨座椅上，想像自己是尼莫船長和弗格先生那個時代的英勇探險家*。貝佐斯的朋友席立斯說道：「對有想像力的孩子來說，這就像精美的工藝品。」

貝佐斯就像其他偉大的企業家，如華德・迪士尼、亨利・福特和賈伯斯，把想像化為現實，使兒時的幻想成真。席立斯說：「對貝佐斯而言，太空旅行不只是2000年或2010年的機會，那是人類幾百年來和未來的夢想。貝佐斯已把自己和藍源視為太空發展史的一部分，下一步正是凡爾納書中描述的，也是阿波羅11號所成就的。」

貝佐斯毫不猶豫的承擔了追求這種夢想的責任。即使在他努力使亞馬遜重回正軌之時，他也擔負了新的責任，為藍源尋覓人才，用最有效率的方式分配時間，完成所有的任務。他為藍源設計了一枚紋章，上面刻著一句拉丁文：*Gradatim Ferociter*，意思是「循序漸進，勇往直前」。

這也是亞馬遜的指導原則：**只要不斷向前，就算目標看起來遙不可及，終有達成的一天。**挫折只是短暫的，如果有人唱衰你，別理他們就是了。

曾有記者問貝佐斯，既然他已擁有龐大財富，那麼驅使他繼續完成那麼多事情的動力又是什麼呢？貝佐斯答道：「別人對我抱的希望愈大，我就愈有動力前進。但願我能不負眾望。」[14]

* 譯注：尼莫船長（Captain Nemo）和弗格先生（Phileas Fogg）都是凡爾納小說中的人物，前者出自《海底兩萬里》，後者源於《環遊世界八十天》。

06
混沌理論

貝佐斯喜歡一肩扛起重責大任，但在2002年網路泡沫破滅後的衰退期，亞馬遜好不容易轉虧為盈，他終於了悟，光靠他一個人是不夠的。儘管此時批評亞馬遜的聲浪已漸漸變小，公司內部卻日益混亂，貝佐斯不得不好好整頓。

從各方面來看，亞馬遜已經發展成一家複雜的大企業了。至1998年底，已有二千一百名員工，到了2004年底，員工更多達九千人。在經歷網路公司大崩壞的考驗後，又開始向新的產品種類進軍，如運動用品、服飾、珠寶，也向海外擴展，如日本和中國。

公司規模變大，混亂也因運而生。每一家公司都會碰到這樣的關鍵時刻——內部結構就像青少年的舊鞋子，一下子變得不合腳了。公司愈大，愈有野心，結構變得更複雜，員工的協調性就會變差，效率低落。貝佐斯想要同時執行多項策略，然而，光是部門間的協調就沒完沒了。

在物流中心，混亂不是抽象的形容詞，而是實實在在的景象。系統常常出狀況，一癱瘓就是好幾個小時，地上老是亂七八糟地堆滿貨品，員工卻已見怪不怪。在瘋狂成長的初期，產品種類的增加已讓物流網絡措手不及。員工還記得，在1999年秋天，亞馬遜推出家居產品和廚房用具後，廚房刀具連防護包裝都沒有，不時會從輸送帶上掉下來。物流中心內部的軟體也無法應付突然新增的產品種類。明明入庫的是新玩具，電腦卻問：這是精裝書，還是平裝本？

亞馬遜希望董事會和員工上下一心，先後制定了「快速擴張」、「整頓門戶」等共同目標。但以公司現在的規模，喊出這樣的口號其實無濟於事。

在這段尷尬的成長期中，貝佐斯還是不願放慢腳步。他不斷提高賭注，不惜增加兩、三倍的籌碼，堅信終有一天，亞馬遜能變成一家應有盡有、無所不賣的商店。為了引導公司經歷這段轉型期，他建立了一個非正統的組織架構，並為它取了一個特別的名字。

為了解決物流中心的混亂狀況，他很倚賴威爾基。威爾基是個年輕主管，思路清晰、性子急，管理風格和貝佐斯如出一轍。供應鏈副總裁瓊斯說：「他們倆相輔相成。不管貝佐斯想要做什麼，威爾基都會竭盡所能貫徹他的意圖。看他們一搭一唱，實在很有意思。」

執掌物流網絡的關鍵人物威爾基

威爾基最初的任務是收拾前任留下來的爛攤子。在90年代末，萊特帶著一群從沃爾瑪挖角來的人，為亞馬遜設計了遍布全美的物流網絡，也建立了全世界首屈一指的大型物流中心。為了儘快達成貝佐斯立下的無限倉儲、隨時出貨的目標，他們只能急就章，每年年末總會陷入人手短缺的危機，不得不灑銀子在西雅圖瘋狂招募臨時工。瓊斯說：「那時真是一團亂。他們只會沃爾瑪那一套系統，處理五千捲衛生紙這樣的大訂單還可以，如果幾乎都是小訂單，就一個頭兩個大。」

威爾基來自匹茲堡郊區，父親是律師，父母在他十二歲時仳離。他在小學六年級時參加地區數學競賽，居然獲得第二名，這才發現自己具有數學天賦。他在十五歲時去拉斯維加斯的祖父母家，被賭場裡的電動撲克機台迷住了。回家後，他就用第一代個人電腦Timex Sinclair 1000（內部記憶體2KB）複製出一樣的撲克遊戲。儘管威爾基在校成績都是A，但輔導老師建議他還是別申請普林斯頓大學，因為他就讀的楔石橡樹高中（Keystone Oaks High School）尚無人申請上常春藤名校。但他依然提出申請，也錄取了。

1989年，威爾基以最優異成績自普林斯頓大學畢業，比貝佐斯晚了三屆。他接著進麻省理工學院，攻讀MBA和工程碩士的雙主修課程。這個課程叫做製造業領導人才育成計畫（現已改名為全球營運領導人培育計畫，簡稱LGO），是麻省理工學院的商學院、工學院與波音等大企業合作的專案，為了因應全球競爭培養管理人才而開辦的。威爾基在麻省理工學院的同學馬斯坦德瑞里（Mark Mastandrea），後來也跟隨威爾基到亞馬遜工作，他說：「威爾基是我遇過最聰明的人。碰到問題時，他總是最早找到解決方案。」

威爾基最先是在安達信企管顧問公司（Andersen Consulting）工作，後轉戰聯訊集團〔這家公司後來被漢威（Honeywell）併購〕，很快就晉升為副總裁，在執行長包熙迪（Larry Bossidy）一人之下，掌管該公司年營業額達2億美元的製藥事業。聯訊總部在紐澤西州莫里斯城（Morristown），威爾基在此致力貫徹「6標準差」（Six Sigma）的製程管理策略，以減少瑕疵品，提高產品質量。

早在1999年，萊特離去後，亞馬遜的招聘主管皮塔斯基（Scott Pitasky）就積極找人取代他（皮塔斯基後來成為微軟人力資源部主管）。皮塔斯基知道亞馬遜需要一位聰明才智與貝佐斯旗鼓相當，而且喜歡質疑每件事的人，於是想起他在聯訊的老同事威爾基。

有一次，威爾基到瑞士出差，皮塔斯基專程跑去找他，希望說服他來亞馬遜，執掌關鍵的物流網絡。皮塔斯基告訴威爾基，他有機會建立一個獨一無二的物流系統，為這個新興產業定位，而聯訊根本沒有這樣的機會。皮塔斯基還暗中運作，讓當時回東岸看孩子的營運長加利，在威爾基回國時跟他見面，地點約在杜勒斯國際機場附近一家飯店的餐廳。

那時威爾基才三十二歲，喜歡露齒而笑，戴著一副老式的眼鏡，看起來實在不像個有魅力的企業領導人。加利說：「他不是那種舌粲蓮花型的人，但他絕頂聰明，思慮周密，是供應鏈的專家，注重事實分析，做事講求精確，要求一次就把事情做好。」

初見面兩人一拍即合，後來加利又去紐澤西，拜訪威爾基和他太太莉柔。威爾基和加利都來自匹茲堡的中產階級。加利口才便給，激發威爾基對大規模物流的興趣。後來，威爾基也去西雅圖，接受貝佐斯和柯維的面試。不久，威爾基就來到亞馬遜擔任副總裁和全球營運部的總經理。威爾基離開聯訊之前，聯訊的執行長包熙迪剛宣布退休，兩人告別時，那位商業老將熱情地擁抱威爾基，祝他鵬程萬里。

威爾基一就任，就開始充實物流部門的人員。他找的不是零售業物流的老將，而是科學家和工程師。他列出他認識的十個最聰明的人，並延攬他們加入他的團隊，包括來自拜耳（Bayer AG）供應鏈的工程師奧格（Russell Allgor）。

奧格是威爾基在普林斯頓的同學，為了解決工程方面的問題，威爾基曾經向他學習。奧格和他的供應鏈計算團隊後來成了亞馬遜的祕密武器，解決了很多物流網絡的問題，例如在何時、何處該儲存哪些產品，以及如何用最有效率的方式把顧客下訂的不同種類的商品彙整起來，放在一個箱子裡。[1]

威爾基發現亞馬遜的物流有個獨特的問題，亦即運送一批貨出去後，完全不知下一批貨會是什麼，根本無從計劃。公司無從知道顧客會訂什麼，也無法預測要儲備多少貨品。例如一位顧客可能訂了一本書、一張DVD和一些工具，有些需要禮物包裝，有些則否，而且完全相同的組合極少出現第二次。因此，訂單變化無窮。威爾基說：「我們的任務是把顧客訂的東西放在一起，然後運送出去，也就是完成訂單。以工廠而言，製造部門和裝配部門很近，但零售業則不然，貨品的製造與運送常相距甚遠。」

物流中心正名為履行中心

因此，威爾基上任後做的第一件事，就是把將亞馬遜的運送設備重新命名，用更精確的名稱來描述其任務。那裡不再叫做倉庫（原始名稱），也非物流中心（萊特的命名），之後將一律改稱為履行中心（Fulfillment Center），簡稱FC。

在威爾基來到亞馬遜之前，履行中心的總經理只能臨時應變。每天早上，他們在電話會議中估算哪個中心能完全運作，或是游刃有餘，當下判斷把訂單送到何處。威爾基的運算小組則可正確算出，由哪個履行中心來處理哪一部分的訂單能達到最大的出貨成效，減少積壓的訂單。從此，履行中心的經理人不必再開電話會議了。

威爾基還把過去在聯訊推動的「6標準差」，以及豐田汽車的「精實生產」哲學用在亞馬遜。「精實生產」的核心理念在於消除不必要的浪費，建立多種少量的暢流生產體系，為顧客創造更大的價值。員工（現在一律稱為「同事」）只要發現有瑕疵品，表示生產線出現異常，就可立刻發出訊號示警，暫停所有的生產過程，以減少不良品。以製造業術語來說，就是「安燈系統」。

威爾基在亞馬遜任職的頭兩年和他的團隊設計了數十種指標，要各中心的總經理仔細追蹤這些指標，包括每個履行中心的進貨量、出貨量、每項貨品的包裝和運送成本。原本在亞馬遜，出錯貨的糗事叫「switcheroo」（不經意的小差錯），現在則以更嚴肅的名稱來替代。威爾基不斷在履行中心灌輸幾個重要的基本原則。他說：「我來到公司的時候，發現這裡沒有時鐘。這裡的人早上來上班，工作做完、把最後一批貨送上卡車，就下班了。簡直散漫到了極點。」他向貝佐斯保證，會以減少疏失和提高效率逐年降低成本。

為了提升履行中心經理人在亞馬遜內部的能見度。他一有機會就把他們帶到西雅圖，請公司優先處理履行中心的技術問題。每年，在耶誕節到新年假期的出貨旺季，他每天都穿著法蘭絨襯衫，表示和第一線的藍領員工團結一心。芬利履行中心那時期的主管韋格納說道：「威爾基知道當總經理很辛苦，然而他讓你覺得自己就像是俱樂部裡的終身會員。」

威爾基還有一項武器，那就是偶爾會像火山爆發一樣大發脾氣。這點和貝佐斯很像。

在2000年秋天，亞馬遜履行中心的軟體系統還無法精確追蹤庫存和運送情況。因此，那年節慶假期，也就是公司內部所謂「大作戰」的關鍵時期，威爾基每天必須和美國、歐洲各履行中心的總經理召開電話會議。他要手下的經理人每天都要提出報告說明：出貨量有多少？有多少包裹還沒運送出去？是否有出貨延遲的情況，如果有，原因是什麼？隨著購物熱潮不斷攀升，威爾基要求經理人向他通報「停車場上的情況」，亦即在履行中心外面，有多少輛卡車在等著卸貨？貨物數量有多少？有多少輛卡車已裝貨完畢，正要運送到郵局或UPS交寄？

那年，最常出問題的就是位於喬治亞州的麥多諾履行中心，那是個工人聚集的城市，位在亞特蘭大南方四十八公里處。在大家都忙得人仰馬翻的節慶購物季，麥多諾中心經常延遲出貨（1999年亞馬遜還曾派遣一支「搜索隊」在此尋找一箱遺失的神奇寶貝胖丁）。

麥多諾履行中心的總經理是曾在沃爾瑪任職的杜朗（Bob Duron）。有一天，威爾基在電話會議詢問每個經理人「停車場上的情況」，問到杜朗的時候，顯然他還在摸魚。杜朗說：「等會兒，我可以從辦公室的窗戶看一下。」接著，杜朗就靠在椅子上，在電話中大聲數：「我看到1、2、3、4……」

威爾基大發雷霆。那天他在西雅圖默瑟島的家中辦公。他對著話筒咆哮，霹靂啪啦地罵了一堆髒話，參加電話會議的主管都嚇得後退。接著，突然安靜下來，一點聲音也沒有，威爾基好像突然消失了。接下來的三十秒，大家噤若寒蟬，沒有人敢打破沉默。最後，康貝爾斯維爾（Campbellsville）的總經理魏爾德茲（Arthur Valdez）悄悄地說：「我想，他八成把電話吃下去了。」

至於當時究竟發生什麼事，眾說紛紜。有人說，威爾基在盛怒之下，把電話線從牆上扯下來了。還有人猜測，他大概氣得把話筒丟到房間的另一頭。十年後，我和威爾基相約在亞馬遜辦公室附近一家義大利啤酒館吃晚餐，威爾基解釋說，他沒掛電話，只是氣得說不出話來。他說：「我們努力使麥多諾運作下去，招募了最好的主管，也盡量充實人力。」

那年春天，亞馬遜全力向獲利的目標衝刺，威爾基則不得不壯士斷腕，關閉麥多諾的履行中心，裁撤四百五十名全職員工。然而，關閉麥多諾的中心並不能解決亞馬遜的問題。反之，總產能下降，其他履行中心的壓力更大。假日已經照常出貨，加上營業額每年繼續成長20%以上，各履行中心忙得快喘不過氣來。現在，亞馬遜別無選擇，只能面對自己系統的複雜，設法克服，從投入的資金、人力與物力獲得更多的報酬。

威爾基在半途燒毀了一艘船，亞馬遜這支艦隊沒有回頭路了。威爾基的管理風格和貝佐斯很像，也就是以身作則，加上適度的急躁。無怪乎威爾基來到亞馬遜才一年多，就被拔擢為資深副總裁。在這場對抗混亂之戰，貝佐斯已找到可與他並肩作戰的盟友。

兩個披薩團隊

1990年代末，亞馬遜有一群用心良苦的年輕主管在高層面前提出公司面臨的一個問題，亦即位於不同地區各部門的協調困難。其實，所有組織龐大的大公司都有這樣的問題。這些年輕主管也提出各種解決方案，如加強不同團隊之間的溝通與連繫，說完後似乎還為這番創見深感驕傲。沒想到，一旁的貝佐斯早已漲紅了臉，額冒青筋。

他開炮了。「我了解你們在說什麼，但你們實在錯得一場糊塗。**需要溝通是功能不良的訊號**，這表示這個團隊的人不能緊密、有組織的合作無間。我們應該想辦法減少而不是增加溝通的頻率。」如此針鋒相對，讓在場的每個人難忘。里舍說：「在這樣的時刻，貝佐斯像是全身的血都湧到臉部，十分激動。他幾乎就要拍桌子。」

在那次會議和後來的公開演講，貝佐斯發誓要以分權和獨立決策的方式來經營亞馬遜。他說：「情況瞬息萬變，階級制度無法因應。偶爾，我也會設法使人照我的要求去做。但要是公司的人對我唯命是從，那就完了。」[2]

貝佐斯所持的論點是，員工之間的協調是在浪費時間，最接近問題的人，才是解決問題的最佳人選。這和接下來十年高科技產業的想法不謀而合。不少大公司都擁抱這樣的哲學，Google、亞馬遜，之後的Facebook，都從精實、靈活的軟體發展汲取經驗。

IBM老將、資訊科學教授布魯克斯（Frederick Brooks）在他所著創新管理的經典之作《人月神話》（*The Mythical Man-Month*）之中論道，在複雜的軟體開發專案增加人力等於弄巧成拙，只會拖延進度。其中一個原因就是，隨著參與人數增多，花在溝通上的時間和金錢也會增加。

貝佐斯等新創公司的創辦人，已從之前的科技巨人身上得到教訓。例如微軟採取由上而下的管理策略，中間有層層的中階經理人，然而這樣的系統導致決策緩慢，阻礙了創新的發展。亞馬遜的主管看到華盛頓湖對岸發出霓虹警示，不會施行沉重、令人不快的階級制度，以致步上微軟的後塵。

基於削減成本，貝佐斯不得不大刀闊斧砍掉公司的中階經理人。2000年股市崩盤之後，亞馬遜歷經兩次大裁員。另一方面，貝佐斯還是繼續招募他想要的人，以增強公司效率。簡單地說，他想招募能對公司效益有直接助益的人。他要能做事的人，如工程師、開發人員，或許還有採購，而不是管理人員。羅斯曼說：「我們不想像微軟那樣，建立由經理人組成的大軍。我們要建立能自主管理的單位，毋需請人管理他們。」

然而，沒有人知道貝佐斯要如何把這樣的組織理論灌輸到公司核心理念。2002年初開始，貝佐斯養成了一個新的習慣，也就是在新年假期過後，花一些時間思考和閱讀。其實，這是取法微軟的比爾·蓋茲。蓋茲每年都會放自己幾個星期的假，在這名為「思考週」的假期閉門讀書，思索企業的營運策略。幾週後，貝佐斯回到公司，把S團隊召來他位於馬代納的家，宣布他的重要想法。

貝佐斯說，往後公司將要依照他說的「兩個披薩團隊」（two-pizza team）原則來重組，亦即員工將組成少於十人的自主團隊——如果加班只要訂兩個披薩，整個團隊就可以吃飽了。這樣的獨立團隊應該可以解決公司的大麻煩。他們可能會為了爭奪資源而相互競爭，有時則可向彼此學習，依照達爾文的競爭原則求生存。貝佐斯希望這樣的團隊能解脫公司內部溝通的束縛，加快行動速度，給顧客更迅捷的服務。

然而，貝佐斯的「兩個披薩團隊」概念實行起來還是有些問題。每一個團隊必須提出其「適應函數」——也就是能明確衡量該團隊效益的線性方程式。例如，負責發送廣告電郵給顧客的團隊提交的適應函數，應該可看出其發送的訊息量能夠衍生多少訂單。而為履行中心編寫程式的團隊則負責追蹤每類產品運送成本降低的幅度，以及顧客從下單到從履行中心出貨的時間是否變短。貝佐斯希望親自審閱每個團隊提交的函數，並追蹤他們實行一段時間之後的結果，藉此引導各團隊不斷演化、精進。

貝佐斯這麼做，是想把混沌理論應用在公司的管理上。他深知公司組織愈來愈複雜，因此企圖將它拆解成一個個最基本的單位，希望能出現令人意想不到的結果。但這樣的目標雖然崇高，結果卻令人有些失望。「兩個披薩團隊」的概念最早在達澤爾領導的工程部門實行，幾年之後，並非公司所有的部門都跟進。有些部門實在沒必要實行這樣的組織模式，例如法務部和財務部。

此外，適應函數有些部分與人性相牴觸。例如你既已建立自己的評估架構，但別人還是會以最終結果嚴厲地批評你，實在讓人覺得不是滋味。此外，要每一個團隊定義自己的適應函數，就像要一個死刑犯自己選擇以何種方式被處死。最後，各團隊無不擔心自己的公式有問題，反而讓公式變得更複雜而抽象。當年組織一支搜尋隊尋找胖丁的拉克梅勒說：「『兩個披薩團隊』的概念並沒有為我們帶來自由，反而讓人頭痛。這對工作的完成根本沒有幫助，最後很多工程師和團隊成員都有點反彈。」

成功克服物流挑戰

威爾基在亞馬遜工作滿一年之後，有天打電話向昔日的老師求援，這位老師就是麻省理工學院的管理學教授葛雷夫斯（Stephen Graves）。亞馬遜的電子商務網絡規模居世界之冠，效率卻有待加強。分布於世界各地的七個履行中心，營運成本很高，產能卻時好時壞。貝佐斯希望顧客能透過亞馬遜的網站查詢自己的包裹何時可送達。例如一個大學生訂了一本期末考要用的書，必然急著知道書會不會在下星期一寄達。但是履行中心還不夠可靠，不能做如此精準的預測。

威爾基問葛雷夫斯是否可在那個月的下旬來亞馬遜，幫他和同事看看公司的問題。貝佐斯和威爾基不斷問自己一個非常基本的問題：亞馬遜是否該從事商品的儲存與運送？或者該轉變現在的模式，變得像Buy.com那樣，只負責接受網路訂單，再由製造商或英格拉姆那樣的批發商去出貨？今天我們聽到這樣的問題或許會很詫異，但他們心中的確有那樣的疑惑。

那年的聖派翠克節，亞馬遜的幾個首腦來到內華達州芬利履行中心一間死氣沉沉的會議室。貝佐斯和克爾（Brewster Kahle）一同搭乘貝佐斯新買的私人飛機達索獵鷹（Dassault Falcon）900EX自西雅圖起飛，兩個小時後降落。克爾是個超級電腦工程師、也是專精網路流量分析的亞列克薩網路公司（Alexa Internet）創辦人，該公司已被亞馬遜併購。

葛雷夫斯從麻州飛到雷諾，之後在沙漠中開了約五十四公里的車才來到芬利履行中心。芬利中心的資深主管韋格納和亞馬遜的幾個工程師也在那裡。那天上午，這一行人參觀了芬利履行中心，聽公司的一個主要承包商報告。那個承包商說亞馬遜可再向他們購買哪些設備和軟體，但這依然是老套的做法，無法解決目前的問題。當天，他們就跟這個承包商解約了，讓他十分意外。下午，亞馬遜那些主管在會議室的白板上寫滿了字，討論如何改善履行中心的問題。午餐，他們只吃麥當勞外帶回來的東西和芬利中心自動售賣機裡的零食。

對韋格納而言，那天的問題也關係到他個人的前途。他說：「我們必須做一個重要決定。物流是一項商品，或者是一種核心能力？如果是商品，我們為什麼要在這上面投資？隨著不斷成長，我們該繼續承擔物流的工作，還是該發包出去？」如果亞馬遜選擇發包，韋格納可能就要失業了。「我覺得我的生涯像跑馬燈般，在眼前晃過。」

亞馬遜的問題，用製造業的行話來說，在於「批量揀取」（亦即將多張訂單彙整成一張批量訂單，揀貨員依照批量訂單揀貨，再將貨品按照原始訂單分類）。亞馬遜履行中心的設備當初是萊特採購、建立的，這個系統和沃爾瑪的物流中心很像，是以波浪式運作的——從產能低的到產能高的，再從產能高的到產能低的。在波浪作業開始時，一群揀貨員呈扇型散開，各自負責一個區域，依照顧客訂單揀貨。當時，亞馬遜用的是指示燈系統，揀貨員依據每一條走道及每一個貨架上的指示燈，揀取正確商品，放進推車中。接著，揀貨員把推車送到輸送帶，將商品倒入巨大的分揀機中，再依據每個顧客的訂單重新分類、包裝和運送。

物流軟體要求每個揀貨員各做各的，但有些人就是動作比其他人慢，這樣就會出現問題。例如，如果九十九個揀貨員在四十五分鐘內完成一批貨的揀取，但有一個揀貨員要多花三十分鐘，那九十九個人只好坐在一旁等最後那個人。只有在最後一輛推車的貨品送入輸送系統，才能開始下一批的作業。履行中心響起機器運作的轟然巨響，表示已進入產能巔峰。

履行中心就這樣周而復始。在每年耶誕節到新年假期的出貨旺季，產能必須達到最大時，原來的作業方式必然會是個大問題。威爾基認同高德拉特（Eliyahu M. Goldratt）在《目標》

（*The Goal*）一書闡述的原則；此書在1984年出版，講的是製造業的困境，以小說的筆法指引製造業者突破瓶頸，追求最大效能。

對亞馬遜來說，最有效率的機器就是Crisplant分揀機，所有的貨物都會被送到這裡，但整個進度卻會被批量揀取拖慢。只有在所有的貨物都揀完那幾分鐘，分揀機才能發揮最大的效能。威爾基的團隊做了實驗，企圖讓多個波浪作業重疊，以充分利用分揀機。據履行中心總經理的描述，分揀機因而一直轟隆作響，響聲之大，像是「整棟建築都被炸掉」。分揀機因過度負荷而出了亂子，最後員工還得花好幾個小時清理亂七八糟的現場，把所有的貨品放回貨架，重新再來。

在芬利中心開會那天，主管和工程師都質疑零售業物流的傳統方式。傍晚，每個人都回到工作現場，看著一批批貨物在輸送過程中走走停停。麻省理工學院的葛雷夫斯教授說：「我不認識貝佐斯，但我記得他就在那裡，捲起袖子，和所有的人一起爬到輸送帶上。我們都在絞盡腦汁，看看怎麼樣可以做得更好。」

那晚，貝佐斯、威爾基和他們的同事得到一個結論：第三方廠商提供的設備和軟體不符合目前任務的需求。要脫離批量揀取的困境，使出貨過程持續、流暢，只能重寫程式。此外，亞馬遜不但不能退出物流業務，反而必須不惜再投重金。

韋格納說，在接下來的幾年，他們把廠商安裝的數據機一個個拔掉，廠商氣得牙癢癢的。「他們不相信，我們竟然能自己找到解決之道。」後來，亞馬遜在西雅圖和拉斯維加斯開了幾間小型履行中心，專門處理容易包裝的貨品，也在明尼亞波利斯、鳳凰城等地開立較大的中心，廢除了指示燈和分揀機系統，雖然自動化程度沒那麼高，但對物流的運算比較有利。員工從貨架上取出貨品放在推車上，然後直接送往包裝站，所有的動作都由程式來仔細協調。因此，亞馬遜逐漸廢除波浪式的批量揀取作業，員工生產力提高了，履行中心也變得更加可靠，錯誤減少了，也可精確預測出貨時間。

威爾基整頓了物流系統，使之變得更有效率，也為亞馬遜往後幾年的優勢奠基。出貨過程嚴格管控，公司才得以向顧客交代明確的到貨時間。從供應鏈到網站，亞馬遜都運用自己研發出來的技術，因此奧格及其手下的工程師才能根據無數的訂單情況，計算出最迅速、省錢的運送方式。亞馬遜電腦系統所做的決定每小時皆以百萬計，這就是他們節省成本、提高銷售量的利器。他們終於成功克服挑戰，出類拔萃。

威爾基說：「不管多麼艱難，履行中心的產品整合可應付倉儲成本和經常開支。」他一點也不擔心貝佐斯在芬利那次會議廢除履行中心原有的模式。「原則和運算是我們的長處。我早就知道，如果你有原則，也有高超的運算能力，加上耐心和毅力，必然能獲得最後勝利。」

用六頁報告取代簡報檔

貝佐斯每次去履行中心視察或在西雅圖的總部走走，總是留心看有沒有任何問題，例如公司系統是否有漏洞，或是企業文化是不是有需要加強的地方。就像2003年一個再尋常不過的平日上午，貝佐斯一走進亞馬遜總部的一間會議室就大吃一驚。他發現房間角落的一道牆上安裝了一部新電視，這電視是員工視訊報告時要用的。會議室有電視似乎稀鬆平常，貝佐斯卻很不高興。

他完全不知道安裝電視一事，也沒批准員工這麼做。在他看來，這不但是不同部門之間愚蠢的溝通方式，也是一大浪費。他說：「用這種方式溝通有什麼作用？」

他於是下令員工立刻把會議室所有的電視搬走。根據亞馬遜資深主管威廉斯（Matt Williams）所言，貝佐斯刻意保留會議室牆上的金屬電視架，因為有些架子釘得很低，員工站起來的時候一不小心就會撞到頭。這種做法就像把敵人的腦袋瓜砍下，插在村子外牆的木樁上，象徵意味十足，藉以警告員工別膽大妄為。

這次的電視事件，促成亞馬遜內部的另一個正式獎項。只要任何員工能指出哪一種做法官僚、浪費，就可獲贈電視機一部，這些獎項正是從會議室拆下來的。電視機都送完之後，下一個獎項則鼓勵員工努力思考如何提供顧客更低廉的價格，如果有人提出好點子，就可獲贈辦公桌擺飾，讓他們放在門板釘成的桌子上。貝佐斯就是這樣，利用各種方式不斷在公司加強核心價值。

在他下令把會議室的電視機拆除的同時，也就公司文化做了兩大變革。一是為了使自己的時間能有更好的分配與運用，他決定從此不再和部屬進行一對一的討論。其實，這些討論多半很瑣碎，還經常扯上政治話題，無助於問題的解決，算不上是腦力激盪。即使到了今天，貝佐斯仍很少和個別員工單獨談話。

另一項變革很特別，也許稱得上是企業史的創舉。直到那時，亞馬遜的員工仍然使用微軟的PowerPoint和Excel等軟體來做報告。貝佐斯認為這是偷懶的做法，並不是積極的思考。貝佐斯在DESCO的老同事、也是S團隊成員的霍登說：「PowerPoint是很不精確的溝通機制，讓人很容易利用幾個要點草草帶過，無法完整地表達自己的思考。」

貝佐斯宣布，從此員工必須摒棄PowerPoint這種蹩腳的東西，要把自己的意見寫成文章。S團隊曾針對此事和貝佐斯激辯，但貝佐斯還是堅持不用PowerPoint。他希望公司裡的人能深入思考，用完整的方式表達自己的思想。他給員工壓力的時候，常會這麼說：「這裡不是鄉間俱樂部。我們肩負艱巨的任務，不可以混水摸魚。」

在接下來的適應期，員工不斷的抱怨。凡是在亞馬遜的領地，開會不再是一個人站在最前面講述，而是把寫好的文件發下來，每個人靜靜地讀十五分鐘或者更久。最初沒有頁數規定，皮亞森蒂尼說，這樣的疏失簡直教人「苦不堪言」，因為員工可能會花好幾個星期寫出長達六十頁的報告。因此，很快就多了一項新規定：文章（不含注腳）限定在六頁之內。

並非每個人都喜歡這樣的新規定。大多數的員工認為，這對文筆好的人有利，但對講求效率的技術人員或是有創新思想的人則可能是種阻礙。工程師突然覺得自己像九年級的學生，為了寫作而苦惱。負責製造商公關的副總裁布雷克說：

「把報告寫成文章，跟描述試算表根本沒什麼兩樣。」布雷克懷疑這可能只是老闆一時興起，過一段時間就不必再這麼做了，其實不然。

貝佐斯還進一步規定報告的寫法。每次亞馬遜要發布一項新的特色或產品，他都要員工寫得像新聞稿。這麼做的目的是讓員工掌握其中精華，從顧客的觀點出發，再反推看怎麼做最好。貝佐斯認為，**確實掌握顧客的需求，精確傳達你的想法，做不到這兩點的話，不管你打算推出什麼服務或產品，都無法做出最好的決策。**

經典毒舌語錄

人人皆知賈伯斯對顧客的需求別有洞見，但他的壞脾氣也是出了名。據說這位蘋果的創辦人曾在電梯裡開除員工，也會對表現不佳的主管咆哮。也許這是因為科技產業的步調太快，才會使人出現這樣的行為，很多執行長都是如此。

蓋茲常大發雷霆，他在微軟的繼任者鮑默（Steve Ballmer）發怒時則會摔椅子。執掌英特爾多年的葛洛夫（Andy Grove）也是出了名的嚴厲，有一次在檢討業績的時候，他的一個部屬害怕到昏了過去。

貝佐斯也是這一型的大老闆，擁有瘋狂的幹勁和膽識，不把一些傳統領導理念，如建立共識和謙恭有禮等看在眼裡。他在公眾面前，能展現魅力和幽默感，而私底下也會把員工罵得狗血淋頭。

由於貝佐斯喜怒無常，有些亞馬遜員工會在背地裡說他是瘋子。如果員工達不到他的要求，他就會發飆。要是員工沒能給他正確的答案，想唬弄他，占別人的功勞，想在公司玩弄一點政治手腕，在辯論時顯露遲疑或表現得像是不堪一擊的蠢蛋，他的前額就會浮現青筋，再也無法按捺住自己的性子，破口大罵。這時，他對別人的羞辱往往口不擇言。下面就是亞馬遜老將收錄的貝佐斯經典毒舌語錄：

「你說這是我們的計畫，但我就是看不順眼。」

「對不起，我今天是不是忘了吃傻瓜藥丸了？」

「我是不是要去樓下拿證件掛在身上，表示我是這家公司的執行長，你才不敢這樣跟我說話？」

「你是不是要占別人的功勞？」

「你這個人到底是懶惰，還是無能？」

「我相信你能掌管頂尖的部門，但你讓我失望了。」

「這種想法要是再讓我聽到一次，我就會自殺。」

「你說你不知道？說出這樣的話，你自己難道不驚訝？」

「你為什麼要破壞我的人生？」

聽完某人報告後：「這問題需要一點人類智能才能解決。」

看完供應鏈的年度計畫之後：「我想，明年供應鏈不會有什麼表現。」

在會議中讀完某人的報告後：「這份文件顯然是B咖團隊寫的。能不能給我看看A咖團隊寫的？我不想浪費時間看B咖寫的東西。」

有些亞馬遜員工因而認為貝佐斯就像賈伯斯、蓋茲和艾利森，都是無情的大老闆，把員工當作是用完即丟的資源，不會考慮他們之前對公司所做的貢獻。這也反映出貝佐斯在分配資金和人力的時候是絕對超然、理性，而其他高階主管則可能會顧慮私情或動用私人關係。然而，他們也承認，貝佐斯一心一意想要提升公司業績和加強顧客服務，可說他總是把公司和顧客放第一，個人擺其次。在亞馬遜工作多年的拉克梅勒說：「貝佐斯不是虐待狂，他不是那種人。他只是無法忍受愚蠢，即使偶爾如此也不行。」

儘管貝佐斯有不少乖戾的行為，身邊的人卻時常不得不接受，因為他的批評往往一語中的，教人既驚訝又惱怒。曾擔任亞馬遜副總裁的瓊斯說道，在公司設法解決批量揀取的問題時，他同時帶領了五個工程師組成的團隊，努力研究出一套運算法，希望使履行中心的揀貨動作能變得更順暢。他的團隊花了九個月的時間，最後向貝佐斯和S團隊報告。他說：「我們準備了精美的文件，每個人都做了最好的準備。但貝佐斯讀了之後，直截了當的說：『你們都錯了。』接著他站起來，開始寫白板。」

「他沒學過控制理論、沒涉獵過作業系統，物流中心方面的經驗也只有一點點，不曾在第一線待上幾個星期或幾個月。但他指出的每一要點都是對的，教我們不得不服氣。如果我們能證明他是錯的，那就比較好受，問題是我們做不到。他和別人的互動就是這樣。對他來說，儘管是八竿子打不著的事，他還是有令人驚異的理解力，說得振振有辭，讓你無法辯駁。」

2002年，亞馬遜改變庫存計價系統，從後進先出（LIFO）改為先進先出（FIFO）*。這種轉變使亞馬遜更能區分履行中心的存貨，知道哪些是自有產品，哪些則是由玩具反斗城或塔吉特等合作夥伴供應的商品。

這個複雜的任務正是由瓊斯帶領的供應鏈團隊負責，他們還得為軟體除錯，公司電腦有好幾天連營收資料都跑不出來。第三天，瓊斯向S團隊報告最近的工作進度，貝佐斯對他破口大罵。「貝佐斯說我是個『大白痴』，還說他不知道為什麼會僱用我這樣的白痴來公司上班，要我把自己的爛攤子收拾好。」多年後，瓊斯想起那一幕仍記憶猶新。「那次真的好慘。我差點就離職了。他對我失望透頂。一個小時後，他又好像什麼事都沒有，簡直判若兩人。」

瓊斯離開FIFO會議之後，威爾基的助理要他聽電話。威爾基正在亞利桑納度假，聽到他和貝佐斯針鋒相對的事，於是來電安慰他：「我希望你知道，我百分之百支持你。我對你有絕對的信心。我正在高爾夫球場上，如果你需要我幫忙，我一定會盡力。」

一年一度的視察

如果說貝佐斯在公司扮黑臉，威爾基則不一定總是扮白臉。這兩人每年秋天總會一起去各履行中心視察。他們像蜻蜓點水般，每天視察一間履行中心，一個星期結束行程。他們希望藉此建立威信，讓員工皮繃緊一點，減少錯誤，增加效率。他們的大駕光臨讓履行中心的總經理手心冒汗，脈搏變快。這些總經理必須報告他們如何處理危機，以及如何管理假日僱用的數千名臨時人員。

威爾基與貝佐斯會針對細節追根究柢，詢問一些好像他們早就知道答案的問題。這真是令人震顫的一刻。馬斯坦德瑞里說：「這兩個傢伙就像讓人聞之喪膽的煞星。你可以老實說：『我不知道，我去查一下，幾個小時後，我會給你們一個答覆。』然後照辦。但你要是唬爛或自己編造一套，你就完蛋了。」

在亞馬遜物流網絡工作多年的慕藍（T. E. Mullane）曾經協助過多間履行中心的設立與管理。他在賓州錢伯斯堡（Chambersburg）開設了一家新的履行中心，威爾基第一次來此視察，就由他帶領。慕藍說，威爾基悄悄地在履行中心的大樓內走一圈，在進貨區一個角落發現一堆亂七八糟的貨物，這些貨物因為太重，無法利用輸送帶移動。不知為何，員工也搞不清楚這是哪張訂單的貨，只好堆在角落。

巡視完之後，威爾基看著慕藍，開始質問他：「你知道我為什麼要在這裡繞一圈嗎？你告訴我為什麼。」

慕藍說：「你在找尋漏洞。」

「為什麼那些貨物會被堆在那裡？」

「因為過程出了點問題，這是不夠精確造成的。」

「好。那你是不是該去處理了？」

＊譯注：LIFO假設最近購入的存貨會最先被賣出，而FIFO假設最早購入的存貨會最先被賣出。假設大部份的商品和原料都存在通貨膨脹，以FIFO認列方法所產生的存貨帳目會比LIFO更有代表性，因為FIFO的存貨價值會比較接近市場的現價，那麼公司的資產值便更能反映現實價值。

「是的。」

貝佐斯和威爾基的巡行通常是在一年的第四個季度（即10月至12月），也就是在歲末購物季即將全面發動的時候開始，在黑色星期五和網路星期一*之前結束。在耶誕到新年的出貨旺季，威爾基通常會回到西雅圖，每日不厭其煩地透過電話會議和各履行中心的經理人連繫。

在這一年一度的瘋狂購物季中，亞馬遜的每個人壓力都大到破表。威爾基發明了一種抒壓儀式，即高聲尖叫。只要一個物流主管或其帶領的團隊完成一項重要任務，威爾基就會允許那位主管或是整個團隊的人身體後仰，閉上眼睛，用盡所有的肺活量對著電話筒尖叫。威爾基說：「顯然，這麼做可讓人抒壓，但頭一次差點喊破我的電話喇叭。」

在歲末購物季，最後一箱包裹運送出去的時間通常是12月23日。韋格納說：「耶誕節這一日，你該會比地球上的任何人快樂，因為你拚死拚活都是為了這麼一天。」然後，他們又開始為新的年度做計畫。

2002年，威爾基利用亞馬遜龐大的規模做為與主要業務夥伴談判的籌碼，立下前所未有的戰功。那年，亞馬遜與UPS的合約即將屆滿，準備續約，而這貨運界的巨頭與卡車司機工會的談判正陷入僵局，沒心情給亞馬遜這家網路新貴更優惠的條件。那時，亞馬遜比較少利用聯邦快遞（FedEx）。除了UPS，亞馬遜可以合作的貨運對象還有聯邦政府經營的美國郵政服務，但美國郵政服務不能議價。亞馬遜似乎無計可施。

但在這一年年初，威爾基似乎感覺到機會來了。他要瓊斯開始和聯邦快遞搏感情。在接下來的六個月，瓊斯帶著一夥人經常到聯邦快遞在曼菲斯的總部，看看他們的系統如何與亞馬遜的業務整合，並悄悄地把更多的包裹交給他們運送。另一方面，亞馬遜交由美國郵政服務寄送的包裹也變多了，履行中心的司機直接把車開到郵局交寄。

由於亞馬遜與UPS的合約9月1日到期，那年夏天，威爾基開始在路易斯維爾和UPS談判。正如所料，UPS起先在價格上絲毫不肯讓步，堅持依照他們的定價合作，威爾基威脅說他要走了，UPS的主管認為他只是說說罷了。接著，威爾基打電話給人在西雅圖的瓊斯，下令包裹暫時都別利用UPS寄送。

瓊斯飛到芬利履行中心看結果。他說：「十二小時內，亞馬遜透過UPS寄送的包裹從一天數百萬件掉到一天兩件。」亞馬遜和UPS就這樣對峙了七十二小時，顧客和外人都不知情。UPS的業務代表來到芬利，警告瓊斯，亞馬遜不能再這樣繼續下去，不然FedEx就要爆量，到時候不知道有多少包裹寄送會被延誤。的確，如此一來可能演變成兩敗俱傷的局面。然而，沒多久UPS的主管就屈服了，答應給亞馬遜折扣價。

「是的，沒有UPS，我們也能運作，」威爾基說：「但是會很困難，而且很痛苦，他們知道這點。我不想和他們一刀兩斷，只是希望他們能給我們比較優惠的價格。」威爾基最後終於如願以償，殺價成功。亞馬遜也學到一課：如何在優勝劣敗的商業世界，展現實力，生存下去。

＊譯注：黑色星期五是每年11月的第四個星期四感恩節翌日。黑色是指帳目上的黑字，也就是盈餘之意。過了黑色星期五，隔週的星期一就是所謂的網路星期一。這日上班族回到工作崗位之後，馬上上網購買前一個週末物色到的商品，因此成了最重要的網購節日。

不受傳統零售業束縛

2003年，貝佐斯又想到擴展亞馬遜業務的新點子，希望藉此展現他的概念。在此之前，除了書籍與CD／DVD，公司已開拓出新類別的產品，包括五金、運動用品和電子產品。

這次，貝佐斯決定向珠寶銷售進軍，認為這是亞馬遜下一個絕佳的機會。珠寶的確誘人：貨品體積小、價格高昂，運費將會便宜很多。他找布魯薩德（Eric Broussard）與米樂共同負責這個新業務。這兩人和亞馬遜很多部門主管一樣，先前都沒有相關銷售經驗。

珠寶銷售是個誘人的點子，但有一些挑戰。首先，在網路上展示昂貴的珠寶首飾很難呈現細膩的質感。此外，這樣的高價商品可能會讓履行中心的員工起盜心。此外，定價也是一個問題：珠寶業的定價模式很簡單。零售利潤很高，店家一般定價為批發價的二倍，甚至可能高達三倍。珠寶製造商和零售業者都嚴格遵守這樣的行規。然而，這和貝佐斯的原則不符，亦即保證給顧客最低價。

亞馬遜珠寶部門主管決定先仿效服飾部門當初的做法，他們將讓更多較有經驗的零售業者在亞馬遜的Marketplace販售，亞馬遜則收取佣金。同時，他們在一旁觀摩、學習。米樂說：「這是我們在行的。如果你對某一個行業陌生，就利用Marketplace引進高手，看他們怎麼做、賣什麼，了解之後，自己再來做。」

起先，貝佐斯似乎放心讓下面的人去發揮。但有一天，他和S團隊及各類用品部門開會時突然發火。那時，他們正在討論珠寶業務的任務，米樂的一個同事提到，珠寶部門應該用「傳統方式」來營運。貝佐斯說：「錯了！不是這樣！」接著，他說他先離開一下，去辦公室拿東西。幾分鐘後，他帶著一疊影印文件進來，發給每個人一張。這一頁只有一段，其中約有十個句子。第一句就是：「我們不是零售業。」

根據米樂等在場的主管所述，從那份文件可看出貝佐斯如何給亞馬遜下定義，這也就是為什麼日後亞馬遜一進入新的市場，就讓那個市場的業者人人自危。

在貝佐斯看來，**所謂「非零售業」，代表亞馬遜不受傳統零售業的束縛**。畢竟，亞馬遜有無限的貨架空間，也能提供每一位顧客個人化的服務。此外，亞馬遜的網頁除了讓使用者發布正面的商品使用心得，也不排斥負面評論，並讓全新商品和二手商品並列，顧客可根據已知資訊做出最好的選擇。在貝佐斯的眼中，亞馬遜不但每日提供低價，給顧客最好的服務，也具有沃爾瑪量販店和高檔百貨公司諾斯德龍（Nordstrom）的優點。

如以「非零售業」來定義亞馬遜，意味亞馬遜只在乎給顧客最好的服務。反觀傳統珠寶店的利潤皆多達100%或200%，但亞馬遜並不想這麼做。

貝佐斯在會議中宣布，亞馬遜不是零售業，因此不必遵守這個行業的規矩。他說，亞馬遜根本不必管珠寶業一般是怎麼定價的，而且我們可以想像顧客在亞馬遜網站以1,200美元買到一只手環，拿去當地珠寶店估價，店家可能會說，這只手環價值2,000美元。貝佐斯對珠寶部門的人說：「我知道你們是做零售的高手，這也是我僱用你們的原因。但我希望你們從今天開始，不要再被零售業的陳規束縛。」

2004年春天，亞馬遜的珠寶部門開始營運。三分之二的商品來自Marketplace，剩下的三分之一則是公司存貨。貝佐斯甚至花費幾個月的心力監督公司的人，以為公司的珠寶產品打造精緻木盒。米樂說：「那盒子對他來說非常重要，他希望這盒子像蒂芙尼（Tiffany）的珠寶盒一樣經典。」

亞馬遜與社交名媛派瑞絲．希爾頓（Paris Hilton）合作，在網站上獨家販售她設計的珠寶。公司還特別在網路上設置一種工具，讓顧客可以設計自己的戒指。亞馬遜僱用了珠寶匠，在肯塔基州萊辛頓履行中心的樓上進行戒指加工。除此之外，亞馬遜還推出「鑽石搜尋」的新業務，讓顧客可以挑選自己喜歡的克拉數、形狀和顏色。當時，在網路銷售珠寶占領先地位的是總部位於西雅圖的藍色尼羅河（Blue Nile）。為了展現競爭的企圖心，貝佐斯要公關人員在藍色尼羅河發表季度財報那日，對外宣布亞馬遜的珠寶部門即將開始營運。

根據珠寶部門的一位員工所言，對亞馬遜來說，販售珠寶雖有利潤，最後還是不如貝佐斯預測的那樣。儘管亞馬遜的手錶賣得不錯，但如果顧客要買訂婚戒指，仍會去實體店家挑選。後來，戒指自行設計的工具和「鑽石搜尋」都從亞馬遜的網站消失了。員工改向新的戰場進軍，如鞋子和服飾。曾參與珠寶業務的員工後來描述說，那段經驗實在難熬：目標一再改變，主管調來調去，老是要和不滿亞馬遜定價原則的珠寶供應商吵架。

要做「非零售業」，打破零售業陳規的束縛，顯然不像貝佐斯說的那麼容易。那幾年負責五金雜貨業務的主管常說一個笑話：「你知道為什麼這類貨物，英文是hardlines？因為這條線真的不好做（即hard之意）。」

稱霸電子商務

正當五金雜貨團隊向新種類產品進軍之時，威爾基和他的手下幾乎也完成改造履行中心的重責大任。履行中心本來漏洞百出，現在則由精確的電腦程式系統來管理。顧客下訂單，一次可能購買六、七樣產品，公司軟體就可快速分析顧客地址、全美各履行中心的位置及出貨時間等，考慮到所有的變因之後，計算出最快且最省錢的運送方式。

這是亞馬遜物流體系程式全面更新的結果：每單位成本（完成某一件產品交易的所有費用）下降了，同時出貨時間（從顧客訂單成立那一刻起，至貨品的包裹裝上卡車為止）則縮短了。芬利會議過了一年之後，大多數商品在履行中心的出貨時間最短只需要四個小時，而在威爾基剛進入亞馬遜的時候，出貨時間一般要三天。其他電子商務公司的標準出貨時間則是十二個小時。

亞馬遜出貨效率驚人，到貨時間可準確預知，這就是該公司打敗對手（特別是eBay）的看家本領。話說回來，eBay根本不敢涉足倉儲和出貨業務。**履行中心的成功就是貝佐斯稱霸電子商務的著力點，也是他的主要策略。**

2002年開始，亞馬遜又提供顧客一種新的選擇，亦即只要多付一些費用就可指定隔日、兩天內或三天內到貨。威爾基的團隊稱這樣的訂單走的是「快速通道」，而且另外設計出一個系統優先處理這些訂單。在履行中心，分揀機使這些指定要快速到貨的商品加速通過，員工優先處理這些商品的包裝，然後送上早在一旁等待的卡車。亞馬遜漸漸培養出這種快速的出貨能力，在最後一部卡車開出履行中心之前，把隔日到貨的出貨截止時間壓縮到四十五分鐘。不管對亞馬遜或顧客，快速到貨的成本或費用很高，但亞馬遜不惜下這樣的險棋，希望藉由衝高營業額，截長補短。

2004年，亞馬遜一位工程師沃德（Charlie Ward）利用稱為「點子工具」的員工建議系統提議。他說，既然「超省方案」可吸引一些在意價格、不在乎等久一點的顧客 —— 他們就像某些飛機乘客，只要票價便宜一點，願意星期六在目的地過夜，因此，超省方案的訂單可等卡車有空位時再塞進去填補，以降低整體運費。反之，還有另一群顧客則非常在意到貨時間，只要貨品能儘快送達，不惜多掏出一點錢。亞馬遜則可仿效音樂俱樂部，讓這些顧客加入快速到貨俱樂部，一個月繳交若干會費，就能享受這樣的服務。

那年秋天，亞馬遜很多員工都覺得沃德的提議很棒，貝佐斯因而注意到這個點子。他一看就深受吸引，於是要求訂單系統的主管拉溫德蘭（Vijay Ravindran）等人在一個星期六，到他家後方的船屋開會。那天，貝佐斯一開始就表現出他的急切。他說，現在他認為最重要的事就是儘快推行這個快速到貨的俱樂部。他對在場的工程師說：「這是個很棒的點子。」他要拉溫德蘭和霍登挑選十來個好手，組成一支類似特種部隊的團隊，希望在下次盈餘公告之前達成任務。此時，距離2月的盈餘公告日只剩幾個星期了。

在接下來的兩個多月，貝佐斯每個星期都和這個團隊見面討論，包括沃德和日後負責Kindle的主管尼柯斯（Dorothy Nicholls）。他們利用履行中心加快處理商品出貨的能力，設計出兩天內到貨的方案。這個團隊為這項新的服務提出好幾個名稱，如「超省白金計畫」。但貝佐斯覺得這個名稱不好，會讓顧客認為這項服務是以省錢為目的。亞馬遜董事、凱鵬華盈合夥人郭登（Bing Gordon）想出**「尊榮會員」**（Prime），得到大家的認同。「尊榮」意味他們的訂單可享受優先處理的禮遇。亞馬遜也引進焦點團體來測試加入「尊榮會員」的過程。受試者認為加入過程不是那麼簡單明瞭，因此霍登建議在建立帳戶的頁面上設計一個大大的橘色按鈕，按鈕中就有「建立我的尊榮會員帳戶」這幾個字。

會員費究竟要收多少，是一大難題。由於還沒有一個清晰的財務模式，沒有人知道會有多少人加入，也不知加入會員後對他們的購買習慣有何影響。團隊成員考慮好幾種價格，從49美元到99美元都有。貝佐斯最後拍板定案，決定收取年費79美元*。他說，這筆費用不能太少，不然顧客會覺得不痛不癢，但也不能太多，免得影響顧客加入的意願。日後轉往《華盛頓郵報》擔任數位長的拉溫德蘭說道：「這79美元不是

＊編注：尊榮會員年費現已從79美元調漲至99美元。

問題。問題在於這種做法是否真能改變顧客的感覺，讓他們成為亞馬遜的忠實顧客。」

貝佐斯堅持要在2005年2月推動這項服務，但團隊成員向他報告說，這樣會來不及，他們需要多一點時間，貝佐斯只好把盈餘公告日延後一個星期。團隊成員終於在盈餘公告那天凌晨三點，敲定這項計畫所有的細節。雖然這個任務非常複雜，然而由於亞馬遜的業務層面已上軌道，可以配合這項新的服務，因此可以達成。

威爾基負責的履行中心已開發出快速揀貨、包裝和出貨系統，可優先處理尊榮會員訂購的商品。亞馬遜在德國和英國的分公司為了推出和網飛（Netflix）一樣的影音租借服務，特別設計出會員註冊工具。雖然這樣的工具還很原始，但可在美國修改，以供尊榮會員俱樂部利用。霍登說：「這就像材料都有了，我們只要組合起來就成了。」

貝佐斯憑藉一股信念推出尊榮會員快速到貨服務。至於這項收費服務是否能使訂單變多，是否會刺激顧客購買書籍、DVD以外的產品，則是個未知數。如果公司運送一箱快速到貨包裹的成本是8美元，尊榮會員一年下了二十筆訂單，每一位顧客快速到貨的運費成本則為160美元，遠超出79美元的會員費。因此，這項服務的成本很高，很可能會虧損。皮亞森蒂尼說：「每一次財務分析都指出，如果我們要推出這個兩日內免運費到貨的服務，必賠無疑。我們必然是瘋了，才會鐵了心要這麼做。」

但貝佐斯憑藉膽識和經驗一意孤行。他知道超省方案已改變顧客的購物行為，為了省錢，他們不得不訂更多的東西，以及訂其他種類的商品。他也知道一鍵下單得以去除網路購物繁瑣的程序，顧客就願意買更多。如此，可使公司的飛輪加速旋轉，促進良性循環。如果顧客買得更多，亞馬遜的銷售量再往上衝，還可降低運送成本，有籌碼和供貨商談判更好的條件。這樣公司省下來的錢就可以彌補尊榮會員免運費的成本，提供顧客更低廉的價格。

事實證明，尊榮會員的服務還是值得做。顧客對亞馬遜的到貨效率有信心，下單兩日內就可收到貨品，因此非常滿意。亞馬遜的員工凱勒也加入會員，他提到自己的體驗：「這就像從撥接上網升級到寬頻網路。」儘管快速到貨的成本很高，亞馬遜一開始因此賠錢，但威爾基的團隊整合多項商品的能力愈來愈強，可以把這些商品放在同一個箱子寄出，如此一來，便可以節省運送成本，運輸費用每年下跌的百分比達兩位數。

自亞馬遜推出尊榮會員俱樂部之後，有好幾年都沒大肆聲張這項服務的成功，甚至連內部員工也不一定看好。一位技術主管向拉溫德蘭抱怨，說他擔心貝佐斯會為所欲為地操縱工程師在公司系統插入他想做的案子，造成系統的負擔。還有一些主管則擔心這項服務賠錢。幾乎只有貝佐斯對這個專案信心十足，每天緊盯會員的成長數，如果他沒在亞馬遜首頁看到這項服務的宣傳，就立刻干涉。

其實，早在2005年2月，貝佐斯就覺得勝利在握。那個月，亞馬遜在老地方，也就是西雅圖第二大道上的摩爾劇院召開員工大會。拉溫德蘭向大家介紹亞馬遜尊榮服務，報告完畢之後，貝佐斯帶頭用力鼓掌。

真正的全壘打

尊榮會員服務為亞馬遜開啟新的大門，翌年公司又推出貨物**代寄服務**（Fulfillment by Amazon），簡稱FBA。這項服務提供其他商家將貨物寄存在亞馬遜，並由亞馬遜的履行中心出貨。他們的商品也可搭尊榮會員服務的順風車，一樣兩日內到貨。常上亞馬遜購物的顧客，也可選購這些由其他廠商寄存的商品。這讓威爾基的物流團隊深以為傲。韋格納說：「這才是真正的全壘打。我們已建立起良好的信譽，讓顧客心甘情願掏錢出來。」

因此，在2006年秋天的營運檢討會議，威爾基聽到年底的購物季將是他在亞馬遜履行中心的最後一役，不禁訝然，他萬萬想不到這一天這麼快就來了。貝佐斯希望威爾基接掌整個北美地區的零售部門，並負責找下一位接班人來幫他管理履行中心。維爾基認為，履行中心的發展已進入平穩期，所有的幹部皆按照「6標準差」的原則行事，即使沒有他也不成問題。他決定去外面找一個有全新視野和國際經驗的人，以為亞馬遜帶來新氣象。

他遍尋英才，最後找到歐涅圖（Marc Onetto），前奇異公司的高階主管。歐涅圖有一口濃厚的法語腔調，說起話來生動有趣得就像是說書人。在他的領導下，工程師重新編寫亞馬遜的物流軟體，並發明了名叫「機械老師」（Mechanical Sensei）

的電腦系統，以模擬所有的訂單流程，預測新的履行中心開設在何處效率最高。

歐涅圖還把亞馬遜的焦點轉向源於豐田汽車的精實生產，以消除不必要的浪費，推動實際的變革。日本顧問偶爾會過來，和亞馬遜的主管一起研究，然而這些顧問態度傲慢，讓亞馬遜的員工不敢恭維，於是給他們起了個綽號叫「顧人怨」顧問團。

雖然亞馬遜極注重軟體和系統，物流中心還有一個關鍵因素是不可忽略的，就是在裡面工作的低薪勞工。十年來，亞馬遜在每年年底的購物季僱用了幾萬名臨時員工，最後只有10%至15%的人可留下來當正式員工。這些低技術勞工時薪只有10至12美元，由於找不到其他好差事，只好在亞馬遜這位殘酷的雇主底下工作。偷竊這種事便層出不窮，特別是當履行中心進了些容易藏匿的物品，像DVD或珠寶，亞馬遜於是在各家履行中心加裝金屬探測器和監視錄影機，甚至必須和保全公司簽約，請他們派人來巡邏。2010年在芬利履行中心工作的克勞斯（Randall Krause）說：「公司把每個人當做小偷來防範。我個人倒不會有被冒犯的感覺，反正清者自清，或許我們真的有不少內賊。」

為了對付怠工的問題，亞馬遜祭出一套評分制度，以評估每個員工的表現：遲到扣半分，曠職扣三分，即使請病假，也會被扣一分。被扣六分就會被炒魷魚。克勞斯說：「這就是他們設下的標準，如果你做不到，就有人來接替你的工作。他們是不會給你第二次機會的。」

多年來，卡車司機工會與聯合食品及商業工人工會一直想把亞馬遜在美國境內履行中心的工人組織起來。他們在停車場上發放傳單，甚至去亞馬遜的員工家敲門。亞馬遜的物流主管一聽到風聲，立刻把員工找來談話，一面聆聽他們的抱怨，另一方面也明白告訴他們，公司不容許他們加入工會。由於亞馬遜員工人數眾多，流動率又高得驚人，要想他們組織起來，和公司對抗，比登天還難。2013年，亞馬遜在德國的兩間履行中心出現罷工事件，員工罷工四天，要求加薪和提高福利，但公司拒絕和工會談判。

工會認為，談判不成最大的阻礙來自員工 —— 他們害怕被報復。早在2001年1月，亞馬遜為了縮減開支，關閉在西雅圖的客服中心。亞馬遜宣稱，此事件與工會活動無關，但工會並不相信。華盛頓技術工人聯合會的發言人薩瓦德（Rennie Sawade）說：「恐懼就是阻礙亞馬遜員工加入工會最大的障礙。儘管公司於法不能阻止員工加入工會，你還是可能因此失業，不知道能不能重返工作崗位。」

履行中心的問題除了內賊、工會和怠工，還有一個更難以預測的挑戰，也就是天氣。自從最早在鳳凰城設立履行中心以來，公司主管知道他們一定得安裝空調，畢竟那裡夏日酷熱，然而在氣候比較涼爽的地區，主管就認為空調是不必要的浪費。遇上熱浪來襲，各履行中心的主管會拿出一套因應辦法。在夏天氣溫動不動逼近攝氏38度的中西部，上午和下午的休息時間則會從十五分鐘增加為二十分鐘。此外，公司也加裝風扇，並免費提供運動飲料。

但這些抗暑手段效果有限。2011年，艾倫城（Allentown）的報紙《早安報》（*Morning Call*）報導，亞馬遜在賓州李海谷（Lehigh Valley）的兩間履行中心，工作環境惡劣，員工必須在熱浪中揮汗工作。十五名員工因而中暑，送到附近的醫院治療。急診室的一位醫師曾打電話向聯邦機構檢舉亞馬遜員工的工作環境危險。報紙還提到，亞馬遜僱來一部私人救護車停駐在履行中心外面，車上還有緊急救護員，隨時準備把倒下的員工送到醫院。這樣的描述令人冒出一身冷汗，懷疑亞馬遜是不是一家只顧賺錢的冷血公司。

威爾基辯稱，亞馬遜的安全紀錄良好，因此通報到職業安全衛生管理局的事件寥寥無幾，顯示亞馬遜比百貨公司更注重工作環境的安全。然而，這樣的辯解只是火上加油。[3] 亞馬遜繼續我行我素，媒體也繼續緊揪這個電子商業巨人的辮子，翌年又有更多負面報導，使公司形象大傷。最後，亞馬遜終於宣布將斥資5,200萬美元在更多的履行中心安裝空調。[4]

貝佐斯和威爾基可以從混亂建立秩序，也能創新求變，但有些問題還是無法斬草除根。最反覆無常、不可預期的就是人性，你永遠想不到有人會變出什麼花招。2010年12月，有一個心生不滿的員工在芬利存放辦公用品的房間放火。根據兩位在場員工所述，大夥兒倉皇逃出，在寒風中站了兩個小時才得知可以回家。同年，一樣是在芬利，有一個準備離職的員工竟然跳上輸送帶，隨著輸送帶，繞中心一圈，大呼過癮。這個人隨即被警衛送出大門。

也許最離奇的故事，發生在2006年最忙碌的歲末購物季。堪薩斯州柯菲維爾（Coffeyville）的一個臨時人員每天上班總是準時出現在履行中心，下班也準時回家，但他在上班期間到底做了哪些事，卻沒有人知道。當時，亞馬遜的時鐘系統還沒有和追蹤生產力的系統連上，這樣的怪事持續了至少一個星期。

然而，這個計謀終究還是被人拆穿。原來那個臨時人員在履行中心最偏遠的角落挖了一個深約2.5公尺的坑洞，從亞馬遜取之不竭的貨架搬來一堆用品，包括食物和一張床，把那裡變成舒服的小窩，他從書上撕下圖片裝飾牆面，還有裸女掛曆。柯菲維爾履行中心的總經理嘉爾文（Brian Calvin）立刻把他揪出來，趕出大門。那個人安靜地走到附近有公車站牌的地方，雖然一臉羞怯，說不定心裡正得意洋洋。

07
不是零售商，而是科技業

2005年7月30日，亞馬遜慶祝十週年，晚會在西雅圖的班納羅亞音樂廳（Benaroya Hall）舉行。受邀上台致辭的貴賓，包括暢銷推理小說家派特森（James Patterson）、《從A到A⁺》作者柯林斯、好萊塢名編劇卡斯丹（Lawrence Kasdan）等人。最難得的要算是巴布狄倫和諾拉瓊斯的二重唱，他們一起唱了「I Shall Be Released」。晚會主持人是知名喜劇演員馬赫（Bill Maher）。行銷副總裁薩維特說服貝佐斯，在亞馬遜網站上直播當天的晚會節目，讓更多人可以看到這歷史性一刻。觀看影片人次多達百萬人，當然其中有很多是亞馬遜的顧客。

不管亞馬遜這一路走來如何，這家公司不再是媒體寵兒。現在是Google時代，這家來自矽谷的搜尋引擎公司成為超級巨星，風雲人物是Google創辦人佩吉和布林，他們改寫了網際網路的歷史。Google自崛起之後，一舉一動都是全世界矚目的焦點，包括2004年的首次公開募股。

不管電子商務模式再怎麼精明，傳統公司的執行長再怎麼有經驗，一夕之間都成明日黃花，只有技術能力高超才能獨領風騷。現在似乎是史丹佛電腦科學博士的時代，哈佛MBA或是在華爾街操作對沖基金的金童，不再笑傲天下。

時代變了，外界都不相信亞馬遜能一帆風順。在公司十週年慶這一年，有鑑於亞馬遜獲利微薄，加上其他網路公司發展出更優異的商業模式，華爾街並不看好亞馬遜，致使亞馬遜股價重摔12%。關注亞馬遜十週年慶活動的二十三位分析師中，有十八位表示對亞馬遜的前景抱有疑慮，主張持有或賣出他們的股票。反觀eBay的市值足足是亞馬遜的三倍，分析師認為是投資的完美標的。此時，Google的市值已是亞馬遜的四倍以上，更何況他們上市還不到一年。一切跡象顯示，固定價格的網路零售模式已經過時。

儘管自從90年代末期，貝佐斯口口聲聲說，亞馬遜是在電子商務具領先地位的科技公司，不是零售商。但這似乎只是一廂情願的說法，亞馬遜的營收大部分還是來自販賣商品給顧客。不管貝佐斯怎麼說，亞馬遜看起來、聞起來、走路的姿態和叫聲，都和零售商沒什麼兩樣，而且獲利只是差強人意。

亞馬遜十週年慶結束一個星期後，《紐約時報》在週日財經版頭版刊登一篇長文，提到貝佐斯並不適合擔任執行長。[1]文中引述分析師的意見：「貝佐斯應該像其他科技公司的創辦人一樣，找個有專業訓練背景，加上多年營運經驗的人來掌管公司。」

Google的崛起不只改變了華爾街和媒體的看法，也為亞馬遜帶來新的挑戰。網民不只是上亞馬遜的網站尋找自己想要的商品，也會利用Google搜尋商品資訊。對亞馬遜來說，Google就像是介於自己和顧客之間的電燈泡。Google對電子商務也很有野心，很早就創立價格比較服務的搜尋引擎Froogle*。更糟的是，現在亞馬遜和eBay還得為了Google搜尋熱門關鍵字（如「平板電視」或「iPod」）結果旁的廣告欄位爭破頭。如果是Google廣告帶來的交易，都得支付Google佣金。為了使這種新型態的廣告更有效率，亞馬遜設計出第一個廣告搜尋購物的自動化系統，名為「烏魯班巴」（Urubamba），此名源於祕魯的一條河流名稱，也是亞馬遜的支流。

但亞馬遜在開發這樣的工具時不得不小心提防，以免對手透過Google利用這樣的工具。貝佐斯對負責開發烏魯班巴的休爾（Blake Scholl）說：「你要把Google看成一座山，儘管你無法移動這座山，還是可以爬上去。你要利用他們，然而可別讓他們變得更聰明。」

Google不但會搶亞馬遜的顧客，也和亞馬遜一樣求才若渴，需要厲害的工程師。Google在首次公開募股之後，就在離西雅圖市中心二十分鐘車程的柯克蘭（Kirkland）設立辦公室。Google給員工的待遇極佳，如免費的餐點、健身房、為員工小孩設立托兒所，更別提令人垂涎的員工認股。相較之下，亞馬遜的股價低迷，內部鬥爭激烈，員工還得自付停車費和餐點費。Google就像吸塵器，把亞馬遜的一大票工程師都吸去了。

＊譯注：Froogle與frugal（意指節省）同音，此服務在2007年4月後更名為Google Product Search。

此時，貝佐斯一面鞏固亞馬遜的核心事業，一面大膽冒險。2003至2005年間，亞馬遜開始研發自己的搜尋引擎，讓顧客得以搜尋亞馬遜販售書籍裡的字句。貝佐斯也開拓群眾外包平台，稱之為「土耳其機器人」（Mechanical Turk）*。亞馬遜即利用這個平台集結大批鍵盤傭兵為其雲端主機服務奠基，開啟雲端運算時代。

貝佐斯也努力對抗企業發展的阻力。他說，一般的企業內部總會抗拒非傳統的做法，即使是實力雄厚的公司，本能反應就是按照原來的方向繼續前進，不敢轉向。每一季召開董事會的時候，他總會要求每位主管分享自己對抗這種阻力的實例。他希望這些主管能冒險犯難，願意承擔不可能的任務，即使代價高昂亦在所不惜。他心目中的亞馬遜，絕不是一家沉悶乏味、只求薄利多銷的網路零售商。他不斷對員工耳提面命：「**要突破困境，只能自己開闢一條新路。**」

新演算長曼博的創舉

貝佐斯堅信，亞馬遜必須把自己定義為一家科技公司，而非零售商，於是他積極招攬科技人員，而且故意給他們曖昧不明的工作職稱。

2001年，貝佐斯從蘋果電腦那裡挖角來知名的使用者介面專家泰斯勒（Larry Tesler），任命他為購物體驗副總裁。翌年，他又僱用了史丹佛大學的機器學習教授懷根德（Andreas Weigend）擔任科學長。貝佐斯對這兩位專家寄予厚望，但他們還沒有做出特別表現，就已厭倦西雅圖的生活。懷根德在亞馬遜待了一年四個月就離職，而泰斯勒則做了三年多。但後來，貝佐斯還是找到了他的千里馬，此人和他一樣有遠大的眼界，將帶領亞馬遜開拓新的領域。

這個人就是曼博（Udi Manber），出生於以色列北部的小城基維特海姆（Kiryat Haim），在美國華盛頓大學取得電腦科學博士學位。1989年，他在亞利桑納大學擔任電腦科學教授時，出版了一本關於解決複雜數學公式的專書《演算法導論》（*Introduction to Algorithms*），這本書後來成為權威之作，也引起矽谷高手的注意。曼博在雅虎工作時，正值該公司的輝煌時代，然而自從2002年華納兄弟執行長賽默爾（Terry Semel）入主之後，即積極把公司從入口網站轉型為媒體公司，曼博大失所望，黯然遞出辭呈。

達澤爾聽說曼博寫的那本書很高明，得知他要離開雅虎了，就對他示好，希望他來亞馬遜工作。達澤爾將曼博介紹給貝佐斯，曼博和貝佐斯一見面就惺惺相惜，這段情誼甚至成為科技界的佳話。貝佐斯問曼博的第一個問題就是：「就你發明的新演算法，可否描述給我聽？」曼博解釋一番，發現貝佐斯有非凡的理解力。他說：「他不只完全了解，而且很快就了悟，比絕大多數人要來得快。我真沒想到，一家公司的執行長有這樣的悟性。如果要我解釋給雅虎的資深主管聽，大概要花一個月的時間。」

＊譯注：Amazon Mechanical Turk簡稱AMT，亞馬遜的群眾外包，主要是讓委託工作者將手邊需要透過人類智能完成的繁雜任務切成細小瑣碎的工作，在 AMT 上設計相關網頁，透過 AMT 提供的指令工具將工作以人腦智慧任務的形式，公開發布至外包平台，讓工作者以透過存取網頁的方式完成工作。然而，因工作內容單純，如填寫網路問卷、加入某個Facebook粉絲團等，時薪一般只有2美元。

問題是，曼博不想搬到西雅圖。他太太是史丹佛大學教授，兩個女兒年紀還小。貝佐斯於是同意讓他在西雅圖和矽谷兩地工作。那年秋天，曼博加入亞馬遜，貝佐斯同樣給他一個讓人看得一頭霧水的職稱：演算長。幾個月後，曼博也成為S團隊的成員。達澤爾說：「這兩人可說一拍即合。」

曼博的任務就是利用技術提高亞馬遜的營運效率，並開發新的特色。他每週和貝佐斯見一次面，兩人一起研究進行中的案子，並為了新點子進行腦力激盪；由於貝佐斯已不再和部屬進行一對一的討論，這是特例。而且即使他們是在亞馬遜盈餘公告的幾個小時前見面，貝佐斯仍是全神貫注地聽他解說。

曼博在亞馬遜推動的第一個案子即因野心遠大，引來媒體和紐約出版圈的關注。在曼博來到之前，亞馬遜就已推出「線上試閱」（Look Inside the Book）的試讀工具，讓亞馬遜的顧客也能體驗在實體書店翻看一本書前幾頁的感覺。曼博更進一步發揮這樣的構想，提議加上「內文檢索」（Search Inside the Book）的服務，讓顧客可以在想買的任何一本書搜尋某個字或某個語詞。貝佐斯覺得這個點子太棒了，甚至願意讓顧客搜尋亞馬遜網站上任何一本書的內文。他給曼博一個目標：希望可搜尋內文的書籍能夠達十萬冊。[2]

曼博說：「我們的論點很簡單。試想有兩家書店，一家把所有的書都用透明膠膜密封起來，另一家則可以任意翻閱，你認為哪一家賣得比較多？」

出版社擔心「內文檢索」的功能可能會為網路盜版大開後門，但大多數的出版社還是同意試試看，給亞馬遜實體書以供掃瞄。亞馬遜把書運到菲律賓給承包商，讓他們負責掃瞄。接著，曼博的團隊利用光學文字辨識軟體，把掃瞄檔案轉換為文字檔，亞馬遜的搜尋演算系統便可進行導覽、設置索引。

為了避免顧客在網站上讀完整本書，亞馬遜只提供一小部分的內文，也就是搜尋字詞的前後一、兩頁，而且只有信用卡資料留在亞馬遜的顧客才得以享受這樣的服務。在你瀏覽書籍內文後，亞馬遜會在你的電腦留下一小段資訊，也就是所謂的「cookie」（訊錄），等你再度瀏覽同一本書，亞馬遜的系統就會讀取這些cookie，不讓你藉由不斷搜尋免費看完整本書。

這個過程需要大量計算，但亞馬遜沒有提供曼博及其團隊足夠的電腦資源。曼博只能利用晚上或週末，等公司比較多電腦空出來的時候再來跑程式。幸好，他底下有個人在公司某處找到一批緊急備用電腦。經過公司同意後，他得以使用這些電腦，但他也擔心這些電腦隨時可能被收回去。

2003年10月，亞馬遜正式推出「內文檢索」的服務。亞馬遜因為此次重要的創新之舉，三年半來，首次登上《連線》的專題報導。這篇文章再度燃起貝佐斯在1990年代末期對書店的夢想，亦即把每一本書儲存起來的「亞歷山大計畫」。也許這麼一座無所不包的圖書館可以數位化，那這個夢想就可以實踐，不再遙不可及。貝佐斯用保守的語氣告訴《連線》，亞馬遜的「內文檢索」的確是踏上「亞歷山大計畫」的第一步。他說：「我們總得有個起點。等你爬上第一座小山的山頂，就可以看到下一座山了。」[3]

A9任務：與Google對決

亞馬遜在1990年代增加了產品種類，主管團隊最後不得不面對這麼一個結論：公司也得專精於產品搜尋。亞馬遜在發展之初，取得搜尋引擎Alta Vista的授權，這個搜尋引擎公司是電腦製造商迪吉多（DEC）的子公司，但Alta Vista很快就不敷使用（現已停止運作）。

到了90年代末，亞馬遜的工程師波曼（Dwayne Bowman）和歐特嘉（Ruben Ortega）開發出內部的產品搜尋工具，名為「波特嘉」（Botega，由兩人的姓氏組合而成），這項工具主要是利用亞馬遜龐大的顧客資料庫，以及自正式營運以來蒐集的資訊。由於這個系統的設置，顧客只要搜尋、點選某一樣東西，網站就會把最熱門的新鮮貨擺在最前面。這項工具短期內沒問題，只是亞馬遜的產品目錄愈來愈複雜，網路索引和組織的能力也落後Google，亞馬遜只能面對這樣尷尬的事實：亞馬遜對自己網站產品的搜尋能力竟比不上Google。

此時，有幾個因素使亞馬遜踏入更廣大的網路搜尋領域。亞馬遜與Google終於正面對決。亞馬遜一直很難吸引技術高手到西雅圖，公司各個部門還常常搶同一個工程師。因此，2003年底，霍登、曼博等人直接到帕羅奧圖召募人才。他們面試了許多有潛力的高手，結果大有斬獲。由於西雅圖就業市場有限，公司因而決定在西雅圖以外的地方設立第一個分部。

貝佐斯和達澤爾把這些衛星辦公室稱為遠程發展中心，也就是在人才密集之地設立分部，員工就不必搬遷到西雅圖，他們將會進行一些獨立專案，不必時常與西雅圖的總部溝通。如此一來，亞馬遜將因新血的挹注變得更有活力，也更能靈活應變。但亞馬遜的律師則擔心公司會因此被課州銷售稅，堅持分部必須獨立運作，而且與顧客的交易完全無關，才同意這樣的策略。

一年後，曼博不想繼續在西雅圖和矽谷兩地來回奔波，於是公司讓他負責設於帕羅奧圖的新分部。2003年10月，亞馬遜第一個發展中心在帕羅奧圖市中心的魏弗里街（Waverly St.）和漢米頓街（Hamilton St.）交會口正式成立。因貝佐斯很喜歡數學名詞的縮寫，於是把這個中心命名為A9（A9是演算法algorithm的速記符號，A是首字母，9是這個英文字的字母數）。儘管曼博已經調職，但他仍然每個星期利用電話會議和貝佐斯討論事情，也常回西雅圖總部。

他們依然胸懷大志，A9不只重整亞馬遜自家網站的產品搜尋工具，也開始開發一般網路搜尋引擎，等於是直接闖進Google的地盤，一拚高下。亞馬遜從Google得到搜尋索引的授權後，再開發出新東西，因此兩者的關係是既合作又競爭。2004年4月，亞馬遜的A9發布新的網路搜尋引擎，曼博說：「搜尋還沒走到盡頭，可以做的東西很多。這只是開始。」

A9給貝佐斯和曼博一個舞台，讓他們嘗試許多大膽的點子，而這些點子大部分和亞馬遜的核心業務無關。在一次腦力激盪的會議上，他們認為利用網路來創新電話簿服務是再自然不過的做法，該好好把握這樣的機會。亞馬遜的「街區圖」

（Block View）計畫因此而生。A9除了提供搜尋結果清單，還加上商店和餐廳的詳細街道圖。兩年後，Google推出類似的服務，也就是「街景圖」（Street View）；Google的街景圖更成功，但最後也引發更多的爭議。

Google派出數量龐大的街景車，裝載昂貴、特殊的攝影機跑遍天涯海角，拍攝街景。反之，亞馬遜的街區圖計畫仍秉持公司一貫的原則，也就是節約至上。曼博的預算還不到10萬美元，因此要工作人員分別飛到二十個城市，自行租車，拿著手提攝影機進行拍攝工作。

到了2005年底，Google聲勢如日中天，市值極為可觀，而亞馬遜A9的一般網路搜尋雖然目標遠大，看來像是個失敗的實驗。網路搜尋絕不是用便宜的方式可以辦到的，也不是騎在對手的搜尋索引上就可勝出。曼博底下開發搜尋引擎的工程師只有十來個，而Google卻有好幾百個。

儘管如此，亞馬遜的A9在其他領域仍大有可為，例如改善亞馬遜網站的產品搜尋，同時一項名為Clickriver的廣告服務也開始進行，讓廠商（如電視機安裝業者）可出現在亞馬遜的搜尋結果連結（如顧客搜尋的是HDTV）。Clickriver帶來新的廣告業務，後來成為亞馬遜的金雞母。除了這些，曼博還有其他貢獻，他在接下來的三年之間，申請的專利多達二十項以上，有些項目貝佐斯也名列共同發明人。

但後來S團隊爆發一連串的衝突，貝佐斯和曼博因而反目。貝佐斯又變回老樣子，常在白板上寫一大堆東西，想向全世界證明亞馬遜絕非普普通通的零售商，也非在新世代安於守舊的科技公司。

拉曼實現以數據為核心的理想

度過第一個十年的亞馬遜並不是一個愉快的工作環境。公司股價一直沒有起色，每年加薪幅度極為有限，工作步調卻快得令人喘不過氣來。員工都覺得薪水過低，工作量太大。新的研發中心在帕羅奧圖等地成立之後，亞馬遜內部流傳一個笑話：在西雅圖的亞馬遜總部工作太悲慘了，還是到別的地方發展吧。

由於公司電腦架構老舊，而且像疊床架屋，工程部的人員不時得設法修理。公司用的最原始架構是卡芬在1990年代設計的，亞馬遜的高階主管佛格爾斯（Werner Vogels）說，這套名為「奧比杜斯」的陳年電腦系統，「就像是用萬用膠帶和防鏽潤滑劑W40勉強湊合著用的」。[4]亞馬遜複製了一套這樣的系統使塔吉特和博德斯的網站運作，雖然有利可圖，然而更凸顯電腦基礎設備的老舊。光是一棟大樓內的電腦就常常出狀況，已讓工程師像救火隊員一樣，忙得焦頭爛額，其他大樓也不時傳出災情，更讓他們疲於奔命。

亞馬遜當時和其他很多技術公司一樣，終於從痛苦中得到一個教訓，也就是電腦基礎設備應設計得簡單、靈活一點，也就是所謂以服務為導向的架構。在這種架構之下，每一種特色或服務都是獨立的，可以輕鬆更新或是替代其中的一部分，而不會影響到整體。

在那個時期，亞馬遜的技術長是佛繆倫（Al Vermeulen），同事都叫他「Al V」。他是個熱誠的領航員，在他的領導下，亞馬遜重建了電腦基礎設備，使各部分既可獨立運作，又可相連。從舊系統轉換成新系統的轉型期長達三年，在這段既尷尬又漫長的階段，亞馬遜一個名為古魯帕（Gurupa也是亞馬遜的支流）的系統讓負責電腦網絡的工程師嘗盡苦頭。他們隨時都得攜帶呼叫器，以便立即回覆層出不窮的問題。

結果，幾十個技術高手都離開了，很多人跑到Google上班。其中一個就是耶吉（Steve Yegge）。幾年後，他在Google+社交網絡發文批評前雇主亞馬遜，無意中讓所有的網民看到他的意見。他寫道：「要提亞馬遜的事，又要忍住不嘔吐，實在很難。但我最後還是發現一件事：從很多方面來看，他們是一家世界級的公司，特別是在關心顧客需求方面，這家公司對顧客的關心程度遠超過對員工的關心。但我想，最重要的終究是顧客。」

2004年末，有件事又讓人得以一窺亞馬遜的氣氛與內部運作。玩具反斗城以亞馬遜違約為由，一狀告到聯邦法院。玩具反斗城聲稱，依照合約，只有玩具反斗城得以在亞馬遜的網站上販售最暢銷的玩具，他們向亞馬遜支付了高額的年費，且銷售額讓亞馬遜抽成，然而亞馬遜及其執行長不守約定，執意給顧客最多元的選擇，甚至想辦法讓其他玩具業者也在亞馬遜的網路上販售商品，他們因此忍無可忍。其實，原始合約上的法律文字晦澀難解，因此大有問題，但他們將焦點簡化為彼此在目標與世界觀上的衝突。

2005年9月，此案在紐澤西帕特森（Paterson）法庭開庭。

根據法院紀錄，開庭那兩天貝佐斯都親自出庭作證，但他似乎很不高興。法官麥克維（Margaret Mary McVeigh）質問貝佐斯，為何無法回想起那時的重要決定，最後判決玩具反斗城勝訴，得以與亞馬遜解約，恢復自己的網站。法官在判決書中描述亞馬遜員工對玩具反斗城不屑一顧，但對自己公司的執行長和他的要求則是既崇敬且勉力以赴。法官並在判決書中引用玩具反斗城一位主管的證詞：「據我的認知，亞馬遜的大事都是貝佐斯一個人說了算。」

亞馬遜想與玩具反斗城和解，但遭到對方拒絕，最後因敗訴必須賠償對方5,100萬美元。從這場爭端再次可見，亞馬遜把顧客需求擺在第一位，不惜為了顧客而與合作夥伴撕破臉。（差不多在同時，亞馬遜也被另一個合作夥伴旅遊網站Expedia告上法院，最後以庭外和解收場。）

玩具反斗城與亞馬遜拆夥之後，亞馬遜自己的玩具部門面臨轉型，書籍／DVD以外的商品部門則更加混亂。有個原因是電子產品和珠寶部門雖然比最初的書籍／DVD部門成長迅速，卻還在虧錢，如此一來將拖垮公司財務。為了解決這個問題，貝佐斯在2004年底僱用了網路藥局Drugstore.com前主管拉曼。拉曼原先是沃爾瑪的工程師，因不斷把沃爾瑪的同事拉來亞馬遜工作，致使沃爾瑪在1998年控告亞馬遜對他們大挖牆角，藉以竊取他們的商業機密。

當時亞馬遜的全球零售資深副總裁是皮亞森蒂尼，貝佐斯突然把他負責的業務範圍一砍為二，並把電子產品、珠寶等商品部門交給拉曼。貝佐斯在一個星期二，透過公司內部電子郵件發布這樁人事案。看到電子郵件的每個人都驚愕不已，當然包括皮亞森蒂尼本人（然而皮亞森蒂尼堅稱，他在貝佐斯發送那封電子郵件之前，早已得知此事）。

拉曼生於印度南邊的一個小村莊。十五歲時父親過世，一家人因此陷入貧困。然而拉曼還是自立自強，從大學電機系畢業後，在孟買的塔塔工程顧問公司（Tata Consulting Engineers）任職，後來赴美，在德州的沃爾瑪擔任顧問，在IT部門不斷爬升，並與達澤爾結識。[5]拉曼聰明過人，精力旺盛，而且是個非常嚴苛的主管。他還有些令人難忘的習慣，比方說喜歡在開會的時候嚼荖藤葉，然後把渣吐在垃圾桶裡。當時在亞馬遜負責資料庫的萊爾，在拉曼底下工作了一年半，她說：「拉曼很愛大吼大叫。」

拉曼利用他在沃爾瑪的經驗，在亞馬遜建立了新的電腦系統，實現了貝佐斯的一個理想，也就是建立一家以數據為核心的公司。他的團隊創造了一些自動化工具，讓公司採購可依據數十種變因來訂購商品，這些變因包括季節流行趨勢、過去購買行為，以及當時有多少顧客正在尋找同一種產品。拉曼的團隊也改善了亞馬遜的**自動定價程式，使亞馬遜得以隨時依據對手祭出的最新價格，調整定價，以貫徹貝佐斯的旨意，亦即永遠給顧客最低價。**

公司採購人員必須為產品庫存量和價格競爭力負責。萊爾說，如果某種商品突然沒有庫存，或是價格比對手貴，拉曼絕對饒不了你。她說：「公司裡的人一天到晚都吵得臉紅脖子粗，互相叫囂。公司電腦本來就有問題，所以跑出來的數據不時出錯。我們把數據交給貝佐斯，他發現其中有矛盾，就會對我們破口大罵。噢，那真是可怕。」

拉曼講起話來像連珠砲，帶著濃濁的印度腔，又很會口誤，常教人噴飯。例如，他曾高喊：「你們一定是吸毒了！」也曾說：「你們在喝什麼，是否可以跟我分享，好讓我對你們有信心？」*他在亞馬遜做不到兩年就離職了，但公司的人到現在還在談論這個奇人。

曾在拉曼底下做事的零售經理高伯格（Jason Goldberger）說道：「拉曼冷酷到家了，就像電影裡的人物。記得卡崔娜颶風次年，我接管居家裝潢的業務。拉曼不了解，為何發電機的銷售量會下滑（前一年因為颶風的關係，發電機的銷售量大增）。他總是緊迫盯人，讓人很受不了。」

S團隊內鬥不斷

亞馬遜本來就有整體失調的毛病，加上這麼多的變化更形混亂。S團隊內鬥不斷，或許大公司都有這樣的問題。

零售部門的兩名大將拉曼與皮亞森蒂尼不和，拉曼也常槓上威爾基。威爾基一度聽說拉曼在說履行中心團隊的壞話，就在一次大型會議上向他興師問罪。威爾基對他說：「聽說你有話想對我說？你要不要在這麼多人的面前把話說出來？」旁觀者都覺得他們可能會大打出手。此外，公關副總裁薩維特也和皮亞森蒂尼及凱勒交惡。凱勒是貝佐斯的忠實信徒，甚至連舉

* 譯注：拉曼要說的顯然是：「你們在想什麼，是否可與我分享」，但他把thinking說得像drinking。

手投足都有貝佐斯的影子，他當時已決定接掌線上影音網站葫蘆網，但在找到替代人選之前，他還得留在亞馬遜。

這些內部紛爭讓貝佐斯一個頭兩個大。那些個人恩怨，他不想處理，也沒辦法解決。結果，S團隊的成員都不遺餘力地巴結老闆，在開會時則像吃了炸藥，有話直說，互不相讓。

像曼博和公司的另一個技術主管霍登就是死對頭。霍登是貝佐斯在DESCO的老同事，早在十幾歲的時候已經是化名「新星」的駭客。

霍登是亞馬遜管理團隊的元老，和貝佐斯情同兄弟。如果S團隊的成員像行星繞著貝佐斯旋轉，霍登就是軌道離太陽最近的水星，但他也招來不少批評，原因之一就是遭到其他主管的嫉妒。霍登那時約三十來歲，講話很快，把汽水當水喝，酷愛星巴克星冰樂，喜歡在產品會議上走來走去。他就像另一個貝佐斯，是個積極的主管，急欲看到立竿見影之效。

由於霍登身為全球開發副總裁，個人化部門、商品自動化、合作夥伴、電子郵件行銷等部門五百多位員工都歸他管，還包括搜尋引擎開發部門。其實，把曼博調到帕羅奧圖負責A9中心，也是他的主意。但過了一段時間後，霍登覺得曼博的團隊對搜尋引擎的研究過於好高鶩遠，忽略了亞馬遜站內搜尋的實際應用。他認為曼博該好好解決自家網站搜尋延遲的惱人問題，希望一輸入關鍵字搜尋，就能立刻跳出結果。其實，霍登強調的網站搜尋經驗與曼博負責的搜尋技術兩者應相輔相成，而非各自為政。

霍登的無力感愈來愈大，由於他和曼博已形同陌路，不可能同心協力，於是決定另起爐灶，和另一個工程師凡格洛夫（Darren Vengroff）偷偷地在西雅圖，以Lucene程式庫為核心，利用開放原始碼全文檢索伺服器Solr來重建亞馬遜的搜尋引擎系統。幾個月後，霍登向貝佐斯展示他和凡格洛夫研發出來的搜尋引擎原型，貝佐斯同意讓他們試試看。霍登說，他想進一步開發以Solr為基礎的搜尋引擎，如果順利，就移回公司內運作。貝佐斯說，他需要再考慮一下，並和曼博討論此事。曼博得知之後，悖然大怒，認為霍登偷襲他的地盤。

現在，每個人的立場都很尷尬。貝佐斯回來後，要霍登和曼博合組一個聯合團隊，來評估霍登研發出來的搜尋引擎。問題是，曼博和霍登兩人根本處不來。在評估期結束後，貝佐斯決定亞馬遜的搜尋引擎仍歸A9團隊負責。

霍登像鬥敗了的公雞。雖然他口口聲聲說他的團隊已有很大的突破，而且解決了搜尋系統的老問題，但貝佐斯說，他只是感情用事才這麼說。

霍登知道貝佐斯站在曼博那邊，對亞馬遜也就沒什麼留戀了。他後來和凡格洛夫一起創立了行動搜尋公司佩拉果*（Pelago，這家公司後來被Groupon收購）。儘管霍登不滿貝佐斯的決定，兩人還是朋友，貝佐斯甚至拿錢出來投資Pelago。霍登離開後，貝佐斯不只失去他在公司交情最深厚的朋友，亞馬遜也失去一個多才多藝的創新者。幸好，曼博還在。

然而，曼博也要離開了。

曼博說，公司的決策中心在西雅圖，遠在帕羅奧圖的他感

＊譯注：該公司開發的Whrrl行動應用服務可讓用戶登入位置，搜尋本地企業的相關資訊。

覺被孤立。私底下，他對貝佐斯很火大，認為貝佐斯不該讓霍登在西雅圖另起爐灶跟他對抗。他告訴貝佐斯和達澤爾，他考慮回學術界做研究，鑽研記憶體。貝佐斯求他留下來，願意給他研究員的職務。曼博說，他再想想看。

這時，Google的元老和技術副總裁何澤（Urs Hölzle）想專注在Google的基礎設備，不想再管搜尋引擎那個部分。於是，他邀請曼博共進晚餐，問這位來自以色列的搜尋專家是否願意到Google擔任搜尋技術的主管。曼博一開始有些遲疑，說他已計劃離開這個領域。然而，過了幾個星期後，他改變心意，想聽聽看Google的條件。那年1月，何澤在帕羅奧圖市中心的佛納歐餐廳（Il Fornaio）訂了間包廂。佩吉和曼博一前一後進去餐廳，吃到一半，布林才加入。等到甜點上桌，當時擔任Google執行長的施密特也現身了。看來，Google不會讓曼博脫身了。

2月，Google向曼博提出極為優渥的條件，邀請他來執掌Google的搜尋團隊。曼博決定投奔到Google旗下。除了錢，對任何研究搜尋領域的工程師來說，進Google等於踏入全世界最大的競技場，加入了冠軍隊伍。對Google來說，他們不只尋獲搜尋領域最厲害的高手，還可一舉斷了對手的後路。

現在，曼博必須告訴貝佐斯，他要走了。當時，還有一大票人也要跳槽到Google。於是曼博打電話通知貝佐斯。亞馬遜的員工形容貝佐斯得知消息的那一刻就像瘋了一樣，他從來沒有這麼失常過。曼博料想到，貝佐斯會很難過，或許會想要挽留他。但是，曼博說：「我本來以為他會勸我留下來，但他沒有。他非常生氣，把我罵得狗血淋頭。我記不得他到底是怎麼說的，反正，他的意思是：『不行！不行！不行！你不能那樣！』他那樣罵我，好像我犯了什麼滔天大罪似的。」

那一刻，曼博覺得自己失去了一個朋友。他請貝佐斯將心比心，試著想想以他的背景和興趣，怎麼可能拒絕Google？但貝佐斯覺得曼博背叛了他。曼博是公司極重要的人，他要跳槽到Google，貝佐斯不可能若無其事。曼博說：「他直剌剌地把話說出來。我覺得很難過。他對我一向很好，教我很多東西，而我卻讓他失望了。我不知道他會不會原諒我，或許不會，但我沒有更好的選擇了。我已決定離開亞馬遜，要不是爬上原來領域的高峰，就是在新的領域從頭來過。」

幾天後，貝佐斯冷靜下來，希望曼博能改變心意，然而已無法挽回。貝佐斯現在失去兩個最親密的戰友與技術主管，要從零售商成功轉型成一家真正的科技公司談何容易。曼博離開一年後，A9的一般搜尋引擎計畫宣告失敗，關門大吉。亞馬遜的「街區圖」完全敗給Google的「街景圖」。亞馬遜圖書的「內文檢索」雖然不錯，卻只有一點加分效果，不算什麼了不起的改變。

這個時候，全世界最棒的工程師都急於逃離亞馬遜，奔向Google的懷抱，或其他矽谷熱門的網路公司。如果貝佐斯想向世界證明，亞馬遜是家真正的科技公司，就像他說的那樣，必然要有重大突破。

踏上成功之路

2002年初，致力於宣揚網路力量的電腦圖書出版商歐萊禮（Tim O'Reilly）飛到西雅圖，向貝佐斯提出一些建議。歐萊禮正在籌組一連串的Web 2.0科技大會，也為硬體玩家舉行名為Maker Faire的嘉年華盛會。他認為亞馬遜在網路上就像是個孤島，希望該公司能提出銷售數據讓他和其他書商可以追蹤出版趨勢，以決定接下來要出版什麼樣的書。[6]貝佐斯不曾想過提供這樣的資源給外界使用，只是淡淡地說，他看不出這麼做對亞馬遜有何好處。

多年來，貝佐斯與歐萊禮的關係可說亦友亦敵。2000年2月，歐萊禮曾在網路上集結眾人，抗議亞馬遜把持「一鍵下單」的專利，拒絕讓其他網路零售商使用這樣的下單系統。令人意想不到的是，就連貝佐斯也附和歐萊禮之言，批評沒有意義的專利，並支持他成立一家名叫獎金獵人（BountyQuest）的公司，以懸賞的方式鼓勵人們提出文獻證明，推翻具有爭議性的專利。[7]

歐萊禮也在部落格發表了一篇文章，鼓勵各地書迷支持當地的獨立書店，儘管網路書店的書價比較便宜，還是要盡可能去獨立書店買書，不然這些書店不久就會消失。全美各地有不少獨立書店都在收銀機上貼了這篇文章。

2002年，歐萊禮來訪，的確是無事不登三寶殿，貝佐斯仔細聽了他的建言。歐萊禮給貝佐斯看他們開發出來的一種名叫「亞馬遜排行」（Amarank）的搜尋工具。他們每幾個小時就上亞馬遜網站查詢歐萊禮的圖書及其對手出版品的銷售排行，然後利用螢幕抓取這樣的原始技術來存取，過程極為繁瑣。

歐萊禮建議，亞馬遜應該開發一系列的應用程式介面（API），讓第三方得以從網路取得其商品的資料、價格與銷售排行。他認為整個亞馬遜可切分成若干部分，讓其他網站做為發展的基礎。歐萊禮說：「一家公司除了開發新技術獨善其身，也應兼善他人。」[8]

送走歐萊禮之後，貝佐斯把達澤爾、羅斯曼和主管合作夥伴業務的布來爾（Colin Bryar）找來討論。達澤爾說，公司早已在進行這樣的計畫，負責的是一位年輕工程師費德里克（Rob Frederick）。費德里克創辦了一家行動商務公司會聚（Convergence），在1999年時被亞馬遜收歸旗下。他帶領的團隊正在研究API，允許顧客利用非PC的行動裝置（如手機和PDA）上亞馬遜網站購物。之後，貝佐斯又邀請歐萊禮對公司的工程師演講，開員工大會時，也請歐萊禮講述電腦發展史和成為平台的重要。

貝佐斯讓費德里克加入布來爾的團隊，要他們研究出一套新的API，讓開發者得以利用亞馬遜的網站資料。不久，其他網站就能發表從亞馬遜目錄取得的精選產品清單，包括售價和詳細的產品描述，也能利用亞馬遜的付費系統和購物車。貝佐斯贊同網路開放的觀念，並在接下來的幾個月在公司內部大力宣揚，他們必須提供開發者所需的新工具，「讓他們帶給我們驚喜」。

那年春天，亞馬遜舉辦了第一屆開發者大會，邀請那些想駭進亞馬遜系統的外界人士參加。現在，開發者也和顧客、第三方賣家一樣，成為亞馬遜的合作夥伴。布來爾和費德里克帶領的新團隊也有了一個正式名稱：**亞馬遜網路服務**（Amazon Web Services）。

亞馬遜即在這種因緣際會之下，偶然踏上一條成功之路。

AWS開啟雲端服務的新時代

亞馬遜網路服務，簡稱AWS，目前的業務主要是銷售網路基礎架構服務，如儲存空間、資料庫和基本電腦運算能力等。這項服務現在已經融入矽谷生活和更廣大的科技社群之中。如視覺圖片分享網站Pinterest和照片分享社群 Instagram這些新創公司，皆向亞馬遜租用伺服器空間來營運，好像自家辦公室就有這樣高效能的設備一樣。即使是大公司也依賴AWS，如線上影音租借公司網飛也是靠亞馬遜，透過網路串流技術將畫面送到顧客眼前。

AWS開啟了雲端服務的新時代，這項服務與科技新創公司的未來息息相關，擁有雲端技術的新創公司常能得到創投家的青睞。AWS的大客戶包括NASA、中情局等美國政府機關。雖然亞馬遜沒有公布AWS的財務表現和獲利能力，據摩根士丹利的分析師推算，這個部門在2012年為亞馬遜帶來的營收高達22億美元。

亞馬遜網路服務的興起，讓人不得不想到幾個問題。一家網路零售商如何發展這種完全不相干的業務？亞馬遜的AWS就像一種生物，本來是商業API，如何演化成高科技基礎架構服務的提供商？

早期的觀察家認為，亞馬遜的零售事業有淡旺季之分，每年生意最興旺的時候就是耶誕節到新年假期的購物季，貝佐斯因而決定在淡季把多出來的伺服器空間出租給開發者。然而這種解釋已遭到亞馬遜內部人士的反駁：如果照那些觀察家所言，每年秋天，亞馬遜不是得要把那些開發者踢出去？

提供這種基礎架構服務的源頭，其實起於亞馬遜古魯帕系統和公司電腦系統在2003年的改良。雖然亞馬遜的內部系統已拆解成若干可獨立運作的部分，系統因此變得比較穩定，技術團隊仍只有一個，設在西雅圖聯合車站（Union Station）附近的一棟樓房內。這個團隊嚴格控管亞馬遜的伺服器，公司其他部門如果要利用電腦試驗新的專案或特色，就得請求該團隊給予資源。當時軟體發展部的工程師伯朗（Chris Brown）說道：「負責那些機器的人就像硬體祭司，而我們都不得其門而入。我們真的需要一個可以讓我們自由試驗的場地。」

連貝佐斯都火大了。公司已經改善了履行中心的亮燈揀貨系統，電腦設備也從大而不當轉變為小而美的元件服務，但是公司電腦資源的供應已遇上瓶頸。例如各專案負責人雖然寫了六頁的文件向S團隊報告，後來在討論時不得不承認他們根本無法測試那些案子。達澤爾還記得，在一次特別重要的會議上，個人化部門的主管朗德（Matt Round）抱怨說，他沒有資源可以試驗。達澤爾說：「貝佐斯對我發火。碰到這種情況，我通常很能應付，但這次實在招架不住。說實在的，他的確應該生氣。我們阻礙了創新的動力。儘管我們或許比全世界99%

的公司要來得快，但還是太慢了。」

這時，貝佐斯迷上了一本叫做《創造》（*Creation*）的書，作者是葛蘭德（Steve Grand），1990年代一款名為「生物」的電玩開發者。這種電玩讓玩家可以在電腦螢幕上培育一種似乎具有智能的生物有機體。葛蘭德在書中寫道，他設計出具計算能力的小模塊來創造有智能的生命，這種小模塊就叫「基本體」（primitive）。接著，玩家就可以等著看自己創造出來的生物會出現哪些令人驚奇的行為。正如電子元件是由電阻和電容器組成，生物體也是由遺傳的模塊建立起來的。葛蘭德認為，模控的基本體可以生成複雜的人工智能，至於之後會如何變化，就看演化之輪了。[9]

雖然《創造》一書知識密度高，又艱深，亞馬遜主管還是在讀書會上深入討論此書，公司基本設備的問題最後也有了解答。如果亞馬遜想要刺激開發者的創意，就不該去猜他們可能想要什麼樣的服務——因為這種猜測只是根據過去的模式。反之，亞馬遜應該創造「基本體」，也就是有運算力的模塊，然後閃到一邊，讓開發者大顯身手。換言之，他們該把公司提供的網路架構服務變成最小、最簡單的單位，像原子一樣，讓開發者自由靈活地運用。正如貝佐斯當時說的：「**開發者是鍊金師，我們能做的就是提供他們需要的東西，讓他們點石成金。**」

貝佐斯要公司的工程師團隊好好腦力激盪，看如何建構基本體，其他如儲存空間、頻寬、通訊、付款和處理方式也得好好想想，亞馬遜就這樣開始著手開發上述服務項目。那時，他們似乎還不知道這個基本體的概念有多麼偉大。

2004年底，亞馬遜IT基礎設備部門的主管平克翰（Chris Pinkham）向達澤爾請辭，說他打算帶著家人返回南非故鄉。這時，A9已在帕羅奧圖生根，達澤爾正忙著在蘇格蘭、印度等地設立遠程開發中心。於是達澤爾提出折衷辦法，要平克翰別離職，他可以在南非開普敦設立辦事處。他們想了各種可能方案，最後決定建立允許開發者在亞馬遜的伺服器上跑任何應用程式的服務。平克翰和幾個同事開始研究這個問題，並想出一個計畫，也就是利用一種叫做Xen的開放原始碼新工具，這軟體會使一個實體的資料中心，得以跑多個應用程式。

於是，伯朗跟著平克翰到南非，在開普敦東北釀酒區的康斯坦提亞（Constantia）一棟外觀怪異的樓房設立辦公室，附近有一所學校，還有一個小小的遊民收容所。他們就在這裡開發出**彈性計算雲**，簡稱EC2（Elastic Compute Cloud，即虛擬運算資源服務），這項服務後來成為AWS的核心，也是Web 2.0的推進器。

EC2誕生的時候是孤零零的，平克翰很少和西雅圖的同事談到這個計畫，至少在第一年是如此。他們在康斯坦提亞的辦公室只能將就著用兩條住宅用的DSL電話線路。在2005年那個燠熱的夏天，由於南非的兩個核反應爐其中一個故障，不得不採取分區輪流停電，讓工程師苦不堪言。

平克翰後來說，能遠離西雅圖獨自工作也是好的，至少沒有貝佐斯的干擾。他說：「我常躲著貝佐斯。雖然跟他說話很有趣，你可不希望他把心思都放在你的案子上。」

同時間，有十幾個工程師在西雅圖發展**簡易儲存服務**，簡稱S3（Simple Storage Service），他們沒辦法像平克翰那樣逍遙自在，但還是盡可能少跟其他人來往，以免被打擾。他們的辦公室位在太平洋醫學大樓的8樓，有將近兩年的時間，都一起吃午餐，下班後常一起打牌。他們的主管亞特拉斯（Alan Atlas）從前是數位媒體新創公司真實網絡（Real Networks）的老將。由於這個團隊就在亞馬遜總部，實在無處可躲。

貝佐斯對網路服務的演化非常有興趣，常常針對S3的細節窮追猛打，並問這樣的服務要如何才能符合需求，不斷地把工程師叫回來，要他們簡化S3的結構。亞特拉斯說：「一開始總是很有趣，大夥兒都很開心，貝佐斯的笑聲在會議室裡迴蕩。但接下來就有什麼不對勁了，情況急轉直下，你不由得為自己的性命擔心。真的，每次開會我都以為要被炒魷魚了。」

亞特拉斯說，在研發S3專案的時候，他經常不知道貝佐斯到底想要什麼。他說：「貝佐斯希望貨架上堆滿成千上萬部只要200美元的便宜機器，最好能無限擴充。」貝佐斯告訴他：「我們的目標就是無限，沒有任何停工計畫。我要的是無限！」

有一次開會，亞特拉斯說錯話，他提到S3的服務推出之後，他們應該知道如何面對無可預期的成長問題。貝佐斯因此大發雷霆。「他站起來，靠向我這邊，咬牙切齒地說：『你為什麼要浪費我的生命？』接著說我們就像滑稽默片裡面那些笨手笨腳的警探。他是真的生氣了，但我還是不知道他到底在想什麼。這種事發生過好幾回。他遠遠跑在我們前面，讓我們追得好苦。」

在簡易儲存服務正式推出之時，亞特拉斯為同事訂製了紀念T恤：設計圖案仿照超人服裝，但胸口不是「S」，而是「S3」。當然，他是自掏腰包，不敢叫公司出錢。

傑西的影子任務

亞馬遜的網路服務在南非和西雅圖擴張之際，貝佐斯和達澤爾也開始考慮找誰來當領導人。貝佐斯建議找技術長佛繆倫，佛繆倫每天都得從奧勒岡的科瓦利斯（Corvallis）搭飛機到西雅圖來上班，不想幹行政工作，他只想做個工程師，和亞特拉斯一樣投入S3的開發。達澤爾於是推薦傑西來做 —— 多年前，公司員工開始玩擊球遊戲，拿獨木舟的槳不慎擊中貝佐斯的頭就是他。

在這高科技的新時代，當紅炸子雞皆是電腦科學博士，而傑西顯然是個異數。他是哈佛商學院畢業的，酷愛水牛城辣雞翅，也是紐約球隊的粉絲。像他這樣的人似乎不大可能待在新創公司，與工程師為伍。也許因為這個原因，他在亞馬遜的發展之路蜿蜒曲折，屢不得志。1998年，他向公司提出進軍音樂市場的計畫，結果眼睜睜地看著另一個人當上該部門的領導人。幾年後，公司重整，指派傑西負責個人化部門，但那個部門的工程師卻因為他沒有技術背景，反對他來擔任主管。

傑西終於有了一個千載難逢的機會 —— 貝佐斯請他擔任自己的「影子」，必須如影隨形跟著他出席每一場會議。其他科技公司，如英特爾和昇陽都有類似的職位。貝佐斯以前也找過新來的主管當自己的影子，包括從DESCO挖角來的工程師歐佛戴克（John Overdeck），以及Accept.com的創辦人謝德（Danny Shader），但這不是全職的工作，而且曾當過他影子的人大都已經離職。

然而，傑西內心矛盾，不知道是否該接受這樣的安排。他說：「能和貝佐斯一起工作，我覺得受寵若驚，但我心裡也有點惶恐，因為我知道有很多人都搞砸了。我問他，要做到怎樣才算成功。他說，我要是了解他，他也了解我，我們互相信任，就是成功了。」

傑西同意在接下來的十八個月間，盡可能像影子一般跟著貝佐斯，和他一起出差、討論每日發生的事、觀察他的領導風格和思考過程。傑西認為這個職位就像幕僚長，今天的正式職稱則為技術顧問——在公司等於僅次於貝佐斯的高階主管，是所有員工尊崇的人物。對貝佐斯而言，有個得力的左右手可商討公司的大小事，幫忙追蹤任務進度，也就能延展自己的影響力。

傑西的影子任務結束後，自然而然成為AWS新主管。他掌管AWS的第一件事就是用不超過六頁的篇幅寫一篇願景陳述書。他在文中闡明**AWS的任務：「使開發者和其他公司得以利用亞馬遜的網路服務，建立複雜且可升級的應用程式。」**傑西並在文中列出亞馬遜可轉化為網路服務的「基本體」，包括儲存、運算、資料庫、付款系統、通訊等。傑西說：「有了AWS，就連住在宿舍裡的學生，也能使用和全世界大公司同等級的網路基礎架構服務。我們認為AWS可使新創公司和小公司投身於廣大的競技場，因為他們和大公司一樣，負擔得起這樣的基礎架構成本。」

傑西、貝佐斯和達澤爾在亞馬遜董事會上提出新的AWS計畫，果然碰上了傳統的阻力。杜爾抱持所謂「健康的懷疑心態」問了一個問題：亞馬遜已很難招募到工程師，又必須加快國際擴張的腳步，為什麼要推動這樣的業務？

貝佐斯答道：「因為我們自己也需要。」他認為亞馬遜自身的需求反映出更大的市場需求。傑西還記得杜爾在會後告訴他說，能在一家大膽投資的公司工作，使他深感榮幸。

群眾外包：土耳其機器人

差不多在這時，貝佐斯還有另一個專案在亞馬遜董事會受阻。1990年代末，比價網站強哥立的創辦人離開亞馬遜時，因雙方相處融洽，強哥立的人表示，儘管他們走了，仍會和亞馬遜的主管保持連繫，甚至可能合作。其中兩位創辦人拉賈拉曼（Anand Rajaraman）與哈里納拉揚（Venky Harinarayan）後來又創立了一家網路創投公司寒武紀（Cambrian Ventures）。貝佐斯希望亞馬遜能投資，但此案遭到董事會否決，貝佐斯只好拿自己的錢去投資寒武紀。這樣的結果可能代表亞馬遜又要進一步往網路服務的方向發展，試圖脫胎換骨，從商品零售演化成網路科技公司。

寒武紀在矽谷誕生之時，提供了點對點檔案共享服務的Napster*，正占領頭條新聞的版面，並讓音樂產業大為恐慌。

＊譯注：源於Napster的創辦人范寧（John Fanning）的綽號nappy，意為捲髮者。

寒武紀的工程師認為，Napster和網絡的力量將可把分散在全世界各個角落的人連結起來。他們也在想，除了非法抓取音樂，是否可以利用這樣的網絡創造出有價值的東西？這個發想就是發展「阿格雅專案」的種子；阿格雅（Agreya）是梵文，意為「最初」。

因此，他們開始發展軟體，利用網際網路結集全世界的人，以突破電腦本身難以解決的問題。例如，電腦系統可能無法從一堆寵物照片中分辨是貓或狗的照片，然而對人而言，這是輕而易舉的事。寒武紀的主管認為，他們可集結全世界工資低廉的人力來建立網路服務系統，為金融公司或其他大公司服務。2001年，他們為這個點子申請專利，將之命名為「人／機混合計算組合」。[10]

後來，這個點子揚名於世，而且大受歡迎，也就是群眾外包（crowd-sourcing）。只是阿格雅專案太快推出，金融投資公司還不知道這種專案到底在搞什麼。再加上阿格雅的團隊在紐約宣揚這個概念時，正好遇上911事件重創美國，在這起恐怖攻擊事件之後，他們得不到創投資金的挹注，只好放棄這個案子，繼續往前。

2003年，拉賈拉曼與哈里納拉揚決定結束寒武紀創投公司，另外創設新公司科斯米克斯（Kosmix），希望以科技把網路上某些議題的相關訊息組織起來。但寒武紀即將結束，他們還是要對投資他們的貝佐斯有個交代。可想而知，貝佐斯不會善罷甘休，儘管在寒武紀的投資只是他全部資產的零頭，他還是努力捍衛自己的權益。

拉賈拉曼與哈里納拉揚記得，他們和貝佐斯進行為期兩個月的拉鋸戰，貝佐斯希望能把他的資金從寒武紀轉移到科斯米克斯。在談判過程中，貝佐斯得知阿格雅專利一事，他大感興趣，希望把這項專利列入談判條件。拉賈拉曼與哈里納拉揚見機不可失，當下同意把阿格雅專利賣給貝佐斯。

想不到貝佐斯後來竟然在亞馬遜內部發展出新版的阿格雅專案，貝佐斯將之命名為「土耳其機器人」。此名源於18世紀發明的一種自動下棋裝置——其實，這是巧妙的騙局，機器裡藏了個棋藝高超的侏儒，讓他和人類對弈，並非真有會下棋的機器。自2004年1月至2005年11月，約有二十多個亞馬遜員工投入這個專案。亞馬遜的人都認為這是貝佐斯親自督軍的「御駕專案」，因此團隊主管每一、兩個星期就得向他報告。貝佐斯不斷寄電子郵件給他們，提供一些極為詳細的建議，而且經常是在三更半夜寄過來的。

2005年，亞馬遜開始在內部使用土耳其機器人，例如讓員工評估「內文檢索」的品質，以及檢查由顧客上傳到亞馬遜網站的產品圖片，以免色情圖片入侵。在A9團隊發展街區圖工具的時候，公司也利用土耳其機器人進行商家及其圖片配對。貝佐斯在土耳其機器人的專案上花費很多心血，也曾以這項服務為例，示範亞馬遜的網路服務。

正當亞馬遜要向大眾推出土耳其機器人時，公司的公關部門和幾個員工抱怨說，「土耳其人」這樣的名稱可能會讓人反感。儘管貝佐斯本人很喜歡土耳其機器人的典故，因此不以為忤，他還是讓公關部門和研發土耳其機器人的團隊，一起想想是否有更好的名稱。他們討論之後，認真考慮「卡達伯拉」這個名字，此名有魔法的意味，也是公司最初登記的名稱。但最後貝佐斯還是執意要叫「土耳其機器人」，說他願意承擔一切後果。

2005年11月，亞馬遜悄悄地推出了「土耳其機器人」的服務。任何網路使用者都可以透過亞馬遜提供的指令工具，從事所謂「人類智能任務」，透過網頁存取的方式完成工作，賺個幾分錢。其他公司也可透過土耳其機器人的網站列出工作項目徵求工作人員，亞馬遜則收取10%的佣金。[11] 例如有一家名叫「播字」（Casting Words）的公司就利用這種方式，以每分鐘幾分錢的報酬僱人聽寫播客（podcast）的內容。

土耳其機器人給貝佐斯另一個向外界展示亞馬遜創新能力的機會，讓世人知道亞馬遜從核心的零售事業，能將抽象概念落實成為好用的工具。貝佐斯稱土耳其機器人為「人造人工智能」，也接受《紐約時報》和《經濟學人》的專訪。沒有人提及這個名稱有種族歧視的指涉，但維護勞工權益的人士則批評，這樣的服務以廉價工資壓榨全球網民，無異於「虛擬血汗工廠」，讓人見識「全球化的黑暗面」。[12]

到了2007年，全球只有數十萬人透過土耳其機器人的平台工作，這些網民來自全世界一百多個國家。[13] 這樣的結果顯然和貝佐斯的願景有落差。原因之一就是工資極低，只能吸引落後國家的網民，而在第三世界的大多數窮人根本沒錢買電腦，更別提上網。

然而，在接下來的幾年，亞馬遜其他網路服務卻大有突破，貝佐斯因而投入更多的心力與資源。正如在亞馬遜網路書店發展之初，個人化特色即已程式化，機器以卓越的銷售能力取代了編輯，亞馬遜要再往前邁一大步，也要憑藉機器，而不是躲在機器裡面的人。

網路服務就像電力網絡

2006年3月，亞馬遜推出了簡易儲存服務S3，讓其他網站和開發者可把照片、文件或電玩玩家資料等儲存在亞馬遜的伺服器上。起初，S3孤零零的，有點不起眼，就像一堵只砌了一半的圍牆。亞特拉斯說，他記得S3上市後過了一個月，有一天竟然當機，中斷了九個小時，但外界幾乎不知不覺。

再過幾個月，亞馬遜向大眾推出彈性計算雲EC2的測試版，使開發者可以在亞馬遜的電腦上跑程式。伯朗說，為了產品上市，他還特地從南非飛回來。亞馬遜先對美國東岸的顧客開放第一批伺服器，結果開發者蜂擁而至，占滿了所有的空間，亞馬遜因而沒有多餘的空間開放給西岸的顧客使用。

亞馬遜網路服務能一炮而紅，讓新創公司趨之若鶩，關鍵就在商業模式。貝佐斯用電力事業的觀點來看網路服務，讓顧客用多少就付多少錢，而且可以隨時增加或減少使用量。

貝佐斯說：「對我們的網路服務來說，最好的比喻就是電力網絡。想像我們回到100年前，如果你要用電，就得蓋一個自己專用的小電廠，很多工廠都這麼做。一旦供電網絡架設完成，就用不著發電機了，可直接從供電網絡取得電力。這樣不是更方便嗎？網路服務的基礎設備也是如此。」[14]

貝佐斯希望亞馬遜網路服務AWS物美價廉，儘管短期內可能會賠錢也沒關係。跟著平克翰一起開發彈性計算雲EC2的凡．畢爾強（Willem van Biljon），建議EC2定價為每小時15美分，如此一來公司就不會賠錢。但在EC2上市之前，S團隊開會討論價格一事，貝佐斯獨排眾議，把定價砍為每小時10美分。凡．畢爾強警告他說：「這樣可能會長期虧損。」貝佐斯答道：「很好啊。」

貝佐斯相信，亞馬遜的成本結構具有自然優勢，可以在薄利多銷的環境下生存下去。他懷疑像IBM、微軟、Google這樣的大公司會不惜壓低利潤，進入這個市場和亞馬遜廝殺。此時，美盛資金管理公司（Legg Mason Capital Management）的投資長密勒（Bill Miller）也是亞馬遜的大股東，他問貝佐斯，AWS獲利的機會多大。貝佐斯預估，長期看來將是利多，還說他不想「重蹈賈伯斯的覆轍」，也就是把iPhone價格定得太高，讓利潤高得驚人，使得全球智慧型手機市場的競爭趨於白熱化。

這番言論反映出貝佐斯獨特的經營哲學：**高利潤誘使對手投入更多資源跟你競爭，而低利潤則是吸引更多顧客對你更加死忠**，公司的防禦力就能變強。（關於iPhone，他說對了一半，iPhone的可觀利潤，的確引發智慧型手機廠商的大戰，使用Google Android系統的手機紛紛加入戰局，搶食全球智慧型手機的大餅。然而，就利潤來說，iPhone的確為蘋果及其股東帶來很大的收益，亞馬遜的AWS仍難以望其項背。）

從有形的到無形的都能賣

AWS以低價搶市，果然一舉成名。Google執行董事長施密特說，至少有兩年之久，似乎每一家他接觸過的新創公司都說，他們以亞馬遜的伺服器為基礎，架設自己公司的電腦系統。他說：「突然間，到處都是亞馬遜。如果每一家成長迅速的公司都建立在你的平台之上，那利益必然會很龐大。」

2010年，微軟推出名為Azure的雲端平台。2012年，Google終於也跟進了，向公眾提供計算資源的服務，也就是雲端運算引擎（Compute Engine）。施密特說：「這都是亞馬遜的功勞。那些賣書的傢伙搞起電腦科學還真是有聲有色，他們透過分析，做出令人拍案叫絕的東西。」

正如《創造》一書作者葛蘭德的預測，我們無可想像生物會如何演化，貝佐斯也沒想到EC2（運算）加上S3（儲存），這兩個基本體結合之後，會使AWS和科技世界出現什麼轉變。新創公司再也不用投資大筆資金購買伺服器、僱用工程師。網路服務的基礎架構成本是浮動的，而不是固定的，而且可以隨著營收增加再擴大。再說，各家公司也可自由實驗，改變商業模式，而不會蒙受重大損失，也可能成為像臉書和推特這樣的社交網絡一夕爆紅。

這一路上，亞馬遜有許多人歷經了多年的努力才能有這樣的奇蹟。在此之間，所有參與發展的人都備嘗艱苦。傑西和他底下掌管技術部門的貝爾（Charlie Bell）與佛格爾斯還開發出靈活付款服務（Flexible Payment Services）、亞馬遜雲端搜尋

（CloudSearch）等附加服務，等於是讓EC2與S3如虎添翼。

在AWS技術尚未完全成熟時，亞馬遜內部團隊都必須先使用，自然引發自家工程師的恐慌。後來，在新創公司和一些大公司紛紛倚賴AWS之後，萬一服務中斷就會造成極大的反彈，向來行事隱密低調的亞馬遜發現，他們最好學會面對大眾把情況解釋清楚。

然而，亞馬遜網路服務的出現，代表多方面的轉變。這種低價、容易取得的網路服務，激發了數千家網路新創公司的誕生，如果沒有這樣的服務，有些公司根本不會出現或無法生存。更大型的公司也可以向亞馬遜租用超級雲端計算，不管金融、石油、天然氣、醫療和科學，各領域都可進入新的創新時代。我們可以說，AWS（特別是最早開始提供的S3和EC2的服務）使整個科技產業擺脫網路泡沫化的病症，重新崛起。亞馬遜因此脫穎而出，超越昇陽和惠普等硬體製造大廠，為商業運算掀起另一波的高潮。

也許，最大的改變是亞馬遜的自身形象。AWS重新定義這家什麼都賣的商店，並在亞馬遜的貨架上增添了許多不協調的產品，像是競價型的雲端資源和以兆位元組計的儲存空間。亞馬遜就像百變金剛，不再只是單純的零售商，讓沃爾瑪這樣的對手困惑。同時，亞馬遜也從工程師急欲逃離的惡土，變成科技界最具吸引力的地方，電腦高手都渴望在此一展身手，解決全世界最有趣的問題。

亞馬遜歷經多年的挫折和內部衝突，終於成功轉型，成為貝佐斯理想中的科技公司。

08
菲歐娜

回到1997年，也就是網際網路的古生代。有位企業家艾博哈德（Martin Eberhard）和友人塔本寧（Marc Tarpenning）在帕羅奧圖的一家咖啡館，一邊啜飲拿鐵，一邊思考行動運算裝置的未來。那時，PDA（個人數位助理，一種掌上型電腦）才問世不久，行動電話的設計也趨向精巧，可輕易塞進外套口袋。艾博哈德和塔本寧都在一家磁碟驅動器製造商工作，剛參加一場名叫磁碟大會（DiskCon）的會議，他們覺得無聊透頂了，想找點有趣的事來做。這兩人碰巧都嗜書如命。

那天，兩人一起喝著咖啡，想到將來應該可能出現電子書的閱讀器。自從古騰堡計畫（Project Gutenberg）問世，多年來不斷有人討論數位閱讀。古騰堡計畫是1970年代初期在伊利諾州香檳市創立的非營利數位圖書館，希望將全世界的書數位化，只要個人電腦可以連線，都可上網利用。

艾博哈德和塔本寧有不同的構想。他們希望這種數位閱讀的載具是可以移動的，也就是說只要攜帶這種電子書閱讀裝置，就可以把整座電子圖書館帶著走。那年春天，他們創立了新媒體公司（NuvoMedia），研發出全世界第一部可攜式的電子書閱讀器，取名為火箭電子書（Rocket e-Book）或稱火箭書（Rocketbook）。

火箭書的興起與殞落

艾博哈德曾在1980年代創立一家電腦網絡公司，也在矽谷的幾家公司工作過。之後，他又和塔本寧在矽谷創辦了電動汽車公司特斯拉（Tesla）*。由於出版界生態複雜、不易打入，他知道他需要口袋深的投資人和強大的盟友，才能搞出一點名堂。艾博哈德相信，如果他要做電子書的載具，必然需要貝佐斯和亞馬遜之助。

1997年末，艾博哈德、塔本寧與他們的律師帶著火箭書原型機來到西雅圖，與貝佐斯和亞馬遜的高階主管展開為期三週的協商。那時亞馬遜的總部還在第二大道那棟老舊的哥倫比亞大樓之內。艾博哈德等人晚上住在西雅圖市區一家廉價旅館，白天經常去哥倫比亞大樓的辦公室洽談，看亞馬遜是否可能投資新媒體公司。艾博哈德說：「貝佐斯對我們發明的東西很感興趣。他知道我們的顯示屏幕技術已經夠好了。」

儘管火箭書的原型看起來很粗糙，表面是塗漆的，軟體也很原始，但還是能用，可在光亮的半透射式液晶顯示面板上看《愛麗絲夢遊仙境》和《雙城記》。機器重約五百公克，以今天的標準來看的確沉甸甸的，但像平裝書一樣，可用單手拿。在開啟背光的情況下，電力可撐二十個小時，足以和今天的行動裝置媲美。

貝佐斯很心動，但是仍然有一些疑慮。首先，要下載電子書，顧客必須將火箭書連上個人電腦。艾博哈德說：「我們討論過無線傳輸，但那時還貴得嚇死人。如此一來，每部機器的售價就得再加400美元。再說，數據傳輸費用還高不可攀。」艾博哈德研究了MIT媒體實驗室當時開發出來的電子墨水（E Ink），以及全錄的電子紙，知道低功率、低眩光的選項，但這些技術仍不可靠，而且非常昂貴。

這三個星期的談判，有如一場纏鬥，最後還是難分難解。貝佐斯告訴艾博哈德，他擔心，如果新媒體公司在亞馬遜的支援下成功了，邦諾書店是不是可能殺出來，買下新媒體公司，因此坐享其成。他要求雙方簽訂的任何合約都有排他條款，而且亞馬遜對新媒體公司未來的投資人擁有否決權，可阻止其他人加入。亞馬遜前國內零售資深副總裁里舍也參與和新媒體公司的談判，他說：「如果我們要在閱讀的未來賭上一把，當然會盡全力推薦給我們的顧客，這樣才能成功。但亞馬遜必須取得獨家販售權，這麼做才有道理。否則我們只是為人作嫁，白費工夫。」

但艾博哈德如果接受這樣的條件，等於斷了日後籌措資金的機會，因此無法妥協。最後，貝佐斯的擔憂應驗了。在雙方談判陷入僵局之後，艾博哈德即和塔本寧搭機前往紐約，拜訪邦諾書店的李吉歐兄弟。不到一個星期，雙方就達成協議。邦

＊編注：艾博哈德與塔本寧於2003年合夥成立Tesla，並經由AC Propulsion介紹結識馬斯克（Elon Musk），馬斯克向Tesla投資630萬美元並於2004年出任董事長。後來，因Tesla研發不順利，兩位創始人離開，馬斯克正式接手，成為總設計師。

諾和出版界巨頭貝塔斯曼同意各拿出200萬美元來投資，總共獲得新媒體公司將近一半的股份。

後來，很多人認為火箭書和當時的競爭對手SoftBook出現時機太早，世人還沒準備好閱讀電子書。但這只說明了一小部分的事實。新媒體公司推出火箭書之後，第一年就賣了兩萬部機器，第二年銷售量又翻了一倍。為了取得授權，新媒體也和各大出版商簽訂了電子書合約（美國作家協會則譴責這樣的合約對作者不利）[1]。1999年，思科也加入新媒體投資人的行列，成為該公司的策略夥伴，更進一步提升其信譽。

一般而言，用戶對火箭書的評價還不錯。脫口秀女王歐普拉（Oprah Winfrey）還在《歐雜誌》創刊號把火箭書列入她最喜愛的十樣東西之一。《連線》也論道：「火箭書就像是來自未來的東西。」[2]

新媒體公司積極在電子書市場開疆拓土。艾博哈德希望改良火箭書的顯示品質、增長電池壽命，同時更進一步壓低火箭書的價格，以占領市場。在1999年的年底購物季，一部基本款火箭書的售價為169美元。那年12月，他告訴《新聞週刊》的記者李維：「在五年內，我們就能開發出不必透過玻璃這種基板來閱讀的電子書了。」[3]

然而，新媒體公司需要新資金挹注。艾博哈德擔心公司會因網路泡沫化而後繼無援，資金籌措困難。因此，他在2000年2月，新媒體市值約為1.87億美元時，就以這個價格把公司賣給總部在加州柏班克（Burbank）的互動電視指南公司駿昇（Gemstar），駿昇也收購了SoftBook。

所謂一失足成千古恨。艾博哈德後來才知道駿昇的目的是透過訴訟從專利謀利，因此在公司賣出幾個月後，就和塔本寧黯然離去。儘管駿昇繼續推出下一代的火箭書和SoftBook，然而由於銷售疲軟，公司內部也沒有開發電子書的動力，終於在2003年退出市場。主管電子書收購案的駿昇執行長袁子春，甚至因虛報財務報告背上詐欺的罪名，後來潛逃到中國。[4]

駿昇不只毀了火箭書和SoftBook的未來，也澆熄了所有人對電子書的興趣。邦諾在火箭書退出市場後，不再銷售電子書，只有PDA廠商Palm還在賣電子書。[5]此時，電子書似乎已走進死胡同，未來了無希望。

在那幾年，貝佐斯和艾博哈德依然友好。貝佐斯對電子書無法忘情，因此密切注意火箭書的興起與殞落。他在1990年代末就曾這麼說：「我深信，將來絕大多數的書都會出現電子書的版本。但我也相信，我們還有長遠的路要走，大概要再努力個十年吧。」[6]

或許貝佐斯是刻意低估了電子書的潛力。2004年，鑑於蘋果電腦的勢力日益強大，亞馬遜也必須拿出自己的數位策略才行。貝佐斯於是在矽谷成立了一支「臭鼬小組」，名之為「126實驗室」。這個實驗室找來專精硬體的電腦高手，要他們祕密完成一個艱難的任務：研發一種電子書閱讀器以顛覆自己的書籍銷售業務，同時這種機器又得要達到亞馬遜的總設計師貝佐斯設下的超高標準。接下來，亞馬遜為了充實自己的新數位圖書館，因此和出版界洽談合作，然而還特別限制檔案格式。這幾乎是不可能的任務，預算又很少。當然會有許多錯誤，有些錯誤直到今天仍存在。

但在2007年，就在亞馬遜將推出第一代Kindle的幾個星期前，貝佐斯打電話到艾博哈德在矽谷的家，請問他亞馬遜是否做對了。

與賈伯斯交手

賈伯斯在蘋果掌舵之時，經常將許多離開蘋果的人視為叛徒，說他們背信忘義。皮亞森蒂尼向賈伯斯告別，說他要去一家新創公司發展時，賈伯斯一樣覺得不可置信，認為這傢伙必然腦筋有問題，才會離開偉大的蘋果，他嗤之以鼻地說，那家新創公司不過是一家零售商。然而，皮亞森蒂尼在離職後還是跟賈伯斯關係親密，或許是因為皮亞森蒂尼在離職前，給蘋果半年的時間找人接替他掌管歐洲的業務。後來，賈伯斯若是想打聽亞馬遜的事，就會和皮亞森蒂尼連絡。但在2003年初，皮亞森蒂尼主動寫了封電子郵件給賈伯斯，說亞馬遜有個提議希望蘋果能考慮一下。

於是，皮亞森蒂尼帶著羅斯曼和數位媒體小組的主管席亞格（H. B. Siegel）前往蘋果在庫珀蒂諾的總部。亞馬遜的主管們沒想到賈伯斯會親自出面歡迎他們。那天，雙方談了好幾個小時。

那時，蘋果的iTune商店還未成立。由於蘋果打算讓個人電腦的使用者，能夠用iTune軟體在個人電腦上編輯和播放自己收藏的樂曲，或傳送到iPod聆聽，賈伯斯希望個人電腦的使用者都能安裝iTune程式，於是心想或許可以與亞馬遜合作，請他們在寄出顧客購買的音樂CD時，附上一片iTune程式。皮亞森蒂尼和同行的同事則有不同的構想：他們希望蘋果能與亞馬遜合開一家音樂商店，讓iPod使用者能從亞馬遜網站購買數位音樂檔案。

儘管談了許久，雙方還是沒有交集。賈伯斯站起來，在會議室的白板上描繪他的願景：蘋果將可以直接從iTune出售專輯和單曲。亞馬遜方面反駁說，網路音樂商城當然可行，而不能靠像iTune這種必須經常利用電腦進行更新的軟體。然而賈伯斯想要提供的是相容性高、容易上手的使用者經驗，可從音樂商店延伸到可攜式的媒體播放器，而且操作簡單，任何人只要一入手就知道怎麼使用。羅斯曼說：「顯然，賈伯斯對iTune商店的概念很清楚。他讓我們知道為什麼這必須是硬體、軟體從頭到尾整合的經驗。」

賈伯斯信心滿滿地預測，蘋果的音樂商店一開張就能打敗亞馬遜的音樂CD銷售業務，他說得沒錯。2003年4月，蘋果iTune音樂商店正式上線，不到幾年，銷售額已大幅超越亞馬遜、百思買和沃爾瑪，登上美國音樂零售的龍頭地位。

有了這樣令人蒙羞的教訓之後，貝佐斯說，亞馬遜的投資人要從公司林林總總的數位專案中看到銷售成果，必須拿到「顯微鏡下才看得到了」。[7]亞馬遜已開始販售可下載的電子書，讓顧客利用微軟和Adobe的專用格式在個人電腦上閱讀，只是電子書商店藏在網站的一角，生意慘澹。其實，亞馬遜的書籍專頁大都已有「線上試閱」和「內文檢索」的功能，可當成電子書來讀，但他們推出這樣的功能，目的在給顧客更好的購物體驗，增加實體書的銷售額。早在和新媒體公司談判之初，貝佐斯已經想到，過渡到數位媒體是必然的趨勢，但那時對亞馬遜來說，當務之急是解決履行中心的問題，以及改善亞馬遜的電腦基礎設備。

在接下來的幾年，蘋果的音樂銷售業務一枝獨秀（加上網路盜版猖獗），像淘兒音樂城（Tower Records）和維珍唱片城（Virgin Megastores）這樣的實體唱片行都倒光了。一開始，貝佐斯對iTune商店嗤之以鼻，認為一首曲子賣0.99美元根本無利可圖，蘋果只是想藉此推升iPod的銷售量。這話沒錯，但是iPod人手一機之後，蘋果就可利用iTune來切入其他媒體，例如影片。這下子亞馬遜就不可小覷了。羅斯曼說：「我們討論了很久，想知道為什麼iPod在音樂方面的銷售可以締造史無前例的成功？」

亞馬遜的主管花了好幾個月的時間，思考種種數位音樂策略，甚至想到在亞馬遜賣出的iPod上預先下載好顧客先前曾在該網站購買的CD。由於唱片公司不同意讓亞馬遜為顧客下載，這個案子根本就行不通。於是亞馬遜決定推出類似狂想曲網站（Rhapsody）的月付型數位音樂服務，讓客戶可從龐大的目錄無限下載。2005年，亞馬遜準備推出這項服務。他們提供的音樂都使用微軟數位版權管理（DRM）工具Janus（亦即一種防拷軟體）予以加密。後來，亞馬遜研發團隊有人認為這種防拷方式有缺陷，因而反對這麼做。其中一個原因就是以Janus程式加密的音樂無法在iPod上播放，而很多亞馬遜的顧客都是iPod的愛用者。

參與這項計畫的產品經理吉渥德說：「我寧死也不願推出這樣的服務。」貝佐斯只好同意放棄重來。值此同時，蘋果已在數位媒體的競技遙遙領先，並拉大與對手的差距。2007年，亞馬遜終於推出MP3商店，很多曲子沒有DRM防拷，因此可自由複製。但是，蘋果很快也和唱片公司取得相同的協議，就音樂業務而言，亞馬遜依然只能在後頭苦追。

貝佐斯的同事和朋友常認為，亞馬遜在數位音樂業務的落後，可歸因於貝佐斯對任何音樂都不感興趣。貝佐斯在中學時期，曾強迫自己用電話按鍵上的字母背下邁阿密地方電台的電話號碼，以便在和同學聊天時假裝對歌手或當時流行的樂曲很熟。[8]亞馬遜的人記得，他們在911恐怖攻擊發生那天，從明尼亞波利斯的塔吉特，開車回西岸的路上，貝佐斯從一家便利商店的貨架上狂掃了一堆CD，似乎只要是音樂，就沒有差別似的。

反之，賈伯斯沒有音樂就活不下去。他是巴布狄倫、披頭四的頭號粉絲，還曾跟瓊拜雅（Joan Baez）約會。賈伯斯個人對音樂的熱愛導引了蘋果的策略。如果貝佐斯對音樂有一樣的熱情，亞馬遜在音樂業務的發展可能就不可同日而語了。貝佐斯不只熱愛書籍，他不斷從書中汲取養分，而且有系統地咀嚼細節。布蘭德還記得貝佐斯拿他寫的《建築是如何學習的》（*How Buildings Learn*）一書給他看的時候，發現貝佐斯在那本1995年印行的書頁上寫滿密密麻麻的筆記，不由得吃了一驚。貝佐斯看書就是這麼仔細。

2004年，蘋果已成為數位音樂產業的主宰，也引發亞馬遜深切的反省。那年，書籍、音樂和電影的銷售占了亞馬遜年度收入的74%。如果數位化是必然的趨勢，鑑於蘋果在這方面的成功，亞馬遜再不思變革，很快就會面臨岌岌可危的窘境。亞馬遜的董事杜爾說：「看到iPod對亞馬遜音樂業務的衝擊，我們真的嚇死了。我們擔心蘋果或其他公司會想出什麼新的點子，直接進攻我們的核心業務，也就是書籍。」

美盛資金管理公司的密勒和貝佐斯碰面時，常討論到數位媒體。密勒說：「貝佐斯沒想到iPod顛覆唱片業的速度會那麼快。這樣的進展讓他感到措手不及，也決心要早一點推出Kindle。他了解走向數位化是必然的，但沒想到他的CD業務竟會被這樣痛宰。」

貝佐斯最後得到一個結論：**亞馬遜要在新數位時代立足，就得像蘋果主宰音樂市場那樣，成為電子書的銷售龍頭。**幾年後，皮亞森蒂尼在對史丹佛商研所演講時提到：「我們不希望變成柯達（Kodak）。」柯達的工程師早在1970年代就已發明數位相機，但由於那時傳統沖印的利潤還不錯，該公司主管不敢冒險向新領域進軍。柯達裹足不前，最後終究難逃被時代淘汰的命運。

打造電子書閱讀器

顯然早在2003年，也就是駿昇的火箭書退出市場之際，貝佐斯已經認真考慮推出電子書閱讀器了。曾經在亞馬遜待過一年多，擔任科學長的懷根德還記得，貝佐斯曾對技術團隊提到這樣的機器，說道：「這樣的閱讀器用單手拿就可以了。」

懷根德一想到另一隻手可以做什麼就想歪了，不由得捧腹大笑，小會議室裡的其他人也跟著哈哈笑。懷根德說：「貝佐斯是那種乖乖牌，根本不知道我們在笑什麼。」

2004年，亞馬遜的主管考慮停賣電子書。這個部門創立沒多久，採用的是Adobe和微軟格式的電子書，這樣的電子書店選擇少、價格高，下載到個人電腦或PDA閱讀的過程又很麻煩，讓貝佐斯一看就討厭。只是根據皮亞森蒂尼所言，儘管電子書一開始有這麼多缺點，電子書還是書籍銷售的未來。

貝佐斯與S團隊討論了幾個星期之後，有一天宣布亞馬遜一定會研發出看書專用的電子書閱讀器，從此再怎麼大部頭的書都不占空間。公司的人聽了之後，都十分震驚。硬體製造既昂貴又複雜，遠遠超出亞馬遜的核心能力。很多人強烈反對，特別是有製造業背景的威爾基。他知道如果公司一定要自己生產機器將會面臨什麼樣的挑戰。他說：「我知道這個任務困難重重，而且是天翻地覆的考驗，我也懷疑公司資源該這麼用。果然，我的預測大都應驗了，但貝佐斯不會因為一時挫敗就放棄，我們只好繼續做下去。」

皮亞森蒂尼也抱持反對意見。他曾經在1990年代，親眼看到蘋果因為生產過量，為了打消庫存，不得不認列巨額損失的慘狀。他說：「在我和思想保守的人看來，這樣的投資風險很大。」

貝佐斯不管這些反對的聲音，依然堅持己見。他認為如果亞馬遜賣書要像蘋果iTune商店一樣成功，就得掌控整個顧客經驗，將精巧的硬體與容易使用的數位書店結合在一起。他在會議中告訴主管團隊：「我們必須藉由人才的聘用，累積這方面能力。我十分明白這並不容易，但我們還是得學著去做。」

傑夫機器人

在亞馬遜內部，有個名稱特別用來描述矢志貫徹貝佐斯最佳理念的高層主管，也就是「傑夫機器人」（Jeff Bot）。這種調皮又暗藏一點調侃和嫉妒意味的說法，呈現了這些人的特質，亦即擁有奴隸般的奉獻、忠誠與效能。傑夫機器人從他們的執行長滿滿的點子油罐汲取燃料，然後踏入現實世界，竭誠盡責地執行貝佐斯的理念。他們完全吸收貝佐斯的管理哲學，並以此形成自己的世界觀。

傑夫機器人對於貝氏名言，皆能琅琅上口，例如從顧客的觀點出發，再反推去想該怎麼做最好等等，好像這些就是他們的終極任務。如果有記者來採訪他們，就會發現他們真是舌粲蓮花，口沫橫飛地談到亞馬遜的創新，強調公司對顧客的熱忱無人能及，就是絕口不提任何實際的計畫。傑夫機器人寧可咬碎置入臼齒的氰化物自殺，也不會說出公司禁止他們公開談論的事，比如競爭或產品可能出現的任何問題。

翻開亞馬遜的歷史，最忠心且最積極進取的傑夫機器人就是凱瑟爾（Steve Kessel）。凱瑟爾是波士頓人，畢業於達特茅斯學院和史丹佛商研所，原本在網景擔任企管顧問，1999年加入快速擴張的亞馬遜，進入亞馬遜的頭幾年，負責帶領書籍部門。由於那時第三方賣家可以在亞馬遜販售書籍，引發出版業者的恐懼，亞馬遜於是努力向那些業者示好，以解除他們的憂慮。在這段充滿挑戰的時期，貝佐斯非常信賴凱瑟爾。

2004年的一天，貝佐斯把凱瑟爾叫到辦公室，突然要他放下書籍部門的主管職務，讓他接管新的數位業務。起先，凱瑟爾一頭霧水。他說：「我的第一個反應是，我已經有全世界最好的工作，為什麼要我放棄？最後，傑夫談到發展全新的東西，我也跟著興奮起來。」貝佐斯認為，凱瑟爾無法同時兼顧實體書和數位媒體的業務，說道：「如果你兩種都要管，哪能緊緊抓住數位經濟帶來的機會？」

那時，貝佐斯和亞馬遜的主管開口閉口都是克里斯汀生（Clayton Christensen）。克里斯汀生是哈佛教授，他的著作《創新的兩難》（*The Innovator's Dilemma*）對亞馬遜的策略有非常深遠的影響。克里斯汀生在書中論道，偉大的公司之所以會失敗，不是因為他們想要避開顛覆性的變化，而是因為他們不願擁抱有潛力的新市場，怕這麼一來，傳統業務會遭到破壞，短期成長的目標無法達成。例如，希爾斯無法從百貨公司轉型為量販店；IBM只能做大型主機，不能做小型電腦。

克里斯汀生論道，一家公司「如果成立能夠自主的部門，讓其以突破性科技建立全新、獨立的事業，才能解決創新者兩難的問題，獲得成功。」[9]

貝佐斯直接師法此書的訓示，解除凱瑟爾在傳統媒體的職務。他告訴凱瑟爾：「你的任務就是毀掉你原來的業務，你要立志讓所有賣紙本書的人都失業。」貝佐斯強調這個任務的急迫。他相信如果亞馬遜無法帶領世界進入數位閱讀的時代，蘋果或Google必然會這麼做。凱瑟爾問貝佐斯，他何時必須研發出第一部硬體（即電子書閱讀器）？貝佐斯答道：「你現在起步已經晚了。」

凱瑟爾自己對硬體一竅不通，公司內也沒有他可以運用的資源，於是他到矽谷調查研究，求教於蘋果和Palm的硬體專家，也與知名設計公司IDEO的主管見面。他了解亞馬遜需要的不只是工業設計方面的專家，還要電機工程師、機械工程師、無線傳輸工程師……這份人才需求清單簡直沒完沒了。

126神祕實驗室

凱瑟爾等人把克里斯汀生的書當食譜，一步步按照書中的指示去做。當時，A9還在帕羅奧圖，凱瑟爾又在這裡設立了一個分支部門。為了管理這個新部門，他僱用Palm前技術副總裁捷爾（Gregg Zehr）。捷爾個性隨和，在辦公室裡擺了一把爵士吉他。這個部門的第一個員工則是曾在機上盒製造商ReplayTV〔替您錄科技公司（Tivo）早期對手〕擔任工程師的帕雷克（Jateen Parekh）。接下來，凱瑟爾還僱用了幾個人。他們沒有辦公室，在A9總部找了空房間當研究室。捷爾和同事為這個新部門想了一個別出心裁的名字：126實驗室，以吸引矽谷的頂尖工程師。1代表A，26是指Z，意味所有曾經出版的書，從A到Z都能買到，這正是貝佐斯的夢想。

他們尚未接獲開始行動的指令，於是捷爾和他的團隊頭幾個星期都在研究如何讓機上盒或MP3播放器接上網路。最後，亞馬遜這群硬體尖兵終於接獲任務指示：他們必須把電子書閱讀器打造出來。那年秋天，捷爾把他在Palm的前同事萊恩（Tom Ryan）也拉了過來。這位新來的軟體工程師說道：「公司要求我們以瘋狂般的專注去做出了不起的東西，要我們成為另一個蘋果。」

隔年，這個團隊依然利用A9的基礎設備。後來，這個研究部門搬遷到一家法律事務所的舊址，也就是在帕羅奧圖市中心立敦大道（Lytton Av.）與艾爾瑪街（Alma St.）的會口，126實驗室也跟著搬到那裡，以事務所原來的圖書館為家。他們研究了市面上的電子閱讀器，如索尼的Libre（即義大利文的「書」），這種閱讀器需要三顆四號電池，銷售不佳。帕雷克說：「這東西其他人還沒做成。」他們的結論是：電子書的市場還一片荒蕪，正待他們好好開拓。

不久，126實驗室就獲得了大量資源，然而也必須和貝佐斯那無拘無束的想像力對抗。貝佐斯希望他的新閱讀器操作簡便，連老奶奶都可以使用。他認為對於不懂電腦的顧客來說，WiFi網路設定過於複雜，但又不想強迫使用者去連接個人電腦。如此，唯一的選擇就是在硬體內建3G連線系統，等於是在每部機器上嵌入無線電話。這可是前所未有的創舉。貝佐斯堅持不必讓顧客知道電子書閱讀器能無線連結，更不必為連線付費。帕雷克說：「我真的認為這實在太瘋狂了。」

在Kindle發展的早期，方向大抵已經確立。捷爾和帕雷克決定要採取耗電量低的黑白顯示技術，即電子墨水。幾年前，艾博哈德發展火箭書的時候，電子墨水技術仍不純熟，而且非常昂貴。電子墨水螢幕需要使用數百萬個微膠囊，每個皆細如髮絲，其中的白色粒子帶正電，黑色粒子帶負電，兩者皆飄浮在透明的電泳液中。當底層施加正電場之後，帶正電的粒子會浮到微膠囊的上層，螢幕看起來是白點，如施加負電場，帶負電的粒子會浮上來，螢幕上就會顯示黑點。

這種顯示屏幕與LCD不同，在陽光直射下也可使用，耗電量低，又不刺眼。換言之，亞馬遜真是走運了。自電子書問世以來，經過了十年的發展，技術終於成熟，讓人可利用電子書閱讀器長時間閱讀。然而，只有亞馬遜做到了，其他電子書還望塵莫及。

在2004年最後幾個月，126實驗室的工程師必須為這個新的專案命名。捷爾的桌上有一本史蒂芬生（Neal Stephenson）寫的《鑽石年代》（*The Diamond Age*），這是一本科幻小說，講述一個工程師為女兒菲歐娜偷了一本互動式的教科書。126實驗室的工程師認為，小說中提到的那本書就像他們要創造的東西，於是建議將研發中的電子書閱讀器命名為「菲歐娜」。

但是來自舊金山的平面設計師柯洛南（Michael Cronan）則想出了Kindle這個名字，這個字有「點燃」、「發亮」之意，既是名詞，又可以當動詞。柯洛南來自舊金山，是TiVo的前行銷主管，也是Tivo的命名者，後來被亞馬遜延攬，加入研發電子書閱讀器的團隊。儘管凱瑟爾的團隊都比較喜愛菲歐娜這個名字，貝佐斯卻對Kindle情有獨鍾。史蒂文生小說中，那求知若渴的女孩菲歐娜，只能化身為亞馬遜踏上數位冒險之旅的守護神。

最高機密：Kindle專案

捷爾及126實驗室的同事致力於軟體的開發，也發展與亞洲製造商的關係。在早期，他們把電子書閱讀器的設計工作交由世界知名的設計公司五角（Pentagram），雙方在五角位於舊金山的分公司簽約。1990年代捷爾還在蘋果工作時，曾和五角公司的布魯納（Robert Brunner）合作，於是他把布魯納介紹給凱瑟爾，並提議找五角來設計，因為五角比IDEO這樣的大公司更靈活，行事也更謹慎。布魯納於是指派手下兩個設計師霍伯斯（Tom Hobbs）與懷特宏恩（Symon Whitehorn）負責亞馬遜的案子。

五角公司的兩位設計師都是英國人，他們開始研究閱讀實際經驗，也就是拿起一本書來閱讀的感覺，包括如何翻頁，以及手要怎麼拿書等等。他們強迫自己使用已經有的閱讀器，像索尼的Libre、老舊的火箭書，也在PDA上閱讀，如康柏（Compaq）的iPaq和Palm的Treo。他們引進焦點團體，進行電話訪問，甚至去西雅圖和貝佐斯本人討論，以解構數千百年來人們認為理所當然的一個過程。

霍伯斯說：「我們研究哪些潛意識的特質，會讓人感覺像在閱讀一本書。」他們從研究得到了一個重要結論：好書使得書從讀者的手中消失於無形。貝佐斯後來說，這就是頂級的設計目標：「Kindle也必須退讓到一邊，然後消失，讓你進入作者的心靈世界。」[10]

五角的設計人員花了將近兩年的時間研發Kindle。每個星期二早上，他們都和凱瑟爾、捷爾及從Palm過來的資深工程師崔旭勒（Charlie Tritschler）見面討論。先是在帕羅奧圖的A9，後來才改為126實驗室在山景城的新辦公室。他們定期飛往西雅圖，向貝佐斯報告進度，當然也得像亞馬遜其他人員一樣，準備長約六頁的書面報告。

這樣的會議常變得劍拔弩張。五角公司的霍伯斯、懷特宏恩和布魯納想把機器設計得簡約、低調，走流線輕巧風。貝佐斯也希望打造簡約、經典的風格，但他堅持要在機器上加鍵盤，好讓使用者輕易輸入想要搜尋的書名或加上自己的注解。〔他想像自己和《華爾街日報》專欄作家莫斯柏格（Walt Mossberg）一起坐計程車時，在車內就可以用電子書的鍵盤輸入書名、下載全書。〕貝佐斯拿出隨身攜帶的黑莓機，告訴設計者：「請你們把黑莓機和我的書合為一體。」

有一次，那些設計者刻意帶著沒有鍵盤的模型機去西雅圖。貝佐斯看了之後，冷冷地對他們說：「我想，我們已經討論過這個問題了。或許我錯了，但我的立場比較重要。」

霍伯斯說：「我還記得，之後會議室鴉雀無聲。」他們只得遵照貝佐斯的要求，設計出長方型的鍵盤，就像黑莓機那樣，同時把按鍵設計成方便使用者手指移動的角度。

對於無線連接，貝佐斯和設計小組一樣意見不合。由於無線連線很貴，五角的設計師不解用這種方式連線如何做到經濟實惠。他們認為，亞馬遜可能要求使用者每買一本書就得付連線下載費用。他們一度建議貝佐斯採用iTune的模式，也就是要求使用者利用個人電腦上網、下載。貝佐斯一口回絕。「請你們想想這種情況：我正在去機場的路上，想找本書來看。我希望在我的電子書閱讀器輸入書名，就可以立刻下載來看。」

「但是這根本做不到。」霍伯斯說。

「做得到或做不到，這得由我決定，」貝佐斯說：「我會想辦法解決，這不是你們能夠了解的商業模式。你們是設計師，只要負責設計，至於要用什麼樣的商業模式，就交給我來決定。」

五角於是繼續投入亞馬遜電子書閱讀器的研發，直至2006年中，接下來則由126實驗室自己僱用設計師來做。五角的設計師最後和世人看到這個產品時，覺得這種電子書閱讀器有太多按鍵，讓人眼花撩亂。在這個案子結束後，懷特宏恩就離開了五角，到柯達工作。他僱用霍伯斯當承包商，一起為柯達打造獨一無二的數位相機，讓拍照的人在數位相片中呈現經典柯達彩色底片的效果。這等於是Instagram等手機照片應用程式的先驅，但在產品面世之前，柯達就廢了這個案子。

在五角團隊退出Kindle專案之後，亞馬遜似乎已覺得差不多可以讓他們的電子書閱讀器面世。但是接下來又出現一連串的事件，因而不斷延遲。

亞馬遜的電子墨水顯示螢幕是在亞洲生產，由於會受到溫度與濕度變化的影響，螢幕的對比度降低，也會因為經常使用而變暗。再者，Kindle使用的XScale系列微處理器晶片本來是向英特爾購買，英特爾卻把這個系列賣給美滿電子科技公司（Marvell）。不巧，負責生產Kindle所需無線上網零件的無線電通訊技術公司高通（Qualcomm）和無線通訊半導體公司博通（Broadcom）在2007年反目成仇，反控對方。當時好像還有一位法官一度阻止Kindle需要的某些重要零件進口到美國。再加上貝佐斯十分挑剔，常常找出一點缺點要Kindle團隊加以改善，免不了使Kindle面世的時間一拖再拖。

Kindle專案一直是亞馬遜的最高機密，延宕幾年下來，由於沒有人知道這是怎麼一回事，公司內部不免傳出一些謠言。2006年秋天，亞馬遜在摩爾劇院舉行員工大會，有人就站起來問道：「請問126實驗室是什麼樣的部門？」

貝佐斯只是說：「這是設在加州北部的一個研發中心。好，下一個問題。」

將為出版業帶來不可逆的轉變

如果Kindle要成功，亞馬遜需要電子書——很多、很多的電子書。貝佐斯看過火箭書，也看過索尼的閱讀器，發現能在上面閱讀的書籍實在少得可憐。對早期的電子書閱讀器使用者來說，幾乎沒有什麼書目可以選讀。因此，貝佐斯訂立一個目標：電子書目必須多達十萬種，包括《紐約時報》暢銷排行榜上90%的書。只要Kindle在市面上販售，這些書應該都要能讓使用者下載。

那時，出版業者只把最暢銷的書轉換成數位格式，總數大約只有兩萬種。如果成立Kindle電子書城，貝佐斯就可以更進一步實現他的夢想——讓讀者從無限書架下載全世界的書。這也是讀者之福，但要走到這一步，亞馬遜不得不對一些長年合作的夥伴施壓、籠絡，甚至不惜以威脅做為手段。然而，在這些夥伴的心目中，亞馬遜則不再是忠實的朋友。

在亞馬遜發展的早期，大抵而言與出版業者的關係是單純的共生。亞馬遜的書多來自英格拉姆、貝克—泰勒等經銷商，只有在經銷商沒庫存的情況下才會直接向出版社購買。當時，雙方偶有一些小衝突。貝佐斯常公開表示，出版業者很討厭線上讀者評論這種做法，擔心匿名負評會影響圖書的銷售。出版業者和作家協會也常抱怨第三方賣家在亞馬遜販售二手書。[11]

亞馬遜在剛起步的時候，經常要求出版業者提供更多的詮釋資料（metadata）*，如作者簡介、內容介紹、封面和封底的數位檔案等。儘管如此，仍有很多出版業者視亞馬遜為救世主，急欲借重亞馬遜之力與邦諾、博德斯和英國的水石（Waterstones）等相抗衡，因為那些大型連鎖書店都利用自己的規模和成長，壓迫出版業者給他們更多折扣。

貝佐斯身在西雅圖，紐約則遠在大陸的另一頭，他在出版界的人脈寥寥無幾，只有時代華納出版集團（Time Warner Book Group）的執行長基爾許鮑姆（Larry Kirshbaum）和知名暢銷作家派特森等幾位作者。基爾許鮑姆對亞馬遜有百分之百的信心，因此在亞馬遜1997年5月首次公開募股之時，就買進亞馬遜的股票。幾個月後，在一個大雨滂沱的夜裡，貝佐斯和基爾許鮑姆在曼哈頓中城走了六個街區，從時代生活大樓走到第五十四街的猴子酒吧，參加媒體大亨梅鐸為傅利德曼（Jane

* 譯注：又稱元資料或後設資料，意味可用來協助對網路電子資源的辨識、描述與指示其位置的任何資料。

Friedman）舉行的派對，祝賀她上任新聞集團旗下哈潑柯林斯（HarperCollins）出版部門的執行長。

出版界的很多名人，如蘭登書屋前執行長維塔利、文學經紀人奈思畢（Lynn Nesbit）等都來了。酒吧裡的雅座都是紅色皮革做的，牆壁上畫了很多雀躍的黑猩猩。在這難得的聚會場合，貝佐斯和很多出版業界的大人物相談甚歡，並宣布了亞馬遜將為出版界帶來不可逆的轉變。基爾許鮑姆說：「在你一生中，總有幾個場景教你畢生難忘。那天就是這樣。其實，我還記得貝佐斯那晚跟我借了把傘沒還。」基爾許鮑姆後來在2011年成為亞馬遜紐約出版部門的主管。

步入21世紀之後，亞馬遜力拚獲利，對出版界的態度也有了轉變。到了2004年，全美銷售的書籍有一大部分都是從亞馬遜賣出的。因此，亞馬遜開始和出版業者談更有利的條件，希望能藉由自己的成長率和在業界的重要性獲得更大的利益。在這個關鍵時期，主導亞馬遜與出版業者關係的就是布雷克。布雷克在出版界任職已久，曾是麥克米倫（Macmillan）電腦圖書的主管。

布雷克在1999年進入亞馬遜。她的第一個任務就是與出版業者建立更穩固、直接的關係，也要求出版業者依照亞馬遜的標準包裝，以方便履行中心出貨（例如不要使用泡沫塑料顆粒）。布雷克使亞馬遜的圖書供應鏈更有紀律、具有分析能力，並創建書籍採購的自動化系統（自動從有庫存且能提供最佳價格的來源購書，經銷商或出版社皆可）。她也在書籍部門開發了第一個合作計畫，如果出版業者願意支付行銷費用，亞馬遜會把他們的書放在網站上最醒目的位置。這些都是大型零售商慣用的手法。布雷克在麥克米倫任職時，看到其他零售商這麼做，成效不錯，因此起而效尤。

布雷克可說是亞馬遜的異數。她不用黑莓機，每天傍晚五點準時下班，好在家等女兒放學回來。她在談判的時候可以很強悍，對於1936年頒布的魯賓森—派特曼反托拉斯法案（Robinson-Patman Act）瞭如指掌。根據該法案，製造者把產品賣給大零售商的價格不得低於其他比較小的零售商，儘管如此，她總是能找出解套之道。但在談判桌上的她，也會敏感察覺出版業者的需求，並在亞馬遜內部幫出版業者說話。布雷克說：「我和那些大出版社的關係很好。當然，我會給他們壓力，逼他們更努力、做得更好，然而如果他們有問題，我也很樂意幫忙解決。」

然而，布雷克好不容易建立起來的平衡不久之後就出現危機。由於貝佐斯長久以來一直堅持給顧客低價，甚至推出超省運送專案，以及給尊榮會員的免運費服務，他要求布雷克和她帶領的團隊去跟出版業者談判，為亞馬遜爭取更優惠的條件，以擴大獲利空間。貝佐斯認為，亞馬遜對書籍的出售有很大的貢獻，理應獲得特別的報酬。亞馬遜網站上有幾百萬本書，而邦諾書店的店面頂多只能擺15萬本書。此外，亞馬遜的退書率很低，還不到5%，而大型連鎖書店從出版社那裡批來的書，退書率經常高達40%，出版業者還得全額退款，這在零售業幾乎是獨一無二的情況。

到了2004年，向來平靜的亞馬遜書籍採購部門已經做好了戰鬥的準備。這些採購專員都接受過談判訓練，並了解魯賓森－派特曼反托拉斯法案的限制和可變通之處。布雷克要出版業者妥協，也不忘提醒上司，如果出版業者反抗，亞馬遜可能會受到傷害。書籍部門的資深經理高斯（Erick Goss）說道：「有一段時間，亞馬遜內部都很擔心，不知道出版界能不能接受。布雷克是我們的大使，我相信她能維繫亞馬遜與出版業者的關係。」

瞪羚遇上獵豹

亞馬遜開始對大出版社步步進逼，要求給大量購買的亞馬遜更低的折扣，並延長貨款的支付期限。亞馬遜為了向UPS爭取更多的折扣，也要求出版業者依照亞馬遜訂立的條件來出貨。出版業者如果不配合，亞馬遜即威脅要把他們的書從個人化自動推薦系統移除，也就是亞馬遜不會向顧客推薦他們的書。高斯說：「出版業者不了解亞馬遜。不知道亞馬遜手中擁有的顧客資料，如顧客購物紀錄等。很多出版業者只知自己的銷售量增加，而不知道這是亞馬遜在後台操縱的結果。」

亞馬遜可說在書市擁有生殺大權。如果出版業者不俯首稱臣，亞馬遜會把他們的書從推薦系統中拉下來，這麼一來，銷售量通常會下滑，甚至可能減少40%。那時亞馬遜的資深採購專員史密斯說道：「通常過了三十天左右，出版業者就會回過頭來向我們求饒，問說他們該怎麼做才好？」

但貝佐斯得寸進尺。他也要布雷克從小出版社那裡取得更優惠的條件。要不是亞馬遜在網站上向顧客推薦他們的書，這些小出版社根本無法存活。書籍部門將這個案子命名為「瞪羚計畫」，因為貝佐斯曾在會議中對布雷克說，亞馬遜要像獵豹一樣追逐那些小出版社，把他們當成虛弱的瞪羚。

在執行瞪羚計畫之時，布雷克的團隊按照出版業者對亞馬遜的依賴程度分成幾類，然後從對亞馬遜最依賴也最脆弱的業者開始跟他們談判。有三位採購專員回想當初他們是怎麼行事的，布雷克本人說，儘管她把貝佐斯說的獵豹與瞪羚的比喻當成玩笑，還是覺得這種說法太過分。然而，我們可以從這個計畫清楚看到出版界面臨的「現實政治」，那種殘忍無情連亞馬遜的人看了都於心不忍。瞪羚計畫執行不久，亞馬遜的律師知道這個名稱的由來，堅持改為「小出版社協商計畫」，以免火上加油。

出版業者都嚇壞了。這些公司原來站在亞馬遜那邊是為了和連鎖書店抗衡，沒想到亞馬遜變得需索無度。儘管亞馬遜說是為了顧客才這麼做的，但出版業者還是有烏雲罩頂之感。亞馬遜提供優惠的運送方案，或更低的價格給顧客，實體書店自然覺得壓力很大，包括獨立書店。這些都是亞馬遜爭奪市場的手段。

差不多在這時，亞馬遜的代表要求出版業者為「內文檢索」的服務，提供書籍內文。同時，Google也開始掃瞄圖書館裡的書，他們計劃將全世界的文學作品放到網路上供人搜尋，但沒取得版權所有人的同意。2005年，美國作家協會與美國出版協會雙雙把Google告上聯邦法院。這個事件的法律背景很複雜，等於是另一齣戲碼，卻使得一些出版業者大為焦慮：他們擔心資金雄厚的亞馬遜比他們更了解賣書的門道，自己將失去出版業務的主控權。

布雷克在2005初離開亞馬遜。她沒想到自己可以賺到這麼多的錢。既然已經擁有財富，決定多花點時間照顧家人。布雷克承認，她感覺到亞馬遜和出版業者的關係瀕臨破裂。她說：「也許這只是我的感覺。但我希望，雙方在交易時，都能覺得可以得到有價值的東西。如此一來，未來談判才能更文明一點。」

布雷克的繼任者可不會像她一樣在亞馬遜內部為出版業者說話，也沒有一樣靈活的政治手腕。在她離開之前，提拔米樂負責亞馬遜與歐洲書商的關係。先前，米樂曾為公司創建珠寶部門。米樂坦承，壓迫出版業者給亞馬遜更優惠的條件，自己可從中獲得一種近乎施虐的快感。他根據銷售量和亞馬遜能獲得的利潤多寡，將所有歐洲出版業者分類，然後和同事一起勸說成績較差的業者修改交易條款，給亞馬遜更好的條件，如果不從，就威脅將不促銷他們的書。米樂和同事稱這個計畫為「付費遊戲」。亞馬遜的律師這次聽到風聲，一樣覺得不妥，要他們重新命名為「供應商重新調整計畫」。

在接下來的一年，米樂和各大出版社的歐洲分公司纏鬥不休，包括蘭登書屋、阿歇特，以及出版哈利波特系列的Bloomsbury，他說：「為達目的，我盡全力打壓他們。」米樂把那些出版社的書調成全價，並把他們的書從亞馬遜的自動推薦中刪除，有些書甚至故意促銷競爭對手的書，如旅遊書。米樂經常利用神經質作者的焦慮，他知道這些作者像得了強迫症般，不斷追蹤自己的書在亞馬遜的銷售排行，也會和其他作者的書做比較。米樂說：「我們經常與作者碰面，知道哪些人特別在意排行。我知道他們一看到自己的書排行往下掉，就會打電話給出版社。」

其實，不只是亞馬遜會利用這樣的方法。這是亞馬遜從零售業學到的一招，畢竟，零售業在現代已發展了一百年。**利潤是有限的，但若能跟供應商談判，得到更優惠的條件，就能創造更多的盈餘，這就是每日低價的基礎。**

沃爾瑪向來對脅迫供應商很有自己的一套。他們以傳教般的熱情和信念宣揚每日低價，希望讓中下階級的美國人都買得起如尿布等一般生活用品。沃爾瑪甚至要求供應商必須在阿肯色州的班頓維爾設立辦公室，並把某些技術整合到商品中，如RFID晶片（無線射頻辨識系統）。*如果他們發現供應商的利潤太高，將不惜採取任何手段，要供應商讓步，給沃爾瑪更優惠的進價。

在亞馬遜發展的早期，索尼和迪士尼都拒絕直接供貨。那時，貝佐斯在這場商業的生存競爭中仍處於劣勢，但他終於學會生存的本領。現在權力平衡已經轉移，如今是供應商更需要亞馬遜，而非亞馬遜更需要他們。

就在這樣的變動中，亞馬遜準備推出Kindle。但Kindle要面世，他們必須先過出版業者這一關。

---

* 譯注：沃爾瑪要求前一百大上游供應商在貨品的包裝上裝置RFID晶片，以便追蹤貨品在供應鏈上的即時資訊，降低成本及提高產品資訊的透明度。

把出版商強行推進21世紀

最初的兩位Kindle大使前往紐約，造訪那裡的出版業者時，電子書的前景依然渺茫。羅斯（Dan Rose）是亞馬遜業務開發部門的老將，他必須負責說服出版業者和亞馬遜攜手合作。他就像一般網路公司的員工，喜歡穿卡其褲和藍色牛津衫，常常口沫橫飛地述說數位時代的商機。和他一起前去拜訪出版業者的是史蒂爾（Jeff Steele），前微軟產品部經理。史蒂爾是已出櫃的同志，身高193公分，體格健美，喜歡穿深色西裝、打領帶，看起來很有威儀，但其實個性溫和。

2006年上半年，他們的目標已經確立。儘管數位出版失敗的前例多不勝數，甚至有人在起步的時候就做錯了，他們還是得說服那些緊張不安的出版業者再次在電子書下注。然而，由於Kindle仍是亞馬遜的最高機密，貝佐斯不允許他們洩漏，兩人感覺實在是綁手綁腳的。

羅斯和史蒂爾只好採取迂迴戰術，大談「內文檢索」和法國公司Mobipocket創造的電子書標準。亞馬遜為了加快電子書發展的腳步，在2005年併購了這家公司，有了Mobipocket的技術，亞馬遜的電子書就可以在各種行動裝置上閱讀，如行動電話和PDA。

此時電子書的未來仍一片黯淡，看不出什麼時候會露出曙光，出版業者裹足不前。雖然他們最暢銷的書已在索尼、Adobe、微軟、Palm等公司的支援下轉換成電子書，但電子書只占公司業務的九牛一毛。將舊版書全部電子化，也涉及很多法律上的問題。如果是1990年代末以前出版的書，數位版權的歸屬有時仍難以界定，而出版業者通常不想和作者，以及他們的經紀人，洽談電子書的版權問題，擔心作者方面又會提出新的條件。

羅斯和史蒂爾的進展很緩慢。貝佐斯又給他們更多的壓力，要求他們每兩個星期報告一次工作進度，並以十萬本電子書做為目標。史蒂爾說：「如果要我描述我的工作，那就是把又踢又叫的出版商強行推進21世紀。我們發現，他們寧願走老路，也不肯嘗試有意思的東西。」那年夏天，Kindle二人組終於說服貝佐斯：他們不能再躲躲藏藏，必然要光明正大地把Kindle的事說出來，讓出版業者知道。史蒂爾說：「他們只要看到Kindle，一定會興奮的。」貝佐斯勉為其難答應了，讓羅斯和史蒂爾向出版業者展示Kindle原型機（即菲歐娜），前提是雙方必須訂立嚴格的保密協定。

於是，在2006年秋天，有些出版商終於看到了菲歐娜的廬山真面目。乍看之下，菲歐娜實在很不起眼，就像黑莓機和計算機生出的乳白色混血兒，而且常會當機。出版業者認為亞馬遜的電子書就像索尼在1970年代推出的家用錄影帶Betamax系統，很快就會遭到淘汰。他們大都只看到缺少什麼，像是沒有彩色、不能播放影片，也沒有背光。最早的原型機也沒有無線連線的功能，但亞馬遜的主管還是插上儲存許多電子書的SD卡，以展示利用無線下載後的電子書是什麼樣子。當然，這樣並沒有什麼說服力。

這幾個月，亞馬遜未能拿出讓出版業者驚豔的新東西，但開發團隊想出了一個達到目標的捷徑，並把這個專案稱為「黃玉」（Topaz）。黃玉是一種程式，可以把為了「內文檢索」掃瞄的數位檔案，改成Kindle能夠使用的檔案格式。亞馬遜提供這個做法給出版業者，表明這樣可以節省把紙本書轉化為電子書的成本，只是這樣的數位檔案只能在Kindle上使用。像賽門舒斯特（Simon and Schuster）這樣的大出版社不想因此依賴亞馬遜，然而一些小出版社則欣然接受這樣的做法。

2007年初，亞馬遜終於能夠展示可以無線下載電子書的Kindle，有些出版業者也才了解到這種電子書閱讀器潛力無窮。麥克米倫的執行長薩金特（John Sargent）和其他出版社主管的態度也有了轉變，首次承認這種閱讀器能帶給讀者立即滿足，可隨時隨地下載自己想要的書，這是索尼等其他公司做不到的。然而，貝佐斯擔心的事也發生了：Kindle的祕密還是保不住。科技部落格瘾科技（Engadget）率先揭露亞馬遜即將推出的電子書閱讀器，不久英國哈潑柯林斯的執行長巴恩斯利（Victoria Barnsley）也在一次出版界活動中證實，她曾看過亞馬遜的電子書閱讀器，而且「印象深刻」。[12]

Kindle原本預計在2006年的耶誕節假期上市，由於貝佐斯要求凱瑟爾和他的團隊不斷改良、增加新的功能，希望Kindle能下載的書目更多，因此上市的時間延遲了一年。那時，羅斯已離開亞馬遜，跳槽到剛成立的社交網站Facebook，史蒂爾繼續帶領團隊為Kindle奔走，他們的直屬上司則是凱瑟爾。史蒂爾有時也和負責實體書籍部門的主管波爾可（Laura Porco）併肩作戰。

波爾可畢業於俄亥俄大學，是布雷克招募進來的人才。她說話直率，可以說是最勇猛的亞馬遜女戰士。她努力執行貝佐斯的旨意，不擇手段從供應商那裡榨取最大的利潤。在加入Kindle團隊之前，她曾和電影公司角力，在一次談判中，威脅要把迪士尼的產品從亞馬遜的推薦商品中剔除（但這個策略並未奏效）。據波爾可的同事所言，她曾和華納家庭娛樂公司的主管鬧翻，該公司主管甚至禁止她進入華納大樓。蘭登書屋有個主管稱她是亞馬遜的「攻城槌」。史密斯說：「有時，她是天底下最溫柔、和善的人，然而只要論及公司業務，就會變成茹毛飲血的野蠻人。」因此，在同事眼中，波爾可就像化身博士那樣的雙面人。

亞馬遜因為要推出Kindle，開始與出版業者進行協商談判。幾年後，一位出版界的主管來亞馬遜應徵，亞馬遜書籍部門的主管輪番上陣當面試考官，包括波爾可。波爾可只問一個問題：「你的談判策略是什麼？」那位應徵者說，他認為成功的談判應該可以使雙方都感到滿意。但波爾可不以為然，認為這樣的答案「太不亞馬遜了」。她認為，談判必然有輸有贏，不可能出現雙贏的局面。

這個例子並不是要批評亞馬遜的某一位主管，而是為了點出亞馬遜的文化——如果無法認同貝佐斯的熱情，不能為顧客著想，就無法在亞馬遜待下去，這也是亞馬遜延續下去的力量。只要你有能力在這樣的環境待下去，就能獲得拔擢。

書籍部門的資深經理高斯就無法對「傑夫機器人」唯命是從。他在2006年離開亞馬遜，搬到納許維爾以照顧年老多病的母親。由於他在亞馬遜的競爭對手Magazine.com找到新的工作，亞馬遜威脅說他違反競業禁止條款，要對他提出告訴（後來雙方私下和解）。高斯承認，對亞馬遜又愛又恨，雖然為自己和同事完成的任務感到驕傲，但也愈來愈無法忍受公司那樣對待合作夥伴，他覺得這和他信仰的基督教價值觀有所衝突。他還說，離開亞馬遜之後的那一年，他飽受創傷後症候群之苦。

史蒂爾這個溫柔的巨人，雖然必須向出版界者進擊，也愈來愈不喜歡亞馬遜的偷襲與侵略。他說：「我不喜歡欺負人。就所有合理的事業發展協議而言，雙方應做到某種程度的妥協和讓步，不可能讓其中的一方占盡上風。亞馬遜的做法，讓我覺得不安。」後來，史蒂爾和凱瑟爾為了亞馬遜與牛津大學出版社的合約吵了一架，史蒂爾因而忍無可忍，決定求去。當時，牛津大學提供電子辭典讓亞馬遜內建在Kindle之內。合約都簽好了，但凱瑟爾仍希望從牛津大學那裡得到更多的好處。史蒂爾直截了當地告訴他，條件都談好了，無法重新修改合約。不久，史蒂爾又和波爾可發生火爆爭執，凱瑟爾於是叫他收拾好自己的東西走人。史蒂爾離去後，推出Kindle的工作，就由波爾可接手。

接下來的幾個月，情勢變得緊張。亞馬遜繼續對出版業者威脅利誘。出版社如果轉化為電子書的書目太少，或是做得太慢，亞馬遜就恐嚇說，以後將很難從亞馬遜的搜尋結果找到他們的書，或是不推薦他們的書給顧客了。幾年前，唱片公司儘管心有疑慮，還是紛紛躲到蘋果的羽翼之下，畢竟盜版音樂的威脅更恐怖。然而，圖書要盜版很難，也不容易在線上分享，因此出版業者不怕盜版的小鬼，但他們更怕亞馬遜這個凶神惡煞。

起先是亞馬遜有求於出版業者，最後亞馬遜卻像威嚇孩子一樣對付出版業者。波爾可發現Kindle無法下載歐普拉選書，也看不到馬奎斯的《百年孤寂》，立刻寫了封電子郵件給蘭登書屋的銷售主管，質問這些書為什麼沒有電子書的版本。波爾可在紐約時間半夜發送的這封信，語氣輕蔑，火藥味十足，不久即在蘭登書屋內部傳開。（其實，印行《百年孤寂》的出版社是被蘭登併購的是Knopf，而Knopf當時還未取得《百年孤寂》的電子書版權。）

出版業者在亞馬遜的懇求和威嚇下都快精神分裂了。波爾可和手下擬了張書單，要出版業者把上面的書都變成電子書，如果業者慢吞吞，波爾可等人就會破口大罵。亞馬遜也會越過出版社，直接和作者、經紀人協商。眼睜睜地看著全世界最大的零售業者和自己旗下最重要的作者打交道，總是讓人覺得不是滋味。有位出版社主管說：「在我看來，這種瘋狂行徑都是來自貝佐斯。他對數量極其痴迷，希望能從Kindle下載無限的書。」

現在，亞馬遜及其出版業夥伴處在截然不同的世界。對出版業者來說，發展電子書根本沒意義，因此不了解為何不全力發展電子書就要受到斥責和懲罰。但亞馬遜的主管則認為電子書是出版的未來，而且能夠完成貝佐斯的夢想，也就是每一本印刷的書都有電子書的版本可供下載。另一方面，亞馬遜急欲在數位媒體演化的下一個重要階段，擊敗蘋果和Google。

在這個事情一團亂的節骨眼上，貝佐斯又決定把暢銷書和新書的電子書版本一律定價為9.99美元。這個數字並非根據什麼研究而來，只是貝佐斯本能的念頭 —— 蘋果iTune商店販售的單曲皆是0.99美元，那亞馬遜賣書也來個9.99美元吧。此外，貝佐斯認為，消費者希望電子書的價格低於傳統的紙本書，畢竟電子書少了印刷和倉儲的成本。如果亞馬遜從出版業者那兒買進的電子書與實體的批發價相同（如果書籍的零售價為30美元，批發價一般則為15美元），那以9.99美元出售必然要面臨嚴重虧損。但貝佐斯相信，出版業者終究會降低電子書的批發價，以反映更低的成本，所以他並不擔心。同時，如果要投資亞馬遜的未來，發展電子書就是最好的方式。凱瑟爾說：「消費者都很精明，自然喜歡比實體書便宜的電子書。」

亞馬遜心知肚明，出版業者無法接受9.99美元的售價。比起昂貴的精裝本，9.99美元的電子書當然對顧客有很大的吸引力，但精裝本才是出版社獲利的金雞母。另外，電子書的定價也會對傳統書籍零售業者，特別是對獨立書店，帶來很大的衝擊。電子書既新潮又便宜，書店架上的書則變成昂貴的老古董。每個人都曾經目睹音樂產業歷經這樣的變化，不知有多少實體唱片行在數位時代的浪潮中滅頂。

因此，亞馬遜決定暫時不讓出版業者知道統一定價9.99美元的事，以免引起強烈反彈。其實，零售商沒有必要告訴供應商他們打算如何定價，再說如果讓人知道，以低價垂直壟斷價格的意圖便很明顯，必然會引起當局的注意。於是，亞馬遜一面聲稱自己是出版業者的合作夥伴，一面刻意隱藏關鍵訊息。史蒂爾說：「公司指示我們，不得談論定價策略。我們知道，如果我們的電子書定價太低，出版業者將會擔心，他們的實體書也得壓低價格才賣得出去。所以，我們只是說，定價方面，公司還沒決定。」

出版業者處於被蒙在鼓裡的情況下，漸漸就範，將圖書目錄上大部分的書都電子化。到了2007年秋天，亞馬遜Kindle圖書館的藏書已有九萬種，幾乎快達成貝佐斯立下的目標。只要擁有Kindle，好比一家邦諾書店就在你的掌心之中。

貝佐斯終於不再拖延，準備推出第一代的Kindle。舉行產品發表記者會那天，各大出版社的主管都到了。過去幾年，他們不斷受到亞馬遜的折磨與欺凌，但就賣書而言，還是和亞馬遜在同一條船上，正駛向文字的未來。這是無可避免的，未來有更大的驚奇在等著他們。

9.99美元售價撼動書市

2007年11月19日，貝佐斯在曼哈頓下城的W飯店步上講台，向世人介紹Kindle。在場觀眾約有一百名左右，大都是記者和出版界的主管，這樣的場面實在遠比不上蘋果產品發布會的盛況。貝佐斯身穿藍色運動上衣和卡其褲，聲稱這種新的閱讀器繼承了五百五十年前鐵匠古騰堡（Johannes Gutenberg）發明的活字印刷術。那天，貝佐斯反問道：「難道印刷術到了紙本書之後，就到達盡頭，不能繼續往下走？如果書本要繼續演化下去，而且變得更好，要怎麼做？」

最初的Kindle定價399美元。這個產品歷經三年的艱辛發展才得以和世人見面，可說是所有妥協與渴望的結果。在貝佐斯的理想中，這東西只是個媒介，終究要從有形變為無形，使讀者進入作者的心靈世界，然而這種閱讀器從側面看是楔形，有著一堆斜斜的四角形按鍵——這是大膽的設計，為了讓使用者容易輸入。貝佐斯本來認為一種機器只要專精一種功能即可，但126實驗室很多成員曾是Palm工程師，從PalmPilot的失敗得到教訓，在最後一刻決定在Kindle加上其他功能，如網路瀏覽器、MP3播放器。

回顧Kindle的來時路，一代機已能回答貝佐斯的問題。從很多層面來看，Kindle都比其前身，也就是實體書，要來得優越。Kindle十分輕盈，約只有283克，可以儲存兩百本書，利用電子墨水技術的螢幕不傷眼。Kindle也有免費的3G網路可使用，也就是Whispernet（美國境外仍需付費），讓讀者在彈指之間就可完成下載。後來加入Kindle團隊的「傑夫機器人」葛蘭迪納堤說道：「我想，Kindle會成功，而別人卻都失敗，原因在於我們非常專注。我們不是想做出最迷人的玩意兒，而是發心打造出人們想要的東西。」

Kindle的成功讓亞馬遜的對手措手不及。亞馬遜在W飯店舉辦產品發布會之前的幾個星期，我在《紐約時報》發表了Kindle即將上市的報導，也和邦諾書店當時的執行長李吉歐談到此事。當年，李吉歐兄弟為火箭書後繼無力搞得灰頭土臉，還心有餘悸，認為讀者不會接受電子書的。李吉歐說：「實體書的價值是電子書無法複製的。人們喜愛蒐藏書籍，喜歡把書擺在家裡的書架上。在讀者的心中，紙本書的實體質感不是電子書能夠企及的。」[13]

儘管李吉歐聽說Kindle即將問世，他還是對亞馬遜的未來存疑。他說：「當然，如果有機會，我們也會發展電子書，但我們認為此時此刻，以及在未來的幾年都不是好時機。反正，我們是跟著市場走的。」

儘管李吉歐這麼說，還是悄悄的發展電子書。邦諾模仿Kindle發展的藍圖，也在北加州成立了一個研究室，就像亞馬遜的126實驗室。諷刺的是，邦諾僱用了前蘋果和五角的設計師布魯納。布魯納後來自己開了一家公司名叫彈藥庫（Ammunition）。在為Kindle設計時，布魯納曾為了鍵盤和貝佐斯角力，他建議去除鍵盤，但貝佐斯就是不肯讓步。因此，他為邦諾設計的電子書閱讀器Nook沒有鍵盤，而是採用觸控控制板，為了跟貝佐斯別苗頭，甚至打出這樣的口號：「書本應該沒有按鍵。」

當然，Kindle不是在一夕之間成功的。亞馬遜網站以排山倒海的聲勢為Kindle宣傳，把Kindle放在最顯著的位置，很難教人視而不見。在強力促銷下，Kindle庫存一下子就賣光了。凱瑟爾詳細研究iPod之類的消費性電子產品上市的情況，決定第一批只供應25,000部Kindle。結果，在幾小時內銷售一空。後來，亞馬遜發現，由於Kindle研發時間過長，一家台灣供應商已停止生產其無線模組需要的一種重要零件，亞馬遜又花了幾個月的時間尋找可替代的零件。新一批的Kindle終於在翌年秋天出廠，旋即再度缺貨。貝佐斯在歐普拉脫口秀的節目中說道：「我們第一次生產Kindle的時候還很樂觀，認為這麼多已經夠了，但還是失算。」[14]

Kindle的缺貨問題也引發內部磨擦。即使都賣光了，貝佐斯仍堅持要在亞馬遜的首頁上大力宣傳。他是想讓顧客更了解Kindle，鞏固品牌。然而，此時負責北美零售業務的威爾基認為，既然沒貨可賣，這麼做是不負責的，對亞馬遜的網頁資源來說也是浪費。他和貝佐斯本來只是利用電子郵件隔空開火，有一天還是在貝佐斯的辦公室大吵一架。威爾基說：「我們雙方都很激動，在那五分鐘，兩個人像發了瘋一樣。」但他最後還是讓步，承認貝佐斯是對的，為了建立Kindle在電子書的地位，不得不忍受這種短期的痛苦。儘管貝佐斯占了上風，威爾基還是說服他，至少在網站上標注清楚現在沒有庫存，請顧客耐心等候。

正如克里斯汀生在《創新的兩難》一書所言，技術創新必然會引發公司和產業的陣痛。對這種痛苦，最刻骨銘心的要算是出版業者。過去兩年，亞馬遜不斷對他們威脅利誘，要求他們擁抱數位出版，但亞馬遜口風很緊，未曾在任何會議或談話中，透露一項重要細節。在W飯店舉行產品發布會那天，貝佐斯上台介紹了四十分鐘，足足講了十七分鐘，他才提到：「《紐約時報》上的暢銷書和新書的Kindle電子書只要9.99美元即可入手。」

在場的出版社主管不解：9.99美元只是上市促銷價？或是只有暢銷書才賣這樣的價錢？會後，亞馬遜的主管告訴那些出版業者，他們也不知道這是怎麼回事，因此不能說什麼。不久，出版業者就得知這個噩耗——9.99美元不是暫時的，而是亞馬遜設下的新標準。產品發布會之後，貝佐斯馬不停蹄地趕通告，如在「查理羅斯秀」（The Charlie Rose Show）節目上為讀者傳福音：新書和暢銷書只要9.99美元。他振振有辭地對主持人說：「誰規定書本的印製一定要用砍下來的樹？」

該來的總是躲不過。出版界的主管莫不為了輕信亞馬遜悔不當初。一家大出版社的主管說：「他們月復一月用那些該死的書單威脅我們，要我們就範。沒想到最後會變成這樣，真讓人覺得不是滋味。雖然他們這麼做也是時勢所趨，問題是他們的手法太惡劣。這就像在棺木上多釘一根釘子，只是我們不知道自己要躺進去，即使我們每天都在討論這件事。」

美國前六大出版社還有一位主管說：「我們實在好傻、好天真，才會同意交出那些書籍的檔案。如果我能扭轉歷史，我會對亞馬遜說：『謝謝，我覺得Kindle電子書的點子很棒，但我們得先簽個合約，不能以低於成本的價格銷售。』我好恨自己，竟然在該掌舵時呼呼大睡。」

暢銷書的新售價撼動了整個書市。數位出版占盡先機，而實體零售業者則是壓力倍增，叫苦連天，獨立書店因此搖搖欲墜。成者為王，亞馬遜在市場上的勢力如日中天。多年來，出版業者已知亞馬遜需索無度。亞馬遜要他們讓步，才能給顧客更低的價格、更優惠的運送條件，出版業者也才能在市場占領最大的一塊，得到更多談判的籌碼。這都是多年發展下來的結果。等Kindle 2在2009年初上市，Kindle的動力又更強大了。瞪羚傷痕累累，而獵豹置身事外。Kindle引發的軒然大波，加上一幕幕的法律攻防戰，將更進一步搖撼出版業的基礎。

亞馬遜曾經在網路泡沫中載浮載沉，股價一蹶不振，但他們存活下來之後，愈戰愈勇，練就變形金剛的本事，以多元經營走出困境，一舉一動都牽連到地方社區、國家經濟和市場。亞馬遜就像所有的大公司，其公司品格還需歷經嚴格的考驗。亞馬遜要做到的，不只是給顧客最好的服務，還得善待捲入其生態系統的其他成員，如員工、合作夥伴和政府。

菲歐娜的發展讓亞馬遜進入嶄新的局面，顯示這家公司不斷追求創新的精神，引發業界的天搖地變。但同時，亞馬遜表露出工於心計和冷酷無情的一面。亞馬遜在商業版圖的表現，明白凸顯貝佐斯強烈的好勝心與源源不竭的聰明才智。

第三部 傳教士，還是傭兵？

09
起飛

任何人一看到亞馬遜設立於亞利桑納最大城之東、名為鳳凰三號（Phoenix 3）的履行中心，都會有極大的感官震撼。亞馬遜大部分的顧客難以想像，一家商店竟然可以像一個小宇宙那樣龐大，無所不有，他們也未曾見過這樣的奇景：這個商業殿堂面積近17,000坪，供奉效率和多樣性選擇之神。產品在貨架上擺放得整整齊齊，但乍看之下會讓人以為是隨意分類的，因為星際大戰的公仔在睡袋旁，圓形薯片和Xbox送作堆。高價商品區的上方都有監控錄影，你可在一個角落發現如師通（Rosetta Stone）西班牙學習光碟和iPod Nano之間擺了成人情趣用具傑克兔（一種震動按摩棒）。

亞馬遜會把截然不同的商品擺在一起，是為了避免揀貨的員工拿錯。但員工似乎不大可能犯這樣的錯，因為每一件商品、每一個貨架、每一輛堆高機、每一部推車，以及每一枚員工識別證上面都有條碼，無形的演算法已經為員工計算出最有效率的出貨路徑。

鳳凰三號履行中心的走廊人來人往，這洞穴般的空間卻出奇地安靜，你只能聽到來自屋頂上方裝置的一〇二部空調發出的嗡嗡聲，以及電動手推車發出的嗶嗶聲。突然間有位員工高聲叫喊，劃破室內的死寂。他是瓊斯（Terry Jones），來這裡支援的員工，時薪12美元。他推著車子經過走廊，兩側是高聳的貨架，他用親切的聲調提醒前方的人：「車來了！喲呼！請小心喔！」

瓊斯說，他覺得這樣的工作「愉快、有趣」，他也完全遵守公司嚴格的安全規定。在2007年，全世界的零售業者都聽到這樣的警告：小心，亞馬遜要來了！

那年年初，華爾街分析師最先注意到亞馬遜的財務數字出現變化。亞馬遜的銷售量節節高升，而第三方賣家也說，造訪亞馬遜網站的人激增，而去對手平台（如eBay）的人則減少了。再者，亞馬遜的存貨量變多了。他們在鳳凰三號之類的履行中心進了更多的商品，似乎有信心顧客會買更多的東西。

當時擔任投資銀行史帝弗尼可拉斯（Stifel Nicolaus）分析師的德維特（Scott Devitt），比任何人都要先發現這些變化，並在2007年1月把亞馬遜的股票評級提升為「買進」。[1]在德維特更改亞馬遜股票評級的那一天，美林證券有位顧問也對亞馬遜的前景提出一篇報告。他的看法頗為傳統，認為亞馬遜的利潤非常有限，要想賺錢簡直是天方夜譚。

德維特說：「所有的投資經理都把我當成笑柄。大家把我寫的分析報告的每一部分都批評得體無完膚，認為亞馬遜根本不可能獲利，要我還是別騙人了。」

尊榮服務帶來驚人的獲利效應

對亞馬遜內部的人來說，經過七年的煎熬和痛苦，忍耐至今，終於有了回報。亞馬遜兩日內到貨免運費的尊榮服務等於是一顆強力引擎，讓成長的飛輪轉得更快。一位熟悉亞馬遜內部財務的人士表示，顧客加入尊榮會員計畫之後，在亞馬遜網站消費的金額平均而言都加倍了。尊榮會員進入亞馬遜的網站之後，就像走進好市多的顧客，本來只想買一箱啤酒，結帳的時候卻多了一堆DVD影片、一支重達四公斤的煙燻火腿和一部液晶電視。

尊榮會員會購買更多不同種類的商品，供應商因而願意提供更多商品給亞馬遜，以便讓亞馬遜的履行中心在兩日內把貨品交到顧客手上。亞馬遜開始受惠於營運槓桿，因銷貨量增加，使單位固定成本降低，每單位產品利潤因而提高。（但這只是暫時的，幾年後貝佐斯開始在新的領域，如平板電腦Kindle Fire和串流視訊投資，利潤又會縮水。）

2007年4月24日，亞馬遜發布第一季的財報，業績強勁得令人瞠目結舌，外界終於了解亞馬遜是匹實力非凡的黑馬。那一季的銷售額首次突破30億美元，比去年同期躍升了32%。過去亞馬遜的每年成長率頂多只有20%出頭，而其他電子商務公司每年成長率則只有12%。這意味其他網路公司或實體店面的顧客，有很多跑到亞馬遜購物。在2007年這一年，投資人了解到亞馬遜尊榮服務的獲利效應，亞馬遜的股票因而上漲240%，而且之後只有在金融危機和全球衰退發生時，股價才下滑。

在亞馬遜的飛輪愈轉愈快之時，eBay則不斷衰退。網拍熱潮已經消退，顧客要的是便利，速戰速決，很快就能確定交易，拿到貨品。如果你在eBay看上一組眼鏡蛇高爾夫球桿，就得積極競標，然後等上七天再去看看是否已得標，這樣的購物過程實在太冗長、麻煩。

eBay的問題不只是拍賣模式。亞馬遜和eBay走向完全不同的發展路徑：亞馬遜容忍自己的零售事業硬是加上和eBay類似的拍賣市集Marketplace，讓第三方賣家能在亞馬遜的商品網頁上列出自己要賣的貨品訊息，而eBay打從一開始就是第三方賣家的拍賣平台，雖然他們知道很多顧客想要購買像亞馬遜那樣固定價格的貨品，但這並不是一朝一夕可以做到的。eBay花了兩年的時間建構一個固定價格的銷售網，稱之為「eBay易快購」，但在2006年推出後，沒什麼人光顧，不久就關站。這時，eBay才允許拍賣和固定價格（直購價）並列，讓搜尋結果列出在拍賣的和有直購價的商品。[2]

同時，亞馬遜還在技術開發上投入巨資，積極投入一些數位專案，像是Kindle。亞馬遜也致力於改善和加強履行中心的效率。eBay的主管則從其他地方找尋高成長業務，因此在2005年併購Skype*，2007年又買下線上票務網站StubHub，以及一堆分類廣告網站。但eBay拍賣網站還是日益萎縮。現在，顧客比較喜歡上亞馬遜買東西，享受便利的購物經驗，而不想花時間在eBay找東西，以及為了高昂的運費跟賣家打交道。亞馬遜已經克服混亂，從混亂建立秩序，而eBay則仍在混亂中掙扎。

2008年，eBay執行長惠特曼辭去職務，由唐納修（John Donahoe）接替她的職位。唐納修的身材高大、風度翩翩，曾經是達特茅斯棒球校隊，也曾任職貝恩管理顧問公司（Bain & Company）。唐納修上任後不久，就前往亞馬遜在西雅圖的總部拜會貝佐斯。兩人相談甚歡，從創新、人才招聘，談到如何找時間做運動，以及壓力的因應。貝佐斯現在經常運動，而且只吃瘦肉和魚等低脂蛋白質食物。

兩人會面時，唐納修向這位電子商務前輩表示敬意。他告訴貝佐斯：「你實在太酷了，我真是望塵莫及。我非常欽佩你的成就。」貝佐斯則說，他認為亞馬遜和eBay不是在打一場贏家通吃的戰鬥。「我們必須把電子商務的餅做大，好容納五個亞馬遜和五個eBay。以前，我沒說過eBay的不是，未來也不會批評eBay。我不希望任何人認為我們在進行零和競爭。」

那年，eBay的股價遭到腰斬，市值蒸發了一半。而亞馬遜在那年7月的市值超過eBay，將近十年來，這還是第一次。貝佐斯已達到許多他早先立下的目標，像是把亞馬遜變成最大的網路商城。亞馬遜銷售的商品種類更多元了，銷售量也遠比以前高。2007年，亞馬遜的銷售額達148億美元，比它最早的兩個敵人加起來還要多：邦諾書店當年的銷售額為54億美元，而eBay為77億美元。

＊譯注：eBay以41億美元併購Skype，認為可完成其線上拍賣業務重要的一環，也就是通訊（之前則完成Paypal金流與UPS物流的整合），但eBay沒能把Skype整合到電子商務的服務中，因此eBay的買家和賣家還是無法便利地使用Skype，最後eBay又在2011年把Skype賣給微軟。

當然這並不代表什麼。儘管鳳凰三號履行中心裡的商品種類繁多，貝佐斯仍然覺得產品目錄有很大的改善空間。那時，他經常對公司的人說：「為了成為一家銷售額超過2,000億美元的公司，我們必須學習怎麼賣衣服和食物。」這個數字不是貝佐斯隨口說的，那就是沃爾瑪在2005年左右的營業規模。為了進軍新的消費產品，貝佐斯僱用了黑林頓（Doug Herrington），他曾在網路生鮮宅配商Webvan擔任主管，那家公司在網路泡沫化後就關門大吉，申請破產。黑林頓努力了兩年，亞馬遜生鮮部門終於可以開張，先在西雅圖地區試水溫。

貝佐斯在僱用黑林頓之時，也招募了熟悉服飾業的老將高德史密斯（Steven Goldsmith），同時併購了一家專門銷售精品的網站Shopbop，以了解複雜的服飾業。主管家電、家居用品等部門的葛蘭迪納堤，也得要和高德史密斯併肩作戰，以開拓新的服飾業務。

亞馬遜在零售業再度擴張之際，貝佐斯似乎有意調整自己的管理風格，不再動不動把員工罵得狗血淋頭。聽說他僱用了一位領導教練，但這是亞馬遜的最高機密，沒有人知道這個教練是誰。

負責基礎設備自動化的主管萊爾說道：「你看得出來，他現在真的很重視員工回饋的意見。」有一次開會時，貝佐斯老毛病又來了，嚴詞斥責萊爾和她的同事，說他們都是笨蛋，要他們回去好好想一想，搞清楚自己在幹什麼，一個星期後再回來。接著，他往前走了幾步，似乎突然想起什麼，於是轉過身來，對他們說：「不過，你們已經做得很好了，每個人都很棒。」

S團隊現在合作得更加順暢了。關係親近緊密，使他們對彼此建立了信賴，經理人之間也不再勾心鬥角。此時，貝佐斯手下的大將，包括威爾基、布萊克本恩、葛蘭迪納堤、財務長司庫塔克、法務長威爾森（Michelle Wilson）等人，都已為亞馬遜效力了將近十年。

但是有一位大將即將離開公司了。2007年11月，亞馬遜在摩爾劇院舉行員工大會，貝佐斯向所有員工宣布，他最得力的助手達澤爾即將退休。達澤爾是亞馬遜工程部的資深主管，這陣子開始準備離去。

那年，他已五十歲，身材也變得福態，希望往後多陪陪家人。貝佐斯宣布他要退休之後，兩人皆流露不捨之情，在台上緊緊擁抱。達澤爾上班的最後一天，同事在聯合湖南區的吉莉安酒吧（Jillian's bar）低調為他送行。

享受退休生活四個月之後，達澤爾決定去奧勒岡州看看在那裡上大學的寶貝女兒。他太太租了一架私人飛機，準備載達澤爾、公婆和自己一同前往。在去機場的路上，司機沒開到他們以往搭機的停機坪，而是去波音機場附近的一個私人機場。車子駛進他熟悉的機棚，他發現貝佐斯的飛機就停在那裡。他一上機，就發現他的朋友、同事、貝佐斯都在飛機上，這真是天大的驚喜。他們準備前往夏威夷，在那裡為達澤爾舉行榮退晚宴，就像九年前貝佐斯歡送卡芬一樣。貝佐斯和麥肯琪也請傑西夫婦，與達澤爾以前的同事瓊斯一同前來，同行的還有達澤爾家的友人和他的同袍。

他們待在柯納（Kona）沙灘上有管家服務的小木屋，每天下午四點壽司師傅會現身為他們料理美食。晚餐時，大家一再相互敬酒。有一天，他們搭機飛越火山國家公園，但坐的是噴射機，不是直升機。瓊斯說：「傑夫不再搭直升機了。」

貝佐斯總是要求屬下做牛做馬，吝於給員工福利和奢華享受，很多重要幹部離去時，他並不會流露惋惜之意。其實，他對員工也有很深的感激之情，只是用出人意表的方式來表達。十年來，達澤爾為亞馬遜鞠躬盡瘁。在電腦基礎設備一團糟，Google一天到晚把工程師挖走的黑暗時期，他臨危不亂，帶領公司步上正軌。

在接下來的幾年，達澤爾遠遠地觀望亞馬遜的發展，也看到貝佐斯變成世上最令人尊崇的企業領導人。他說：「貝佐斯有幾件事做得比我以前的老闆要好。他擁抱真理。很多人開口閉口都是真理，但在做決策的時候，卻不會依照真理行事。」

「其次，他不會受到傳統觀念的束縛。最讓我驚異的就是他只接受物理定律，因為物理定律是無可改變的。他認為，其他的一切都有討論的餘地。」

成長飛輪加速轉動

亞馬遜在這段復興時期，銷售成長了，商品種類也持續增加，卻很少併購其他公司。他們從1990年代末期的瘋狂併購得到教訓。那時，亞馬遜不計代價，花了好幾億美元併購新創公司，最後消化不良，那些公司的主管幾乎也走光了。之後，亞馬遜變得保守，不輕易下手併購。

在2000年到2008年這段期間，亞馬遜只併購了少數幾家公司，包括中國的電子商務網站卓越網（2004年以7,500萬美元買下）、經營隨選印刷的新創公司書潮（BookSurge，2005年併購，金額不詳），以及有聲書公司Audible（2008年以3億美元併購）。與更大的科技產業相比，這些交易實在微不足道。例如，差不多在同一時期，Google買下YouTube就花了16.5億美元，為了併購全球最大的網路廣告公司DoubleClick，甚至耗資31億美元。

亞馬遜的事業開發長布萊克本恩說道，亞馬遜在1990年代摔得鼻青臉腫，這樣的創傷有助於公司「建構文化」。每一家大公司發展到某一個程度，都會面臨是否自己該建構新的能力，或是透過併購來獲得這樣的能力。他說：「貝佐斯傾向於自我建構。」貝佐斯吸收企管聖經《從A到A⁺》書中的教訓，該書作者柯林斯建議，只有在公司進入良性循環之後，才能併購其他公司——那只是飛輪動能的加速器，而非飛輪動能的源頭。[3]

與Zappos交手

現在，亞馬遜終於能掌控自己的飛輪，可以鴻圖大展了。對貝佐斯和亞馬遜來說，有個無可抗拒的誘惑，也就是販售鞋子和服飾配件的網路商店薩波斯（Zappos）。這家公司創立於1999年，創辦人是個說起話來輕言細語、但毅力非凡的企業家史雲默（Nick Swinmurn）。史雲默創立這家網路鞋店，讓人不先試穿就買鞋，這點子實在讓人覺得異想天開，早就該隨著網路泡沫破滅而消失。史雲默被十幾家創投公司拒絕後，終於找到志同道合之士。此人就是台灣移民之子謝家華（Tony Hsieh），願意拿錢出來和他一起圓夢。

謝家華是撲克高手，才二十歲出頭就創立了網路廣告公司LinkExchange，後來把這家公司賣給微軟，獲得微軟市值2.5億美元的股票。為了薩波斯，謝家華找他在哈佛的同學、前LinkExchange財務長林君叡（Alfred Lin）合作，兩人先以青蛙創投（Venture Frogs）的名義出資50萬美元，後來謝家華成為薩波斯的執行長。在網路公司一蹶不振之時，謝家華還是硬撐，不讓薩波斯倒閉，自己掏出150萬美元出來拯救這家公司，為了籌措這筆錢，他賣掉一部分個人的資產。他把公司從舊金山搬遷到拉斯維加斯，以節省成本，在這裡也比較容易招募電話客服人員。

2004年，謝家華向紅杉資本（Sequoia Capital）爭取到資金挹注，這家投資公司以前也曾資助LinkExchange。其實，紅杉已拒絕謝家華多次，最後才願意拿出4,800萬美元投資薩波斯這家新創公司。這筆錢分多次支付，還有一個附加條件，也就是讓紅杉的一位合夥人莫里茲（Michael Moritz）加入薩波斯的董事會。公司搬到拉斯維加斯之後，漸漸步上正軌，在喜歡網購的人心中，一想到上網買鞋這種新奇的做法，就會立刻想到薩波斯。

從很多方面來看，薩波斯有如奇異魔域版的亞馬遜，看起來和亞馬遜有點像，其實完全不同。謝家華就像貝佐斯，在公司內部孕育一種奇特的文化，而且經常在公開場合提到這點，以加深薩波斯在顧客心目中的品牌印象。他甚至想出這樣的點子：如果新進員工在上班的第一個星期提出辭呈，就可以獲得1,000美元的獎金。他認為如果願意拿錢走人，表示這種人把錢看得比公司還重，不適合在薩波斯上班。

在內華達州韓德森（Henderson）總部工作的薩波斯員工，都可發揮創意來裝飾辦公室裡的小隔間。如果有人到公司參觀，各部門的人都得起身大聲問候。謝家華認為，他們是一家內部文化強大的公司，大家像一家人，公司也會好好照顧每個人，因此每個人（包括資深主管）不必對薪酬太計較。*

謝家華就像貝佐斯，非常重視顧客經驗。薩波斯承諾下單後五至七日之內免費到貨，然而如果在大都會區，通常兩日即可到貨，給顧客帶來驚喜。公司提供自購買日起一年內無條件退貨的服務，而且顧客一次可訂購四雙鞋，全部試穿後，再退回三雙。謝家華鼓勵公司電話客服人員多花時間跟顧客溝通，以解決問題。反之，貝佐斯則認為顧客來電代表亞馬遜的系統有缺陷，希望為了產品問題打電話來的顧客愈少愈好。說實在的，要在亞馬遜的網頁上找到免付費客服電話號碼，就像在垃圾山中掏寶一樣困難。

薩波斯的銷售額在2001年是860萬美元，到了2003年已攀升到7,000萬美元，至2005年更高達3.7億美元。[4] 以服飾配件市場而言，謝家華和他帶領的團隊已超越亞馬遜，是顧客心目中的最佳品牌。他們也與知名運動鞋品牌（如耐吉）建立良好

＊譯注：謝家華在接受訪問時表示，他的薪酬和以前一樣，都是每年36,000美元。他說：「我什麼都沒有，留在薩波斯，就是為了開心。」儘管薩波斯薪水並不高，員工福利也平平，卻是全球知名的幸福企業。

的關係。多年來，貝佐斯第一次這麼密切追蹤一家電子商務新創公司，讚賞他們的表現。在他看來，薩波斯不但有擴張的潛力，還可能搶走亞馬遜的生意。

2005年8月，貝佐斯寫了封電郵給謝家華，說自己想去拉斯維加斯拜訪他。兩人在薩波斯附近的雙樹酒店（DoubleTree）的會議室見面。貝佐斯帶了布萊克本恩一起去，謝家華也找來史雲默、莫里茲，以及剛上任薩波斯董事長兼營運長的林君叡。由於亞馬遜的「兩個披薩團隊」已人盡皆知，薩波斯的主管為了幽貝佐斯一默，要當地一家餐廳送兩個披薩過來，一個是義大利臘腸口味，另一個則是墨西哥辣椒。

但雙方見面時間很短，氣氛也很尷尬。薩波斯的主管建議雙方合作，但貝佐斯客氣地說，他希望買下薩波斯。謝家華回絕這個要求，說他想要獨立經營。之後，亞馬遜的主管估算了一下，認為可用5億美元左右的價格併購薩波斯，但節儉的貝佐斯不想花這麼多錢。

這種競爭的局勢讓貝佐斯想起年少時下過的棋局，對手的位置非常有利。根據法律，製造商不能規定零售價格，但是能決定讓誰去經銷，因此他們在做決定之時都會深思熟慮。因為亞馬遜愛推出折扣商品，耐吉和Merrell等運動鞋大廠不想與亞馬遜往來，擔心亞馬遜為了吸引顧客，占據市場份額，不惜祭出流血價出售他們當季推出的鞋子。因此頂級品牌都不願供貨，致使亞馬遜網站上沒有多少鞋款可以挑選。

就賣鞋子而言，亞馬遜還有其他缺點。亞馬遜網站不適合販售規格太多的商品，以一款鞋子為例，可能有六種顏色、十八種尺寸，以及好幾種寬度的鞋面。儘管是同一款鞋子，由於規格不同，亞馬遜會以不同的商品來處理，但是這讓顧客很難根據顏色和尺寸來搜尋。

這樣的棋局已經夠複雜了，貝佐斯又異想天開，決定從頭創立一個全新的網站，專門販售鞋子和皮包。貝佐斯告訴董事會這個計畫，這些董事已在Kindle和亞馬遜網路服務投下重金，豈能再負荷這麼昂貴又不切實際的投資案？財務長司庫塔克在董事會中提問：「為了這個鞋包網站，你打算花多少錢？」貝佐斯問道：「你還有多少錢？」

2006年這一年，亞馬遜都在忙著從零開始建構這個新網站。參與這項計畫的一位員工說，他們大約花費了3,000萬美元，使用的是AJAX網頁語言。亞馬遜的主管很想把這個網站取名為Javari.com（Javari也是亞馬遜河的支流名稱），但這個URL已有人註冊，對方拒絕出售，除非亞馬遜付更多錢。

最後，亞馬遜終於在年底推出名叫無限（Endless.com）的網站。營運第一天，無限網站就提供顧客免費隔日到貨和免費退貨的服務。顯然，亞馬遜做的是賠本生意，但是必然會給拉斯維加斯的某家公司帶來很大的壓力。薩波斯的董事會研究了亞馬遜的開幕策略，也在一個星期後咬著牙推出免費隔日到貨的服務。不同的是，隔日到貨對亞馬遜的物流系統而言根本沒影響，但這對薩波斯的利潤影響可大了，有如遭受迎面一擊。

在接下來的一年，無限的獨立零售業務幾乎沒有進展。雖然這個網站吸引了Kenneth Cole、Nine West等知名品牌前來上架，也設計了更靈活的搜尋引擎，以及游標指到產品照片，照片會立即放大等特色。然而亞馬遜就像在高空中走鋼索般，既要努力安撫品牌廠商的恐懼，保證會按照業界的標準定價，另一方面又要拿出更有競爭力的價格，跟薩波斯搶生意。

2007年初，在服飾品牌都密切注意網路商家是否有任何打折徵兆的情況下，亞馬遜的無限網站除了免費隔日到貨，還多送了5美元的優惠券給顧客，換言之，顧客可利用這5美元購買網站上的商品。這個聰明而透明的策略，使薩波斯吃足了苦頭。無限網站的員工說，這當然是貝佐斯的點子。

然而，薩波斯還是繼續成長，2007年總銷售額更達8.4億美元，到了2008年已超過10億美元。那年，貝佐斯知道薩波斯使出奇招：他們在機場安檢讓旅客放置隨身物品和鞋子的置物籃內，貼上鮮明、有趣的廣告。貝佐斯在會議中說道：「他們的腦筋動得比我們還快！」

但此時薩波斯內部出現了一個大問題。為了進貨，他們需要1億美元的周轉金，然而自2008年秋天雷曼兄弟破產釀成金融風暴，資金市場都被凍結了。消費者的支出減少，薩波斯的庫存因新的借款條件而受限，與亞馬遜的競爭又侵蝕公司的利潤，薩波斯年成長率於是從先前的亮麗表現降到10%。公司後來取消了隔日到貨的保證，謝家華也在逼不得已之下，裁撤了8%的人力。

只能算平手

謝家華在他於2010年出版的暢銷書《想好了就豁出去》（*Delivering Happiness*）中提到，在這段時間，亞馬遜不斷提出併購的要求，由於薩波斯的投資人急於看到投資回報，因此對併購案愈來愈有興趣。莫里茲的看法則有所不同，他投資薩波斯是希望這家公司成為獨立的上市公司，「能提供顧客從頭到腳所需的服飾。」然而，早在十年前，他就目睹了亞馬遜摧毀他投資組合中的一家公司：eToys。因此，他知道要和亞馬遜競爭，薩波斯需要更多的工程師和更精細、純熟的出貨能力。

莫里茲說：「我們應變的速度不夠快。你可以感覺到，我們的困難將愈來愈多。我們錯過了機會，招募人才的速度又太慢，工程部門不夠精良，軟體也比不上亞馬遜。我們的挫折感很大。再說，拉斯維加斯的地點不理想，公司又不肯拿出比較有競爭力的薪水來聘僱新人。我們要和這一行的頂尖好手競爭，他們箭筒裡有滿滿的箭，恨不得讓我們一箭斃命。我們實在不想把公司賣掉，想到公司被人收購，我們就十分心痛。」

儘管謝家華想要繼續經營，但他最後還是承認，對薩波斯而言，亞馬遜是個好歸宿。他會這麼想，其中一個原因是，薩波斯員工的家要不是在拉斯維加斯，就是在薩波斯的肯塔基物流中心附近，但金融危機引爆了房地產泡沫，這裡變成房地產暴跌的重災區，員工手中唯一值錢的就是薩波斯的股票。

謝家華認為併購可解很多員工的燃眉之急。薩波斯董事會最後決定把公司賣給亞馬遜，人人百感交集，還是一致同意。

在接下來的幾個月，林君叡和亞馬遜的企業開發副總裁柯拉維克（Peter Krawiec）進行談判。貝佐斯和柯拉維克在謝家華位於拉斯維加斯南部高地的家達成交易，那裡是豪華住宅區，旁邊就是高爾夫球場。這場併購之旅始於令人尷尬的兩個披薩，結局則是謝家華在自家後院以火烤漢堡招待貝佐斯。幾個星期後，貝佐斯因為要去歐洲出差，就為薩波斯的員工錄製了八分鐘的影片。他搬出常掛在嘴上的一句話：「如果有兩個選擇，一是老盯著競爭對手，另一是無時不刻想到顧客，我們一定會選擇顧客。我們雖然會注意對手做了什麼，但是我們不想把所有精力都放在這裡。」鑑於幾年來亞馬遜與薩波斯的苦鬥，這樣的話實在教人難以信服。

但最後結局也讓亞馬遜一些主管看了直搖頭，不知該說什麼好。貝佐斯一直苦苦追捕獵物，兩年多來在新設的無限網站花了1.5億美元。公司的人本來認為，跟花大錢併購相比，這筆錢算是小錢，公司因而可省下不少錢。然而，謝家華、林君叡和莫里茲並非省油的燈，收購薩波斯的金額最後以9億美元左右成交，遠高於貝佐斯預期的價格。因此，亞馬遜說不上是打敗鞋王薩波斯，頂多只能算平手。薩波斯的董事會要求亞馬遜以該公司的股權，而非現金支付。這招也極其高明。

2009年11月，雙方完成交易，亞馬遜的股票一飛衝天，薩波斯的主管、員工和投資人因持有亞馬遜的股票都獲得了豐厚的報酬。亞馬遜從和薩波斯的血腥之戰得到幾個教訓，往後幾年就知道如何與電子商務新創公司交手了。

在隱形斗篷下快速進化

經濟衰退從2007年12月開始，直到2009年7月才好轉，從某些方面來看，這就像是老天送給亞馬遜的禮物。這場經濟危機，不僅迫使薩波斯投入亞馬遜的懷抱，連全世界最大的幾家實體連鎖零售商也受到重創，他們只求存活下來。很多零售商為了守住毛利，不得不裁員、減少貨品種類、降低服務品質，但貝佐斯反其道而行，不但在新的商品種類投資，也加快配送速度。經濟危機如同隱形斗篷，把亞馬遜的進化隱藏起來，讓人渾然不知這家公司在許多領域成為令人敬畏的競爭對手。這時零售商眼中的妖魔鬼怪是步履蹣跚的全球經濟和消費緊縮，而不是亞馬遜。

體質不佳的全美連鎖零售商自然不敵經濟衰退的摧殘，有好幾個享有盛名的品牌老店，都以破產收場。

電路城曾是美國最大的電子產品零售商。在其高峰期，總部位於維吉尼亞州里奇蒙的電路城在全美各地開了七百多家分店，年銷售額達120億美元。但是到了1990年代，電路城以佣金為中心的銷售模式無法因應新的商業型態。像百思買、沃爾瑪和好市多等量販店興起之後，自助購物開始流行，顧客可以自行從貨架上把電視機搬到推車裡，去收銀台結帳。當然，賣場也有服務人員提供必要協助，這些人領的是很低的時薪，沒有佣金可抽。電路城遲遲無法轉型，依然靠抽取佣金的銷售員做為銷售主力。儘管個人電腦已成最熱銷的電子產品，然而因為利潤低，電路城就興趣缺缺，寧可以高價電子產品為主。

此外，在1990年代，電路城不但不鞏固原來的業務，還向外發展中古車業務，創立CarMax公司，又花1億美元開了家DVD出租公司DIVX，沒多久就關門大吉。

接著，亞馬遜推出終極自助服務模式，電路城一樣窮於應變。2001年至2005年，電路城讓亞馬遜來經營自己的網站，之後也沒在網路銷售力爭上游。他們不知道顧客要什麼，也無法洞悉時代的真面目，擁抱貝佐斯在當時所看到的真理。等到這家連鎖老店深陷金融危機的泥淖，需要資金週轉時，資金市場已經乾涸。到了2009年，已有60年歷史的電路城終於撐不下去。在貝佐斯最喜愛的一本書《從A到A⁺》中，作者還曾盛讚這家公司，沒想到他們也有面臨破產清算的一天，總計有三萬四千名員工遭到解僱。[5]

幾年後，博德斯書店也步上電路城的後塵。

1971年，博德斯兄弟路易斯與湯姆在密西根安娜堡（Ann Arbor）開發出追蹤書籍銷售量和庫存的系統，進而創立博德斯書店。1992年，書店被Kmart併購，博德斯兄弟就離開了。在1990年代，博德斯書店在美國、新加坡、澳洲和英國等國的購物中心都開了幾層樓高的書店，營業額從1992年的2.248億美元扶搖直上，到了2002年已達34億美元。

然而博德斯書店就像電路城一樣，經營理念十分狹隘，不知消費者的品味會一變再變。除了迎戰邦諾書店，每一個季度提交漂亮的財報給華爾街，他們的目標只有一個，就是開新的分店，並增加同店銷售額（即同一家店跟前一年同期相比的銷售成長率）。網路販售的型態和傳統圖書銷售模式差別太大，得不到公司主管的認同，公司也不想花這個錢去經營網路書店。博德斯也和電路城一樣，讓亞馬遜代為經營其網路銷售業務，以專心經營自己的實體店。一位不願具名的博德斯主管說，那時他們對亞馬遜的印象是：「他們就像賣衣服的地角公司（Lands' End），只不過是另一家郵購公司。」他說，這樣的話實在很好笑，可以放在汽車保險桿貼紙上。

博德斯書店在其生命的最後十年，打擊接二連三而來，先是網路書店的銷售量不斷上升，接著是Kindle問世，然後又碰到金融危機、消費緊縮。博德斯就像電路城，因為公司資金都卡在長達一、二十年的店面租約，無法縮減成本。在其申請破產之際，該公司執行長聲稱，半數以上的博德斯書店還很賺錢，只是有些店面的地段很糟、租金又貴，因而拖垮公司的營運。[6] 博德斯書店碰到經濟衰退，更變得不堪一擊，終於在2011年黯然退出書市，失業員工多達10,700人。[7]

全美第二大零售業者塔吉特在經濟衰退時拿出壯士斷腕的決心，明尼亞波利斯總部裁掉不少員工，也關閉了一家物流中心，如此才能存活下來。[8] 其他連鎖零售商也是這樣活下來的。塔吉特在2001年就把網路銷售的業務外包給亞馬遜，但是雙方關係欠佳，共同合作計畫進度經常落後。在亞馬遜負責塔吉特業務的馬蘇德（Faisal Masud）無奈地說：「我們沒有足夠的資源為塔吉特建立一套基礎設備。當然還是亞馬遜的業務優先，塔吉特其次。」

到了2006年，塔吉特了解自己沒有設置網站的能力。令人難以置信的是，他們又跟亞馬遜簽了五年的合約。新的合約簽好之後，貝佐斯就到明尼亞波利斯，和塔吉特的主管烏里希（Robert Ulrich）和史托克（Gerald Storch）見面，並在塔吉特發表一場演講，這場演講歡迎塔吉特所有的員工都來參加。塔吉特網站的主管尼許基（Dale Nitschke）說，他擔心來聽的人太少，場面難看，拚命懇求員工來參加。他告訴同事：「這些人是世界級的好手，你們得好好看看他們是怎麼做的。」

塔吉特知道，他們總有一天必須接管自己公司的網站，不能再依賴危險的對手。2009年，該公司終於宣布要脫離亞馬遜，等兩年後合約到期，即將終止雙方的合作關係。沒想到和亞馬遜分手沒那麼容易。塔吉特在IBM和甲骨文的協助下建立了新網站，但在2011年的耶誕節購物季，網站就停擺了六次，負責網路部門的主管因此遞出辭呈。

在亞馬遜王國崛起、壯大之時，打擊最大的莫過於在班頓維爾的沃爾瑪人。儘管他們的電子商務不如亞馬遜，沃爾瑪還是夠聰明，沒把公司網站外包出去。1999年，沃爾瑪在矽谷以北的布里斯班建立網路營運部門，然而還是遠遠落後亞馬遜。經濟衰退之後，沃爾瑪則在網路業務上多加把勁，希望能夠急起直追。

2009年9月，我在《紐約時報》發表了一篇長文，標題為〈亞馬遜是否能成為網路上的沃爾瑪？〉[9]，這個標題顯然觸痛沃爾瑪人的神經。文章見報幾個星期後，沃爾瑪網站執行長華斯奎茲（Raul Vazquez）告訴《華爾街日報》：「如果有『網路上的沃爾瑪』，那也該是我們自己的網站Walmart.com。我們的目標就是成為最大、最多人光臨的網路商城。」[10]

接著，沃爾瑪發動電子商務的閃電戰，把十本暢銷作家的新書以10美元的低價在自家網站上出售，包括史蒂芬．金（Stephen King）和丁．昆士（Dean Koontz）等作家。不到幾小時，亞馬遜跟著把這些書降到每本10美元。接著，沃爾瑪的網站又把這些書調降到9美元，亞馬遜也跟進。亞馬遜的主管過去一直擔心沃爾瑪會使出這招——十年前亞馬遜或許會招架不住，但現在亞馬遜足可一笑置之。亞馬遜今日的規模已經夠大，這點小損失根本不算什麼。

在接下來的一個月，這種以牙還牙的價格戰像野火般蔓延開來。連塔吉特都加入了，三家公司紛紛調降DVD、遊戲機、行動電話的價格，包括已有45年歷史、本來就非常便宜的孩之寶玩具小烤箱。[11] 這三家公司還針對精裝書大打折扣，由獨立書店業者組成的美國書商協會終於看不不去，向美國司法部投訴，表示：「整個圖書業因為這些零售巨頭大打價格戰，而蒙受傷害。」[12]

但這根本不算什麼，好戲還在後頭。

電子書低價風暴

2009年2月，在紐約摩根圖書館與博物館地下室的演講廳，亞馬遜為了Kindle 2的發表會彩排。繼菲歐娜之後，他們將推出的這款新一代Kindle，代號為圖靈（Turing），一樣出自《鑽石時代》，是書中一座城堡的名稱。Kindle 2機身更薄，設計走直覺式簡約風，不像第一代有一些累贅的設計。亞馬遜也解決了長久以來的製造問題，然而產品發表會還有不少狀況。前一晚，在緊張的彩排過程中，貝佐斯因為通訊組員老是出錯，而對他們發火，例如講台後方的大螢幕播放出來的幻燈片很模糊。他長嘆了一口氣，說道：「我不知道你們是否沒用高標準要求自己，還是不知道自己在做什麼。」

Kindle第一代使亞馬遜脫胎換骨，進入了數位化的未來，而第二代顯然將在出版業掀起革命風潮，改變世人的閱讀方式。Kindle已成功打響名號，而且容易買到，深受消費者的喜愛，也實現貝佐斯的願望，亦即推出物美價廉的主流電子書閱讀器。在Nook和iPad尚未問世之前，Kindle可說一機獨大，美國電子書市場90%都是被Kindle占據。[13]

對大出版社來說，想到亞馬遜很快將壟斷電子書，他們就不寒而慄。在過去十年，供應商已經知道，不管是什麼類別的商品，亞馬遜都將以凌厲的攻勢攻占市場，運用每一種槓桿來增加自己的利潤，再把好處分給顧客。如果這家公司得不到自己想要的，反應可能會很激烈。Kindle 2上市之後，英國亞馬遜就不再販賣法國出版巨頭阿歇特出版的一些暢銷書，其中一個原因就是亞馬遜和阿歇特交惡。如果你想在亞馬遜的網站上買阿歇特出版的書，只能透過第三方賣家。[14]

亞馬遜對新書和暢銷書定價9.99美元，這個策略讓出版業者特別頭痛。對每個製造商來說，這像是一場再真實不過的夢魘，耐吉就是因此拒絕出貨給亞馬遜賣鞋的無限網站。出版界的主管無不擔心，新書一出版，就會被亞馬遜砍價，他們賣的可是書，而不是鞋子。低價反應的是印刷成本降低和電子書的發行，但亞馬遜忽略出版業者還有紙本書轉化為電子書的新成本，而且這也會對其他零售業者，如獨立書店帶來很大的壓力。亞馬遜的低價只是為了鞏固自己的市場地位。

為了逃出電子書風暴，出版業者想出幾個脫身之道。例如在2009年初秋，哈潑柯林斯和阿歇特這兩家出版社，試著把電子書的發行日期延到精裝本出版幾個月之後。然而，此舉遭到消費者的反彈，紛紛上亞馬遜給那些書留下負面評價。

那時還有一個原因，讓出版業者愈來愈焦慮。那年，亞馬遜推出一個名為「安可」(Encore) 的程式，讓作者可在Kindle書店出版自己的新書或是已不再印行的絕版書，而且版稅高達了70%。這項服務被視為亞馬遜直接進攻出版業的第一步。儘管現在使用這項服務的都是不知名的作者，但是說不定日後也會出現像史蒂芬·金這樣的大師。

以前，書店業者也曾經跨足到出版，讓出版業者憂心忡忡，像邦諾書店就曾有自己的出版計畫。更何況亞馬遜已有強大的武器可以控制書市，愛怎麼賣就怎麼賣，出版社再大也管不著。武器之一是Kindle電子書閱讀器，另一則是名為創意空間 (CreateSpace) 的自助出版單位，讓顧客在亞馬遜下單之後，自行把書列印出來。亞馬遜似乎積極向經紀人和作家示好，並聘用前蘭登書屋主管尼嘉爾 (David Naggar) 加入Kindle團隊。這一切顯示貝佐斯想掌控每個出版環節的野心。

安可程式發布之後，一位都柏林的圖書編輯樸瑟爾 (Eoin Purcell) 在部落格上寫道：「亞馬遜是個實現夢想的好地方，不管多遠大的計畫，都有可能實現。安可程式除了讓作家和經紀人受益，亞馬遜更可進而控制出版的整個價值鏈。」[15]

蘋果與五大出版商成了被告

出版業者莫不覺得亞馬遜在他們的脖子上套了絞索。出版界人人自危，最後也就難免演變成這樣的局面：綿延多年的書市戰國時代。數千頁的法律文件和為期數週的法庭證詞曝了光，幾家大出版社與蘋果公司反而被歐盟和美國司法部控告有聯合壟斷電子書定價之嫌。

2009年，美國六大出版社的主管，企鵝、阿歇特、麥克米倫、哈潑柯林斯、蘭登與賽門舒斯特，常常聚在一起，據說是為了商量如何面對困境。他們不但常打電話，用電子郵件連絡，也在紐約高檔餐廳的私人包廂密會。後來，美國司法部表示，他們小心防範，避免留下任何會面的證據，以免有勾結的嫌疑。

這些出版公司的老大說道，他們見面不是為了亞馬遜，而是談其他的事。但美國政府還是認為，他們就是衝著亞馬遜及其定價策略，正如法律文件所說的「9.99美元的問題」。

根據司法部的檔案資料，那些出版公司的高階主管們認為，出版業者想和亞馬遜抗衡，必然要拿出行動，善用手中的籌碼——他們出版的圖書占亞馬遜銷售圖書的60%。這樣的比例必定能發揮槓桿作用。法律文件明載，他們考慮很多方案，包括聯合推出自己的電子書。接著，在2009年秋天，一位黑衣騎士出現了，那就是賈伯斯。出版業者相信，蘋果和賈伯斯就是他們絕地大反攻的希望。

賈伯斯打擊亞馬遜有自己的理由。他早就知道，亞馬遜可以利用在電子書的優勢，進而掌控其他數位媒體。賈伯斯自己就利用iTune對數位音樂的壟斷，進而延伸到播客、電視節目和電影。當時，蘋果正向出版業者伸出友誼的手，賈伯斯準備推出他最後的心血結晶：iPad。他希望各種媒體都能在這個寶貴的新發明上呈現，包括書籍。

那年秋天，這幾家出版公司的高階主管和iTune主管庫依（Eddy Cue）及其副手莫爾（Keith Moerer）協商；說來諷刺，莫爾以前是亞馬遜的人。他們和蘋果達成的協議可以解決那個「9.99美元的問題」，實體書店鬆了一口氣。他們允許蘋果打入電子書市場，而蘋果也保證不會採用亞馬遜那種定價策略。

在新的電子書販售模式中，出版業者也可以當零售商，自己決定售價，一般而言他們能接受的價格為13至15美元，而做為中間商的蘋果則可獲得30%的佣金，與應用程式要在iPhone的App商店上架販售如出一轍，這就是所謂的代理模式。出版業者也向蘋果保證，他們不會讓其他零售商砍電子書的售價。根據美國司法部的看法，這意味出版業者將強迫亞馬遜採用同樣的銷售模式。根據《賈伯斯傳》作者艾薩克森所述，賈伯斯曾在寫給公司內部人士的電子郵件中，沾沾自喜地說，這就像合氣道的招式。

出版社各大巨頭異口同聲地說，要不是亞馬遜把他們掐得死死的，加上那種冷血無情的企業性格，他們也不會採用代理模式。當然，他們必須為代理模式付出代價，包括付給零售業者30%的佣金。如果他們採用傳統批發模式，利潤還比較高，因為批發價一般是定價的一半。一位出版社主管告訴我：「儘管短期內採用代理模式，成本會比較高，但戰略優勢非常強大。我們終於覺得自己可以獨立自主，這才是正途。」

然而，還是有一個人持反對意見，也就是蘭登書屋的執行長多勒（Markus Dohle）。他擔心代理銷售帶來的利潤反而會比較少，因此希望保持現況，維持傳統批發模式。六大出版社中，只有他們決定這麼做。蘋果於是使出殺手鐧，他們即將推出的iBookstore將不會販售任何一本蘭登書屋的書。

2010年1月27日，蘋果公司在舊金山的芳草地藝術中心（Yerba Buena Center for the Arts）舉行iPad發表會。這是賈伯斯最後一次公開露面，iPad等於是他的「天鵝之歌」。貝佐斯顯然非常欽佩賈伯斯，認為他是一位可敬的對手。會後，《華爾街日報》的專欄作家莫斯柏格問賈伯斯，如果上亞馬遜買電子書比較便宜，為什麼要去蘋果的iBookstore呢？賈伯斯說：「價格應該一樣吧。」這暗示蘋果與那些出版社業者已志同氣合，不知不覺踏入反托拉斯的禁區。賈伯斯又說：「出版業者都很不高興，事實上，他們不想把書給亞馬遜賣。」[16]

其他出版業者則透過電子郵件或電話，告知亞馬遜他們的決定。麥克米倫執行長薩金特親自飛到西雅圖，表明他們公司將改採代理模式。這次會談長達二十分鐘，亞馬遜如臨大敵，與薩金特交手的Kindle主管包括波爾可、葛蘭迪納堤和尼嘉爾。薩金特同意讓亞馬遜依照舊的條款和批發模式賣他們的書，至於電子書則必須等紙本書出版幾個月後才能上架。顯然，亞馬遜嚥不下這口氣，不久就把麥克米倫的書全部下架，不管是紙本書或電子書，顧客只能透過第三方賣家購買。麥克米倫的電子書自此從亞馬遜的網站上消失，那年1月有一整個週末都無法從亞馬遜買到麥克米倫的書。

對那些不知亞馬遜和出版業者之間恩怨的人，實在不解亞馬遜為何會向一家出版社下重手。一般讀者哪知道亞馬遜是獵豹，而出版業者是可憐的瞪羚？國際文創公司（International

Creative Management）文學部門主管哈里斯（Sloan Harris）表示：「我想，每個人都覺得好像看到有人拿刀互砍。其實，我們已進入核武時代。」[17]

由於很多人批評，亞馬遜和出版業者的惡鬥會使作者和顧客遭到傷害，幾天後亞馬遜終於讓步。

貝佐斯和Kindle團隊發表公開聲明，貼在亞馬遜的線上論壇上：「我們暫時停止銷售麥克米倫的書籍，是為了表達我們的強烈不滿，以及雙方之間意見嚴重分歧。我們希望各位知道，我們不得不投降，接受麥克米倫提出的條件，是因為麥克米倫壟斷了自己的出版品。我們認為電子書的價格不必要那麼昂貴，因此我們希望給各位最優惠的價格⋯⋯Kindle不只是亞馬遜的業務，也是我們的使命。我們早已料到，要達成使命，必然要通過重重難關！」

諷刺的是，轉向代理模式之後，反而使Kindle更有利可圖了，因為亞馬遜不得不提高電子書的售價，而亞馬遜對電子書的銷售已近乎壟斷，因此可繼續調降Kindle機器的價格，不到兩年，Kindle最便宜的機型已經降到79美元。

擁有攻占書市的神器

然而，亞馬遜絕不是省油的燈，不會受制於人。在接下來的一年，亞馬遜開始使盡全力反擊。從服飾部門轉戰Kindle的老將葛蘭迪納堤，帶著從蘭登書屋來的新人尼嘉爾開始，拜訪中型出版社，如霍頓米夫林（Houghton Mifflin）等。根據這些中型出版社的主管所言，亞馬遜的代表警告，他們沒有足夠的本事可轉移到代理模式，如果他們執意如此，那就別想在亞馬遜網站賣書了。亞馬遜也更注重本身的出版業務，在後來幾年將使出版業者更不好過。

出版業者和蘋果為了使亞馬遜放鬆對電子書市的控制，反倒引來新的麻煩。根據法律文件，亞馬遜與麥克米倫才對峙一天，第二天亞馬遜就向聯邦貿易委員會與司法部遞交了一份白皮書，列出一連串事件，並表示該公司懷疑出版業者和蘋果非法勾結，以操縱電子書的價格。

很多出版社的主管都在猜測，亞馬遜是這一連串訴訟的始作俑者。然而，反托拉斯案的調查人員早就嗅到有什麼不對勁，並不需要亞馬遜煽風點火。

儘管賈伯斯在2011年秋天撒手人寰，他以前說過的一些話因為有破綻，讓人得以找出蘋果和五大出版社的漏洞。艾薩克森曾經在《賈伯斯傳》引述賈伯斯的說法：「亞馬遜搞砸了……在蘋果涉足電子書市場之前，有些書商已開始從亞馬遜抽腿。因此，我們告訴出版商，我們將採用代理銷售的模式。你們可自行決定售價，我們抽三成，也許顧客得多花一點錢，但你們還是可以保住一定的利潤。」

賈伯斯這番話是向出版業者示好，沒想到卻會對他們不利。如果他們曾同心協力，設法讓顧客「多花一點錢」，反托拉斯案就成立了。

美國司法部因而在2012年4月11日，對蘋果和五大出版社提出告訴，控告他們非法串連，以提高電子書的價格。最後，所有的出版社都與司法部和解，唯獨蘋果堅持他們只是為了擴展電子書市場才這麼做，並沒有反托拉斯之嫌。

那年6月，蘋果反托拉斯一案在曼哈頓的一間法庭審理，歷時十七日。地方法院法官柯特（Denise Cote）判決蘋果和出版業者聯手哄抬電子書的價格，以消除價格競爭，因此違反舍曼反托拉斯法（Sherman Antitrust Act）的第一條。蘋果誓言將會上訴到底。在本書出版之時，相關的損害聽證會仍在進行。

電子書之戰不但在法庭中開打，書市也充滿刀光劍影。儘管此案因為媒體報導而轟動一時，也讓人從側面見識亞馬遜的雄風——儘管他們曾因為經濟衰退受到影響，但很快就恢復活力，變得生龍活虎。

2009年初，經濟危機的迷霧終於散去，亞馬遜的季度成長率回到衰退前的水準，在之後的兩年，股價飆升236%。全世界現在都看清**亞馬遜潛力無窮：尊榮服務是吸金利器，履行中心效率強大，AWS前景遠大**，在亞洲和歐洲都有穩定的收益。亞馬遜股價飆升的一個原因是，很多投資人從電子書的價格戰，了解Kindle是攻占書市的神器，這種電子書閱讀器對實體書店的影響，就像iTune對唱片行的衝擊。分析師集體提高了亞馬遜股票的評級，共同基金經理人也紛紛把亞馬遜加入他們的投資組合當中。

亞馬遜第一次可以與Google和蘋果平起平坐，這家公司已經躍升到更高的軌道之上。

10
信念的盾牌

經濟復甦之後，亞馬遜的能見度大增，市場力量也讓世人刮目相看，這家公司因而經常受到大眾的關注，但這些關注也不全然是欽羨的眼光。2010到2011年，亞馬遜受到的抨擊愈來愈多，它避開州銷售稅的做法、兩樁大型併購案的運作、直接插手出版業務（與出版業者競爭），以及不顧大型製造商的定價策略，在在都引來指責。多年來，一直自認是居劣勢一方的亞馬遜，似乎在一夕之間成為很多人眼中冷漠、高傲的巨人，要別人照他的遊戲規則來做。

貝佐斯（以及少數可以公開發言的「傑夫機器人」）在面對批評時，總會露出困惑的表情。貝佐斯常說，亞馬遜「願意被人誤解」，言外之意是對手根本就不了解亞馬遜。[1]貝佐斯也會四兩撥千斤地說，亞馬遜是一家有神聖使命的公司，就像傳教士一般，不是唯利是圖的傭兵。這種二分法始於前董事杜爾，這是他讀了合夥人高米沙（Randy Komisar）在2001年出版的《僧侶與謎語》（*The Monk and the Riddle*）一書的心得。

傳教士有正當的目標，希望使世界變得更美好；而傭兵則是為了錢或權力而戰，如果有人敢擋他們的路，肯定是活得不耐煩了。貝佐斯常說：「我寧可當傳教士，再怎樣也不會去當傭兵。弔詭的是，通常傳教士賺的錢會比傭兵來得多。」[2]

亞馬遜的發言人則慣以簡單、明確的論點來平息這些爭議，他們一再重複這些論點，絕口不提亞馬遜具侵略性的戰術。他們有自知之明，提到那些就像自打嘴巴。他們說得頭頭是道，同時符合公司的策略利益。儘管公眾開始拿著放大鏡，檢視亞馬遜的一舉一動，由於亞馬遜的說法不只是自圓其說，還是可以取信於人，才能通過重重嚴格的公共監督。

銷售稅之戰

從很多方面來看，經濟衰退對亞馬遜來說，猶如天上掉下來的禮物。但美國和歐洲地方政府財政惡化，不得不把腦筋動到銷售稅上頭，而合法避稅向來是亞馬遜最大的策略優勢，教亞馬遜如何輕易放掉這塊口中的肥肉？就亞馬遜與各州政府的銷售稅之戰而言，牽扯到的人很多，而且爾虞我詐。亞馬遜高張信念的大旗，展現出正義凜然的樣子，為了捍衛它的長遠利益而戰。

自2007年底開始，紐約州長史匹澤（Eliot Spitzer）為了籌措數百萬美元，提議重新定義應稅項目。如此，亞馬遜長久以來享受的網購免稅就即將取消，大多數的產品可能都得付5%至10%銷售稅。當年，貝佐斯就是著眼於州外網購免稅，才會把公司總部設在人口較少的華盛頓州。

史匹澤的提案沒有成功。由於他的支持率下滑，再加上他的預算局長擔心，這個議案會使得居民以為州政府要加稅而反彈，因此在史匹澤提議的第二天，自己就把這個提案撤回了。[3]但紐約州仍有43億美元的預算缺口急需填補，在接下來的2月，史匹澤重新提出課徵網購銷售稅的議案。一個月後，史匹澤的召妓醜聞曝光，他的政治生涯也就完蛋了。他的繼任者佩特森（David Paterson）認為這個提案立意甚佳，那年4月，位於阿爾巴尼（Albany）的州議會通過這項法案。

根據1992年最高法院對「郵購公司奎爾對北達科塔州政府」（Quill v. North Dakota）一案的裁決，只有公司在該州有實體營運點或有足夠課稅連結，如店面或辦公室，才必須向當地的州政府繳納銷售稅。但2008年通過的紐約法案卻巧妙規避了上述裁決，明定如聯盟網站因顧客透過其網路連結，向某網路零售商買東西，而聯盟網站可因此收取佣金，該聯盟網站就等同是某網路零售商的代理，也等於某網路零售商在聯盟網站所在的州也有營運點。因此，如果紐約有個為洋基球迷設立的網站，訪客點擊其網頁上的連結，前往亞馬遜網站購買前洋基總教頭托瑞（Joe Torre）的回憶錄，設址在西雅圖的亞馬遜則算在紐約有個正式的營運點，這筆交易就得向紐約州繳納銷售稅。

亞馬遜對此很不高興。那條紐約州的法律在2008年夏天生效，亞馬遜於是和另一家網路零售商Overstock.com向州法院提出訴訟，結果敗訴。亞馬遜公開抱怨，每一州的稅收方式都很複雜且不切實際。亞馬遜全球公共政策副總裁米森納（Paul Misener）就是這場稅收之戰的發言人。他說：「目前全美國有權徵收稅款的單位共有7,600個，連鏟雪、減少病媒蚊也都是稅收名目。」

多年來，亞馬遜一直用各種高竿的手法避稅。在設有履行中心或辦事處的地方，如126實驗室，就被定義為沒有任何營收的附屬機構，以規避銷售稅。又如設立內華達州的芬利履行中心，名義上就是一家名為Amazon.com.nvdc的獨立公司。當然，這樣的安排仍禁不起直接審查，於是亞馬遜在設立這些機構時，都小心翼翼地與各州談判，只要亞馬遜提供工作機會，促進該州經濟，州政府就睜一隻眼，閉一隻眼。貝佐斯認為，免銷售稅有很大的策略優勢。對他這麼一個自由意志論者而言，這也是一場原則之爭。他在2008年亞馬遜的股東會議上說：「我們根本沒從那些州提供的服務獲得任何好處，要我們繳稅，就太不公平了。我們完全沒享受他們提供的服務。」

貝佐斯也認為免銷售稅對顧客而言是一大利多，如果失去這樣的優惠，亞馬遜的商品價格就不得不提高。因此，貝佐斯非常擔心州政府對亞馬遜徵收銷售稅所造成的後果。一位熟悉亞馬遜財務的人士說，紐約州通過網購銷售稅法案之後，下一季亞馬遜在該州的銷售量就跌了10%。

紐約州新通過的銷售稅法案就像感冒一樣蔓延開來。財政同樣窘困的州，如伊利諾、北卡羅萊納、夏威夷、羅德島和德州都起而效尤，宣稱聯盟網站就是課稅連結。於是亞馬遜仿效Overstock網站在紐約州採用的強硬手段，索性砍掉與各州聯盟網站的連結。這些網站通常是部落客和需要抽佣的人經營的，他們發現自己因為兩大巨頭之鬥利益受損而憤怒不已，一邊是現金乾涸的州政府，另一邊則是緊抱稅收漏洞不放的網購巨人。

在這場銷售稅之戰，遭到池魚之殃的不只是聯盟網站。亞馬遜工程師賽平（Vadim Tsypin）通常在加拿大魁北克的家中工作。2007年底，差不多是史匹澤提出銷售稅法案之時，亞馬遜的律師不由得愈來愈擔心。賽平的經理給他看公司的加拿大限制政策，上面明載公司沒有任何員工在加拿大工作。因此，他們必須隱瞞賽平過去在加拿大工作的事實，甚至得篡改工作紀錄。根據法律文件，那位經理說：「這個問題可能讓亞馬遜損失幾百萬美元。儘管我們只有一個員工在加拿大工作，仍然違反了美國和加拿大的法律。」

賽平怕此案禁不起詳細調查，拒絕修改過去的工作紀錄和評估。他說，亞馬遜的主管因此開始騷擾他，要他辭職，他也因此生病（經常偏頭痛，以及像癲癇發作一樣眼前一片黑），開始請病假。2010年，他向西雅圖的金恩郡高等法院提出訴訟，控告亞馬遜非法解僱、違約、造成他精神損失和過失僱用，結果敗訴。法官認為，賽平身體不適的情況雖然與工作有關，但還不到請求民事賠償的程度。

像亞馬遜這樣的大公司，常會被員工以非法解僱的罪名告上法庭。賽平這個案子卻很不尋常，因為此案源於亞馬遜擔心自身被課銷售稅的焦慮。像賽平一案的真相若是被發現，亞馬遜避稅的手法就會公諸於世。亞馬遜提出數十頁的公司規定手冊、流程圖和地圖，送交位於西雅圖市中心第三大道的金恩郡高等法院。我們可以從這些文件資料看出，亞馬遜為了因應不斷變動的稅收政策，使出各種教人嘆為觀止的招數。

公司規章裡的描述，簡直是超現實情節。亞馬遜的員工參加商展，必須獲得公司的批准，主管則要求他們在路上不能參加與亞馬遜商品促銷有關的活動。如果沒得到公司的允許，不能在部落格發文，也不能和記者交談，旅途中不能租屋，或利用公司電腦上亞馬遜的網站下單。雖然他們可以和其他公司簽約，但僅限於提供商品給亞馬遜的供應商，而且只能在西雅圖進行。

公司結構可以隨時重新劃分，這一點也變得很重要。在亞馬遜北美地區工作的員工如果要出差，則需自稱是亞馬遜服務公司（Amazon Services）的員工，而非Amazon.com的員工，名片也會跟著更改。根據一份文件，如果有媒體問他們代表哪家公司參加商展，他們必須說：「我是亞馬遜服務公司的員工，我們公司負責亞馬遜的網站營運，提供電子商務的服務，也幫忙解決問題。來此參加商展是為了蒐集資料，以了解業界最新發展和趨勢。」

西雅圖總部每個員工都有一份有顏色標示的地圖。如果要到綠色標示的州，如密西根州，那就沒問題。如果去橙色的州，像加州，需要特別申請，讓法務部門可以追蹤停留在那裡的天數。要是到紅色的州，如德州、紐澤西州、麻州，員工則需事先填寫一份長達十七個問題的問卷，以免公司被課銷售稅。（如問題16：你會在當地參加抽獎活動嗎？）如果必要，亞馬遜的律師會阻止員工出發，若是放行，則需攜帶該州出具的證明文件，說明該州對這種情況有何特別處置方式。

根據當時一位資深員工的說法，管理階層並沒有討論這麼做是對是錯，以及是否會影響員工士氣。這只是公司因應銷售稅的策略，才能提供低價給顧客。賽平控告亞馬遜的檔案裡，有一份亞馬遜在2010年發給員工的國內稅收備忘錄，上面寫著：「許多州的經濟前景黯淡，因此課稅的舉動將比以往來得積極。亞馬遜最近與紐約州和德州發生的銷售稅糾紛已眾所周知，足證我們的風險變大。這就是我們為何如此重視課稅連結的相關問題。」[4]

軟硬兼施的戰術

同年，也就是在2010年，實體零售業的幾位老大哥，沃爾瑪、塔吉特、百思買、家得寶與希爾斯，為了面對亞馬遜帶來的威脅，決定前嫌盡棄，同仇敵愾，共組一個特別的聯盟。[5]他們共同支持一個名為大眾商業公平聯盟（Alliance for Main Street Fairness）的新組織。這個組織披著平民主義語言的外衣，以掩飾內在的矛盾——明明是蠶食鯨吞的連鎖零售商，又鼓吹小雜貨鋪的重要。他們僱用了一批說客，設立精美的網站，張貼廣告，也在全美各地的電視台打廣告。這些大零售商的老闆都密切注意活動的進行。根據參與這次活動的兩名說客所言，沃爾瑪的執行長杜克（Mike Duke）經常要他們針對亞馬遜的銷售稅之戰做簡報。

課徵銷售稅的州愈來愈多，亞馬遜也積極迎戰，以軟硬兼施的戰術尋求政治人物的合作，特別是在需要大量工作機會的地方。2011年，德州州議會通過一項法案，強制在該州設有物流中心的網路零售商繳納銷售稅。亞馬遜因此威脅說要關閉在達拉斯市郊的履行中心，在當地工作的數百名員工將全部失業，亞馬遜在該州的其他投資計畫（如興建新的設施）也將作廢。德州州長佩里（Rick Perry）旋即否決了那項銷售稅法案。亞馬遜也在南卡羅萊納州大有斬獲，用同樣的威脅手段逼迫州政府就範，為其豁免銷售稅，但同意發送電子郵件提醒顧客自動繳交應繳納的銷售稅。田納西州的議員則同意延緩銷售稅的施行，條件是亞馬遜必須在該州建立三個新的履行中心。

貝佐斯一面迎戰，一面主張制定聯邦法案，以簡化銷售稅，讓所有的電子商務公司依此行事。（鑑於當時華盛頓政治僵局難解，這個方案可行性很低，正合亞馬遜的意。）2011年，貝佐斯接受我的採訪，說道：「如果我對顧客說：『我們不需要繳納銷售稅，憲法寫得清清楚楚，州政府不得強迫外州的零售商繳交銷售稅，也不得干涉各州之間的商業，但希望大家還是要自動繳稅。』這樣的話根本站不住腳。顧客是會抗議的。要解決這個問題，要不是透過修憲，就是制定聯邦法案。」

2012年，正是這場銷售稅之戰打得如火如荼之時。亞馬遜被德州、南卡羅萊納、賓州和田納西州圍攻，這幾個州同意銷售稅的課徵再緩個幾年，但亞馬遜必須在每一州設立新的履行中心。在人口最多的加州，亞馬遜認為該來的還是逃不了，所以已準備好全面迎戰。加州州議會通過銷售稅法案後，亞馬遜即發動公投，以推翻這項法案。他們在蒐集簽名和電台廣告上花費了525萬美元。觀察家預測，亞馬遜若要戰到最後一刻，花費可能會超過5,000萬美元。[6]

不久，亞馬遜就知道這是場代價高昂的苦戰，而且非常凶險。大眾商業公平聯盟在加州發動地毯式的轟炸，大打反亞馬遜的廣告，而社論撰寫者和部落客也都站在沃爾瑪等量販店那邊。網路宣揚者歐萊禮在部落格中論道：「亞馬遜的避稅之舉只是凸顯美國商界的短期思維。真是可憐。」貝佐斯向來以目光長遠自傲，歐萊禮這麼說實在戳中了他的痛處。[7]就連亞馬遜內部的人也知道公司在扮演壞人的角色。這時，亞馬遜正準備推出Kindle Fire與蘋果的平板對決。亞馬遜的主管都勸貝佐斯，別在這個節骨眼砸了自己的品牌形象。

因此，亞馬遜在那年秋天懸崖勒馬，與加州州政府達成協議：亞馬遜不再推動公投，以換得在即將到來的耶誕節購物季繼續享有免稅優惠；亞馬遜也答應在舊金山及洛杉磯郊區興建新的履行中心。[8]不久，米森納則到參議院的商業、科學及交通委員會作證，重申亞馬遜支持制定聯邦法案，以解決銷售稅的問題。其他銷售稅反對者，如百思買、塔吉特和沃爾瑪見風轉舵，跟著表示支持。現在，反銷售稅陣營則只剩eBay，他們跳出來聲援小賣家，說他們的賣家很多是家庭主婦，做網拍只是為了貼補家用，不應再被課徵銷售稅。eBay主張，員工在五十人以下或年銷售額低於1,000萬美元的公司應得以豁免銷售稅，但大多數的法案豁免條件為銷售額低於100萬美元的公司。在本書寫作之時，參眾兩院尚未通過全國性的銷售稅徵收法案。

所謂塞翁失馬，焉知非福。亞馬遜雖然因為銷售稅的戰役而大失血，但他們還是老謀深算的棋手，知道如何尋找新的商機。亞馬遜新蓋的履行中心都在大城市附近，有利於隔日送達或當日送達的送貨服務，亞馬遜生鮮部門終於有推廣出去的機會。亞馬遜也開始進行置物櫃取件的實驗性服務——他們在超市、藥妝店和無線電屋這樣的連鎖店設置橘色的大型金屬置物櫃，顧客可指定亞馬遜的送貨人員將網購包裹放置在置物櫃中，他們再自行領取。

由於很多州已終止免稅網購，一手策劃亞馬遜稅務策略的康福特（Robert Comfort）就用不著繼續扮演藏鏡人的角色了。康福特也是亞馬遜稅務部門的主管，手下共有八十個人。他是普林斯頓大學的校友，自2000年起在亞馬遜服務，十幾年來他把書上的每一種技巧發揮得淋漓盡致，還發明了很多新的招數，以減輕亞馬遜的稅務負擔，例如在歐洲成立空頭公司避稅，就是他的傑作。由於盧森堡的稅率很低，亞馬遜就在該國設立公司，並把銷售額算在這家公司的帳上。2012年，這種隱密的避稅手法遭到歐洲平民主義者的強力抨擊，不只是亞馬遜，很多美國大公司都成了箭靶，如Google也中箭。這種減輕海外稅務負擔的做法，幾乎無以為繼。

2012年初，美國稅務單位正在調查亞馬遜之際，康福特宣布退休。（但他馬上接下新職，擔任盧森堡大公國駐西雅圖的名譽領事。）

從現在開始，亞馬遜不再享有稅務優惠，不得不在公平的競技場上，和實體零售商一較高下。

成功併購奎德西

亞馬遜內部有個祕密組織，這個團隊有個像是出自007電影的名號：競爭情報部。這個組織自2007年成立以來皆隸屬財務部，主管是史通和沃尼克（Jason Warnick）。他們會購買很多競爭者的商品，評估其品質和服務的速度，是否比亞馬遜做得更好。他們會將調查數據交給一個由高階主管組成的委員會，成員包括貝佐斯、威爾基、皮亞森蒂尼，讓高層判斷公司是否正面臨威脅，必須急起直追。

21世紀第一個十年接近尾聲的時候，競爭情報部開始追蹤一個競爭對手。這家公司的名字很奇特，教人不知道應該怎麼唸，但卻大受女性消費者的歡迎。這家公司就是奎德西（Quidsi，此名源於拉丁文*quid si*，意指如果），設於紐澤西，旗下的網站尿布網（Diapers.com）已聲名大噪。創辦人羅爾（Marc Lore）和薄拉拉（Vinit Bharara）是小學同窗，他們在2005年創立這家公司，希望能讓焦頭爛額的新手父母輕鬆上網選購必需的嬰幼兒用品。到了2008年，他們不只賣尿布，也販售濕紙巾、嬰兒奶粉、嬰兒衣服和嬰兒車。

每個人都知道，拖著高聲尖叫的小孩到店裡購物，是讓所有父母最頭痛的事。然而，直到尿布網營業一年之後，亞馬遜才開始賣尿布，至於沃爾瑪和塔吉特的網路商店則還沒有尿布這樣的品項。那時，網路泡沫仍讓電子商務產業心有餘悸。如果在網路上販售好奇寶貝乾爽尿布量販包，體積龐大、利潤又低，還得送貨到府，零售商擔心這根本賺不到錢。

羅爾和薄拉拉特別為嬰兒用品打造一套物流系統。這套系統是前波音營運經理席爾敦（Scott Hilton）設計的，利用軟體來控制出貨包裹的體積，使之最小化（他們共有二十三種尺寸可供選擇），以節省運費。（由於亞馬遜的商品種類太多，要這麼做就需要極多尺寸的箱子，對亞馬遜而言，這種包裝方式並不適用。）奎德西的倉庫設在人口稠密的都會郊區，因此利用廉價的陸地運輸即可，在全美三分之二的地區都可保證免費隔日送達。奎德西的創辦人仔細研究過亞馬遜的營運，也把貝佐斯當偶像，在私人談話中都尊稱他為「老師」。[9]

只要上網敲幾個鍵，一大箱尿布就會出現在家門口，這樣的奇蹟讓媽媽們津津樂道，熱情推薦給朋友。有幾家創投公司，包括投資Facebook的加速創投公司（Accel Partners）認為羅爾和薄拉拉已在亞馬遜的盾牌上找到弱點，於是拿出5,000萬美元投資奎德西。差不多在這時，貝佐斯和他的事業開發團隊，以及他們的對手沃爾瑪都開始注意奎德西的發展。

亞馬遜、奎德西和沃爾瑪的主管和代表，都拒絕談論接下來發生的混戰。亞馬遜負責併購的主管布萊克本恩說，他認為奎德西和薩波斯很像，「是一家頑強又獨立的公司，建立了極其靈活的營運方式。」他還說，亞馬遜本來就計劃要進攻尿布市場，而不是為了和奎德西競爭。

接下來的故事，則是由以上三家公司內部人員所述拼湊而成。他們都要求匿名，而且戒慎恐懼，因為亞馬遜和沃爾瑪都嚴格要求員工遵守保密協定，否則必須擔負法律刑責。

2009年，布萊克本恩邀奎德西的兩位創辦人共進午餐。這是雙方第一次見面，但布萊克本恩直接就表明電子商務巨人亞馬遜也準備推出嬰幼兒用品，奎德西這家新創公司還是認真考慮賣給亞馬遜吧！但羅爾和薄拉拉說，他們希望獨立經營。於是布萊克本恩說道，他們如果改變心意，可以打電話給他。

不久，奎德西發現，亞馬遜把尿布等嬰幼兒用品的價格調降了30%。奎德西的主管也把他們的價格調降，看看亞馬遜有什麼反應，結果發現亞馬遜又再降價。亞馬遜著名的定價機器人（自動定價程式）已盯上尿布網。

在亞馬遜發動價格戰之初，奎德西尚且守得住。他們沒有跟著把價格下殺，靠著品牌號召力強，口碑極佳，還能穩住陣腳。奎德西也運用他們和顧客的信賴關係及物流專業，開了兩個新網站：香皂網（Soap.com）和美妝網（BeautyBar.com）。但是過了一段時間，奎德西不得不為白熱化的競爭付出代價。奎德西在短短幾年內，年銷售額從零成長到3億美元，然而自從亞馬遜集中火力促銷嬰幼兒用品，奎德西的營收成長開始出現疲態。投資人不願提供更多的資金，而奎德西又還沒成熟到可以公開募股。羅爾和薄拉拉第一次有賣公司的念頭。

差不多在同時，沃爾瑪也在尋找反攻的機會，希望從亞馬遜那裡搶回一些地盤，他們開始重整網路部門。沃爾瑪的副董事長卡斯佐萊特（Eduardo Castro-Wright）接管沃爾瑪網站，上任之初就打電話給尿布網的羅爾談併購一事。羅爾說，他們希望奎德西的價格和薩波斯差不多，也就是9億美元，其中包括多年來的績效獎金。沃爾瑪原則上同意了，開始對奎德西進行實質審查*。沃爾瑪的執行長杜克甚至參觀了尿布網在紐澤西州的物流中心。然而，沃爾瑪總部後來提出的正式報價，卻遠低於羅爾要求的金額。

於是，羅爾打電話給亞馬遜。2010年9月14日，羅爾和薄拉拉到西雅圖與貝佐斯洽談併購的事。那天早上，他們還在和貝佐斯商談時，亞馬遜就發布了一則新聞稿，說該公司即將推出「亞馬遜媽媽」的新服務。對新手父母而言，這真是福音：只要加入「亞馬遜媽媽」，他們就可獲得為期一年的兩日內免運費到貨的尊榮會員服務（這本來是繳交79美元年費才能加入的會員制），還有很多優惠，例如他們若選擇每月定期配送尿布的「訂就省」服務，原本已經打折的尿布還可以再打七折。對尿布網而言，這簡直是一顆震撼彈。奎德西的員工拚命打電話給老闆，要告訴他們一般大眾對「亞馬遜媽媽」的反應，但老闆和貝佐斯在會議室裡談得正起勁，沒接電話。

現在，奎德西終於知道自己的鮮血是何滋味。那個月，一箱幫寶適在尿布網販售45美元，亞馬遜則賣39元，如果是加入「亞馬遜媽媽」的顧客，又選擇「訂就省」服務，一箱甚至還不到30美元。[10] 奎德西的主管把運費和寶僑（P & G）的批發價計算進去，只要三個月，亞馬遜在尿布上的虧損就會達到1億美元。

在亞馬遜內部，貝佐斯向員工解釋說，這種流血策略有助於公司的長期利益，也就是讓顧客滿意，並建立消耗品業務。他指示企業開發副總裁柯拉維克，併購奎德西的金額不能超過多少錢，然而不管如何，都不能輸給沃爾瑪。

由於貝佐斯已跟羅爾和薄拉拉談過，亞馬遜現在有三個星期的時間來研究奎德西的財務狀況並提出一個價格。在期限結束之前，奎德西不得與第二家公司談判。柯拉維克在期限截止前向奎德西開價5.4億美元，且說價錢還可以再商量。他知道沃爾瑪正虎視眈眈，因此要求奎德西在48個小時內答覆。奎德西知道，如果他們不接受這個價格，更激烈的尿布大戰即將開打。

本來沃爾瑪很有希望奪下奎德西，因為奎德西的營運合夥人布瑞爾（Jim Breyer），是加速創投的投資人，也是沃爾瑪的董事。但沃爾瑪還是晚了一步，沃爾瑪出價6億美元時，奎德西已經接受亞馬遜的投資協議書。沃爾瑪的執行長杜克打電話給好幾個奎德西的董事，在他們的電話語音信箱留言，請他們不要把公司賣給亞馬遜。但亞馬遜已先聲奪人，在投資協議書中規定，之後如有任何出價訊息，必須告知亞馬遜。因此杜克的留言都被記錄成文字，傳送到西雅圖。

亞馬遜的主管得知沃爾瑪的出價後，進一步給奎德西的創辦人壓力，說「老師」可不是好惹的，如果他們要賣給沃爾瑪，「老師」可能會把尿布的價格調到0元。奎德西的董事會召開會議，討論是否有可能和亞馬遜解約，然後繼續和沃爾瑪談判。然而，貝佐斯已化身電子商務的赫魯雪夫，為了打贏這場尿布戰爭，即使要發射核彈也在所不惜。奎德西擔心，如果與沃爾瑪倉促成婚，在完成併購交易之前，可能因為出錯而功虧一簣。最後，奎德西在恐懼下同意賣給亞馬遜。2010年11

* 譯注：due diligence，投資人對目標企業一切與本次投資有關的事項，進行現場調查與資料分析。

月8日，亞馬遜宣布併購奎德西。

「亞馬遜媽媽」的流血促銷，顯然是要把尿布網逼得走投無路。亞馬遜接下來的行動更足以說明這一點。

宣布併購奎德西一個月後，「亞馬遜媽媽」就停止招收新會員。幾個星期後，聯邦貿易委員會開始審查這樁併購案，「亞馬遜媽媽」才又重新招收新會員，但折扣根本不能和以前相比。

聯邦貿易委員會花了四個半月的時間審查這樁併購案，除了標準審查，又再進入第二回的審查，要求亞馬遜和奎德西雙方提交更多資料。根據聯邦貿易委員會一位熟悉此案的官員所言，這樁併購案有許多疑點。一顆電子商務的明日之星，終究在激烈的價格戰和併購中殞落。但這次交易最後還是過關，一個原因是這個交易並沒有壟斷之嫌，還有很多家零售商在賣尿布，不管是實體店或其網路商場，如好市多、塔吉特等。

貝佐斯又打贏了一仗，在競爭者才嶄露頭角時就無情地加以征服，他的無限商店又變得更充實了。亞馬遜對待奎德西和薩波斯一樣，允許他們在紐澤西州獨立營運，不久該公司業務就擴展到寵物用品（Wag.com）和玩具（Yoyo.com）。沃爾瑪錯失了寶貴的機會，沒能把奎德西的優秀團隊納入旗下，而使他們成為亞馬遜的生力軍。貝佐斯的併購絕招，再次讓熟悉業界內幕的人瞠目結舌。目睹這次併購火拼的一位旁觀者說：「奎德西的人，最後還是心悅誠服地歡迎亞馬遜這個勝利者。」

廚刀之王的價格保衛戰

擔心亞馬遜衝著自己而來的，不只是位於紐澤西、拉斯維加斯，乃至美國各地的公司。德國中部，在杜塞多夫和科隆之間的工業城索林根（Solingen），那裡生產的刮鬍刀和刀具以高品質聞名於世。當地的鐵器貿易可以追溯到兩千年前，如今這個城市已是全歐洲刀具產業的中心，廚刀之王三叉牌（Wüsthof）就是在此地生產。

這是一家有200年歷史的刀具公司，創辦人是威斯托夫家族，至今已傳到了第7代。在1960年代，沃夫岡・威斯托夫（Wolfgang Wüsthof）把公司的高級刀具推廣到北美，他提著一卡皮箱，裡面裝了滿滿的刀具，搭公車到各個城鎮，尋求和當地商家合作販售的機會。四十年後，他的姪孫哈洛德・威斯托夫（Harald Wüsthof）接管公司，開始和美國連鎖百貨巨頭合作，因此在威廉斯索諾瑪（Williams-Sonoma）和梅西百貨都買得到三叉牌的刀具。步入21世紀之後，三叉牌又多了一個重要的銷售點：亞馬遜。

三叉牌在美國販售已有五十年之久，早已是家喻戶曉的高級品牌刀具，經常受到報刊如《消費者報告》（*Consumer Reports*）或《烹飪畫報》（*Cook's Illustrated*）等的推崇。因此，一把刀刃經雷射韌面處理的三叉牌8吋高碳鋼凹磨刀可能要價125美元，然而類似尺寸的一般廚刀在塔吉特則只賣20美元。三叉牌公司僱用數百名技術精良的工匠精心製造，因此他們的刀具價格居高不下。其實，在不識貨的人眼裡，這種高級的刀具和廉價的刀看起來差不多。

這就是為何在亞馬遜和三叉牌合作的五年中，雙方關係常常劍拔弩張，就像持刀肉搏那樣血腥。話說回來，亞馬遜與世界許多品牌與製造商的關係又何嘗不是如此？

儘管製造商不能強迫零售商如何為他們的產品決定售價，但是他們有權選擇供貨給哪些零售商，也可以使用一種叫做MAP（minimum advertised price，最低廣告價）的方法來制定價格的底線。MAP要求像沃爾瑪這樣的實體零售商，在其傳單或廣告列出的商品價格不得低於某一個門檻。網路零售商則因為他們的產品頁就是廣告，容易被製造商發現，因此一定要把促銷價訂定在MAP以上，否則就可能引來製造商的憤怒，進而限制販賣的數量或是完全拒絕供貨。

亞馬遜在銷售三叉刀具的頭幾年，很尊重這家德國公司所設定的希望販售價格。亞馬遜是個很好的生意夥伴，由於網站流量大，訂的商品數量龐大，也按時付款，很快就成為三叉牌最重要的網路零售商，也是僅次於威廉斯索諾瑪，美國第二大三叉刀具賣家。

但是，接下來雙方的關係愈來愈緊張。由於亞馬遜的定價機器人程式擅長網路比價，能找出最低價的賣家，亞馬遜屢次違反三叉牌MAP的售價要求。例如，一把主廚刀原本要賣125美元，亞馬遜硬是砍到109美元。三叉刀具認為有必要利用MAP來護衛自己的品牌價值，也必須保護那些獨立刀具店，這些店家的銷售額約占三叉刀具總銷售額的四分之一，不像亞馬遜有本錢大打折扣。三叉刀具美國分公司的財務長亞諾德（Rene Arnold）說：「我們的品牌就是靠那些獨立刀具店建立起來的。只有這樣的刀具店可以為你解說一把刀好在什麼地方。這是亞馬遜做不到的。」

三叉刀具終於在2006年中止供貨給亞馬遜。亞諾德說：「我們也覺得很痛苦。亞馬遜停售，短期內對我們的銷售額影響很大，但是我們相信自己的品牌要比零售商的來得強。」在接下來的三年，三叉刀具就這樣從亞馬遜的貨架上消失了，直到2009年，三叉刀具才改變心意，重新供貨給亞馬遜。

幾個世紀以來，製造商和零售商不斷上演這種戰爭。亞馬遜承諾給顧客低價，並巧妙地把直售和第三方賣家結合起來，與製造商的關係因而更加緊繃。貝佐斯就像山姆．華頓，認為公司的使命在於提高供應鏈的效能，盡可能給顧客最低價。亞馬遜的主管視MAP等工具為落伍的經商之道，是效率低的廠商保護其巨大利潤的祕密武器。亞馬遜因而想出無數種應變辦法，包括使用一種叫做隱藏價格的技巧。有時，為了破解MAP的限制，亞馬遜不把商品價格放在產品網頁上，顧客必須把商品放進購物車後才看得到售價。

這麼做當然是投機取巧，亞馬遜為了提供最低價的商品可說不擇手段。他們可以利用定價機器人看看是否有人賣得比他們更便宜。威爾基說：「我們是為了顧客才這麼做的，這就是我們的目標，我們的成本結構允許我們和競爭者一較高下。大家都知道，我們的價格是最便宜的。」威爾基承認，並非每個人都欣賞這樣的做法，但亞馬遜還是會貫徹下去，希望製造商了解，這就是網際網路的本質 —— 顧客輕易透過網路就可以找到最低價，而價格最低的，不只是亞馬遜。換言之，所有的網路商店都可能這麼做。

威爾基預測：「如果某些供應商或品牌離開亞馬遜，最後還是會回來的，因為顧客相信亞馬遜提供的商品資訊，在亞馬遜買東西也有最多的選擇。如果顧客要買東西，你也有機會向他們介紹產品，有哪個品牌不想要這樣？」

兩百多萬個第三方賣家

英國吸塵器製造商戴森（Dyson）與亞馬遜交手就特別小心。他們的吸塵器已在亞馬遜網站上賣了很多年，有一天，創辦人戴森（James Dyson）親自到亞馬遜總部，表達他對亞馬遜屢次違反MAP原則的憤怒。負責接待戴森的前資深採購莫里斯說：「詹姆斯爵士說他信賴我們，才把他們的商品交給我們販售，我們卻辜負了他的信任。」2011年，戴森從亞馬遜的網站撤出，之後顧客只能透過亞馬遜認可的第三方賣家，從他們設在亞馬遜網路市集Marketplace店鋪購買到某些機型。

過去幾年，像索尼、百得家用電動工具等公司也輪番從亞馬遜網站撤出他們的商品。蘋果的條件則非常嚴苛，只願意提供少量的iPod、iPad或iPhone則完全不供貨給亞馬遜。

亞馬遜網路市集Marketplace的興盛，也是與其他公司關係緊張的源頭。在2012年的耶誕節購物季，從亞馬遜販賣出去的商品中有39%是透過第三方賣家經營的Marketplace，而前一年則是36%。亞馬遜表示，全世界有兩百多萬個第三方賣家利用亞馬遜的Marketplace做生意，這些賣家在2012年的產品總銷量要比前一年多40%。[11]因此，對亞馬遜而言，Marketplace這個平台也是金雞母，每一筆交易亞馬遜都可抽取6至15%的佣金，而且不必負擔進貨和倉儲的成本。

有些也在亞馬遜Marketplace設立店鋪的零售商，對亞馬遜可說又愛又恨，特別是他們如果不是某一種產品的獨家販售商，還會受到亞馬遜的影響。亞馬遜會密切追蹤他們銷售的東西，如發現有熱銷商品，就會跟他們搶生意。這樣的零售商不但付亞馬遜佣金，且幫助亞馬遜發現熱銷產品，這豈不是為虎作倀？

2003年，羅思（Michael Ross）是無花果葉網站（Figleaves.com）的執行長。這家總部是設於倫敦的網路內衣、泳衣商店，推出的運動內衣Shock Absorber大受歡迎。亞馬遜很早就注意到無花果葉。為了宣傳該公司在亞馬遜網路市集Marketplace開店，羅思還舉辦了一場別開生面的網球比賽，只是雙方實力懸殊：貝佐斯對上Shock Absorber的代言人安娜．庫尼可娃（Anna Kournikova）。

多年來，顧客都可以在亞馬遜的Marketplace買到無花果葉公司的產品。但到了2008年，這家公司對亞馬遜大失所望，於是黯然撤店。因為那時，亞馬遜網站上已經有多種Shock Absorber運動內衣和泳裝可供選購，但無花果葉的銷售量卻很低。羅思說：「如果消費者的選擇有限，你就得爭取最好的地段，然而若是消費者有無限的選擇，你就必須設法引起他們的注意。此時最重要的，就不只是銷售別人的產品而已。」羅思後來與人共同創辦了一家英國電子商務顧問公司eCommera。

生意就是一場競賽

即使是靠亞馬遜Marketplace發財的賣家也很小心。銷售環保產品的店家綠廚櫃（GreenCupboards），除了環保餐具，也賣洗衣粉和寵物用品等。這家公司有六十個人，幾乎完全透過亞馬遜的Marketplace銷售。其創辦人聶伯雷特（Josh Neblett）曾說，亞馬遜的Marketplace幾乎逼得所有的賣家無利可圖。

綠櫥櫃必須經常和其他賣家競爭，包括亞馬遜自己的零售部門，以提供顧客最低價，而且最好能在Marketplace占有黃金鋪位，也就是亞馬遜經由後台操作，在顧客點擊「放入購物車」的框框，就自動連上你的商品。如果你的商品可以搶占到這個位置，就會有源源不絕的訂單。為了爭奪這樣的黃金鋪位，賣家只得不斷下殺商品價格，最後只能賺一點蠅頭小利。如果綠櫥櫃要生存下去，必須變得像亞馬遜一樣。聶伯雷特說，公司在這種生存競爭之下，終於知道如何成為熱銷商品的源頭，鎖定獨家販售的產品，以及讓組織精實。他又說：「我把生意看成一場比賽，我們正在努力思考致勝之道。」

正如威爾基所言，有些公司雖和亞馬遜斷絕往來，不再供貨，最後還是回頭了，畢竟兩億個活躍會員和強勁的銷售量太吸引人了。亞馬遜的員工把那些利用亞馬遜網站的第三方賣家比喻成就像吸食海洛因成癮——爆炸性的銷量讓他們得到強烈的快感，然而亞馬遜會不斷壓縮他們的獲利空間，使他們走向毀滅的不歸路。亞馬遜前採購莫里斯說：「那些賣家知道不該吸食海洛因，但就是戒不了。他們會不斷說一些難聽的話、抱怨、威脅，最後才領悟其實這是他們自找的。」

2009年，由於亞馬遜積極示好，並保證會尊重廠商的建議售價，德國三叉刀具重回亞馬遜的懷抱，重新供貨給亞馬遜，但早先的衝突卻又重演。以三叉牌美食家十二件刀組為例，MAP顯示的價格為199美元，亞馬遜網站卻賣179美元，足足比小商家的售價便宜10%，三叉刀具美國分公司財務長亞諾德因此被其他零售店家罵慘了。那些小商家如果要把生意搶回來，就得和亞馬遜賣差不多的價格。他們怒氣沖沖地打電話給亞諾德，威脅說他們也要降價。亞諾德及同事知道，這些零售商遲早會一起向公司爭取更低的批發價，公司的利潤就會遭受侵蝕。看來三叉牌無法再用德國傳統銷售方式來營運。

亞諾德對亞馬遜抱怨，亞馬遜商品部經理貝茲（Kevin Bates）則回應說，他們只是找到網路和Marketplace第三方賣家的更低價格，然後跟進。亞諾德說，那些都不是三叉刀具授權的零售商，要求亞馬遜不得跟進。貝茲說，他不得不這麼做，因為亞馬遜承諾給顧客最低價。

亞諾德很失望。他注意到亞馬遜的Marketplace有幾個神祕賣家把價格壓得特別低，尤其是一家叫「網上大減價」的店鋪，他們有不少便宜的三叉刀具可以販售，但亞諾德完全不知道他們是誰，亞馬遜也不提供對方的連繫方式。亞諾德說：「這個賣家可能認識能拿到多餘存貨的人，或者在家品公司工作，從物流中心把東西偷出來販售。要不是利用亞馬遜的平台販售，顧客根本不會給他信用卡號。然而，因為他是亞馬遜Marketplace的賣家，顧客就相信他了。」亞諾德認為，亞馬遜自己的Marketplace就是破壞價格的幫手，好讓亞馬遜明正言順地削弱MAP的限制。

2011年，三叉刀具再次決定終止與亞馬遜的合作關係。亞諾德為了向德國總部交待為什麼要切斷最好的銷售管道，特地請執行長哈洛德．威斯托夫從德國飛來，跟亞馬遜一起開會。哈洛德約四十多歲，有著一頭花白捲髮，經常露出親切的笑容。我們可以猜想，他在每張照片中都拿著鋒利的刀子。

這場會議在亞馬遜的西雅圖總部進行，氣氛緊繃。貝茲和他的上司餐廚用品部門主管喬伊（Dan Joy）出席。貝茲和喬伊聽到三叉刀具將離他們而去似乎真的很訝異，但也還以顏色，說他們有管道可以拿到水貨。據亞諾德說，他們還威脅，每當顧客在亞馬遜的網站上搜尋三叉刀具，網頁就會出現競爭者產品的廣告，如另一家總部設於索林根的雙人牌刀具（J. A. Henckels）或是瑞士刀超級品牌維士牌（Victorinox）的產品。

亞馬遜的強硬立場讓哈洛德和亞諾德非常震驚，但他們仍然堅持退出。亞諾德說：「任何人都可以用半價出售三叉刀具，這太容易了。如果你賣便宜一點，也許短期內生意會更好，但是過了兩、三年，一家有200年歷史的老店就完了。我們必須保護自己的品牌，這是我們最重要的決策。因此，我們還是退出了。」

第二年春天，亞諾德去芝加哥參加衛浴廚具商展，沒想到許多零售商對他表示同情與支持，因為他們也和三叉刀具一樣，老是因為MAP和神祕的第三方賣家和亞馬遜發生衝突。

而亞馬遜當初放出的狠話也不是說說就算了，他們真的在網站上為三叉刀具的對手大打廣告。到了2012年中，亞馬遜一位很有企圖心的採購員，竟然說動德國三叉刀具總部的某個人，把本來要寄到杜拜的一批貨寄給他。那批貨讓亞馬遜賣了六星期之久。

2012年底，亞馬遜的商品代表再度向三叉刀具示好，懇求他們重新考慮供貨給亞馬遜。三叉刀具拒絕了。但因亞馬遜有很多第三方賣家都販售三叉刀具，而且貨品相當齊全，顧客甚至可以向亞馬遜直接購買。2010年，亞馬遜推出清倉特賣的服務，顧客可在Marketplace和清倉特賣專屬網站Warehousedeals.com買賣全新或二手商品。負責這個計畫的一位主管說，他們的目標在於成為全世界最大的清倉中心。他們常常大打廣告，說這些商品「跟全新的一樣」，如一大包嬰兒尿布只是包裝的收縮膜裂開等，這種商品就不受MAP的定價限制。

在本書撰寫之時，在亞馬遜的「清倉特賣」服務中，可買到六十多種折扣很低的三叉刀具，也有不少第三方賣家販售三叉刀具，他們大都是得到授權的零售商，而且常從亞馬遜的履行中心出貨。這樣的商品也可以供亞馬遜尊榮會員選購，以享受免運費的服務。因此，即使合作夥伴離去，亞馬遜的貨架也不會變得空蕩蕩的。

尊榮會員免費線上看片

在網路泡沫破滅的焦慮年代，正是三叉刀具和亞馬遜的蜜月期，但貝佐斯正緊盯著一個可能會帶來危險的敵人：網飛。那時，亞馬遜在出貨時會順便在包裝箱裡附帶企業的廣告宣傳單，好多賺一點錢。貝佐斯曾收到一個包裹，裡面就有這家DVD出租業者的宣傳單。他把這張宣傳單帶到會議室，怒氣沖沖地對廣告部經理說：「亞馬遜是不是很容易就被他們毀了？還是他們得費一番工夫？」

網飛的加速成長動能，顯然讓貝佐斯有芒刺在背之感。網飛醒目的紅信封和免逾期罰金的租片服務打響了名號，就此一炮而紅。在網飛發展的早期，貝佐斯已派人去和這家公司的執行長黑思汀斯（Reed Hastings）談過好幾次。根據亞馬遜事業開發部一位主管所述，黑思汀斯對賣公司「一點興趣也沒有」。黑思汀斯本人說，亞馬遜不是認真想要併購網飛，因為就租片公司的營運而言，需要很多個小型物流中心來發送和收回光碟，這和亞馬遜的核心業務截然不同。「他們再怎麼積極出價都沒有意義，因為租片業務不大可能成為他們的槓桿，讓他們更進一步發揮優勢。」

大家都知道，光碟租售業務來日不多，亞馬遜的主管也明白，所以希望提早準備、布局，好迎接新的娛樂時代來臨。因此，亞馬遜在英國和德國開了一家租片服務公司，好熟悉租片業務，在網飛進入這個市場之前先建立自己的品牌。只是當地的租片公司已搶先一步，拉新顧客的成本高於亞馬遜的預期。2008年2月，亞馬遜似乎準備豎起白旗投降，把自己的租片公司賣給更強的競爭對手愛電影（Lovefilm）。亞馬遜因而獲得愛電影價值9,000萬美元的股票，握有這家公司32%的股權。布萊克本恩說，亞馬遜當時認為DVD租賃模式幾乎沒有未來可言，所以毅然決然把租片公司賣給他們，沒想到還能賣那麼多錢。

愛電影就像科學怪人，是由許許多多像網飛的DVD出租店逐漸合併而成，最後進而控制英國和德國租片市場的一大部分。因此，這家公司有很多股東（包括多家知名創投公司）和董事會成員，關於公司的策略走向，也有很多互相衝突的意見。亞馬遜與它交易之後，便成為公司的最大股東，在歐洲創投公司藝術聯盟（Arts Alliance）賣掉10%的持股之後，亞馬遜更可以掌控這家公司。當時亞馬遜負責歐洲業務的前財務主管葛立禮加入了愛電影的董事會。亞馬遜就像從前一樣，邊看邊學，耐心的等待機會。

到了2009年初，家用影片市場無可避免地走向網路影音串流，租光碟的人愈來愈少。就像網飛，愛電影計劃轉型到隨選視訊，他們和多家電影公司，如華納兄弟等簽約，讓其影片可在家中的媒體娛樂設備上播放，包括索尼的PS3。然而，如果要完成轉型，愛電影仍需要更多資金，於是在那年與傑富瑞投資銀行（Jefferies）合作，以進行更進一步的併購和投資案。

雖然有些私募基金公司，如銀湖（Silver Lake Partners）表示有興趣，但實力最強的投標者要算是Google。這個搜尋巨人的主管團隊在2009年夏天擬定併購愛電影和網飛這兩家公司的計畫，使公司業務增加一個重要的新亮點。Google的阿羅拉（Nikesh Arora）和羅維（David Lawee）已和那兩家租片公司的人見了幾次面，也提出以2億英鎊（約3億美元）併購愛電影的意向書。這是根據熟知此次交易的三位人士所透露的訊息。但Google最後還是功虧一簣。Google旗下的YouTube部門持反對意見，加上擔心公司只能併購愛電影，不能吃下網飛。

需要資金挹注的愛電影，在2010年的夏天，決定進行首次公開募股。然而，之後亞馬遜決定買下愛電影，因此有了意外的發展。

亞馬遜從自己的電子產品部門發現，可與網路相連的藍光播放器和電子遊樂器銷量皆有爆炸性的成長，知道自己不能再觀望了。之前，顧客要看影片，除了使用光碟，也常利用亞馬遜數位影片服務（Amazon UnBox），把整部電影下載到個人電腦或是替您錄的機上盒再來觀看。後來，亞馬遜推出影片串流服務：亞馬遜隨選視訊（Amazon Video on Demand），顧客可在線上觀看影片。儘管亞馬遜在線上觀看的市場落後蘋果和葫蘆網，然而影片串流服務看來不久就會成為主流，前景大好。亞馬遜如果買下愛電影，等於在歐洲搶下灘頭堡。倫敦的巴德頓創投公司（Balderton Capital）前合夥人米斯崔（Dharmash Mistry）說道：「亞馬遜是以金錢利益為出發點，再把投資獲得的報酬轉化為策略利益。」米斯崔也是愛電影董事會的成員，又說：「他們希望能獲得這份資產。」

現在，愛電影的董事會即將看到他們如何在無情的攻勢之下，步上薩波斯和奎德西的後塵。亞馬遜指出，愛電影仍需要投資幾億元來購買影片播放權，以對抗口袋深的對手，如有線電視集團BSkyB，和已經打進歐洲市場的網飛，這麼說很有道理。亞馬遜還說，愛電影必須著眼於長遠的投資，不要自我設限、而在保守的歐洲市場浪費時間和金錢。如果急於在首次公開募股前就看到利潤，未免太短視近利。因此，愛電影最好賣給亞馬遜。這就是典型貝佐斯式的說帖，一方面說得頭頭是道，另一方面又符合亞馬遜的戰略利益。

在這場爭論中，亞馬遜找到一個避免愛電影首次公開募股的戰術。如果愛電影要把股票賣給一般大眾，需要自行修改公司章程，然而因為亞馬遜身為最大股東，可以阻撓他們修改。根據愛電影多位董事會成員及接近該公司人士所述，亞馬遜明白表示，他們反對授權或修改，於是首次公開募股的提案由於亞馬遜封殺，注定胎死腹中。如果公司最大的股東都不支持公開募股，投資人必然會卻步。

愛電影的主管和律師開過幾次會，試圖找到解套的辦法。他們也嘗試吸引其他對愛電影有興趣的買家，希望能引發競標戰，但沒有成功。每個人都知道亞馬遜正虎視眈眈地盯著愛電影這塊肥肉，因此沒有人敢輕舉妄動。

儘管愛電影是歐洲首屈一指的影片租賃品牌，也有強大的成長動能，亞馬遜卻只願意開價1.5億英鎊，這也是愛電影的底線。愛電影在別無選擇之下，只能和亞馬遜談判，雙方展開漫長的拉鋸戰。亞馬遜對交易的每個細節都有意見，包括管理階層的薪酬、交易資金交由第三方託管的時間點等。愛電影的律師沒想到亞馬遜談判代表的態度會那麼強硬。談判進行了七個多月，亞馬遜終於在2011年1月宣布併購愛電影。亞馬遜最後支付了2億英鎊（約相當於3億美元），和Google提出的價格差不多，只是這一年半來，愛電影的客戶群變大了，影片目錄也增加不少。

亞馬遜剛在歐洲影片市場站穩腳步，即迫不及待地推出優惠方案。併購愛電影才滿月，亞馬遜就向美國尊榮會員推出免費線上看片的服務，先是提供一些電影和電視節目，在接下來的幾年中，又不斷與媒體集團簽約，以取得更多影片的授權，如CBS、NBC環球、維亞康姆（Viacom）和付費電視頻道艾彼克斯（Epix）。

貝佐斯對公司員工解釋，這是特別優待那些付了79美元年費的尊榮會員。然而這個尊榮會員的線上觀看計畫Prime Instant Video還有一個目的，亞馬遜供應的免費內容相當於網飛月繳5至8美元的看片方案，因此會對網飛造成壓力，他們就難以搶走亞馬遜的生意。要看亞馬遜提供的影片和電視節目很容易，只要按一個鍵即可。

直接挑戰圖書出版業的傳統

對貝佐斯來說，唯一比提供顧客應有盡有的選擇更神聖的事，就是給顧客最低價。然而，出版業實在不容易掌控，到了2011年初，亞馬遜似乎難以提供低價給買書的顧客。那年3月，美國最大的出版業者蘭登書屋跟隨其他大出版社的腳步，採取代理定價的模式，得以自己決定每一本電子書的售價，並給零售業者30%的佣金。亞馬遜的主管花了一段時間，請求蘭登書屋等大出版社依照傳統的批發模式，但是徒勞無功。現在，他們再也無法操控某些世界級暢銷書籍的價格了。

由於失去明顯的價格優勢，加上電子書市場日益競爭，如今Kindle的對手除了邦諾的Nook、蘋果的iBookstore，還有總部在多倫多的新創公司柯寶（Kobo），亞馬遜電子書的市占率於是從2010年的90%下跌，到2012年只剩60%左右。前英格拉姆集團策略長葛雷（James Gray）說道：「這是亞馬遜第一次被迫在公平的環境下競爭。因此，亞馬遜的主管都恨得牙癢癢的。」

亞馬遜認為，大型出版社使得他們進行新數位格式實驗的能力受到限制。例如，Kindle 2增加了語音功能，可以選擇電腦語音（男聲或女聲）為你朗讀書籍。美國作家協會的理事長布朗特（Roy Blount Jr.）則投書到《紐約時報》，帶頭抗議亞馬遜沒付給作家有聲書的版稅。[12]亞馬遜於是讓步，讓出版社和作者自行決定是否要讓自己的電子書具備有聲書的功能。然而，大多數都拒絕了。

出版業者拒絕依照亞馬遜的遊戲規則。所以亞馬遜決定重塑規則，索性在紐約開了一家出版社，準備出版大牌作家的暢銷作品，直接挑戰紐約出版業兩百多年來的傳統，跟出版社搶生意。

2011年4月，蘭登書屋轉為代理模式一個月後，亞馬遜的招募人員寄了電子郵件給紐約多家出版社的傑出編輯。根據那封郵件所述，亞馬遜正在為了成立出版社招兵買馬，「希望能出版原創性高、有商業價值的小說或非小說類書籍，以推出暢銷書為目標。這家出版社將擁有龐大的預算，如果能成功，將對亞馬遜的整體業務有很大的幫助。」大多數的收件者都客氣地謝絕了，於是Kindle副總裁貝爾（Jeff Belle）回頭問當初向他獻策的人：是否有興趣執掌亞馬遜的出版社。那人就是基爾許鮑姆，前時代華納出版集團的執行長，現在是版權經紀人。

基爾許鮑姆當時六十七歲，是最熟悉出版界內幕的人，也是著名的出版人，向來人緣極佳。他對大眾文化書籍的嗅覺非比尋常，能一眼看出哪本書可以大賣，而且直覺敏銳，知道如何在大公司求生存。2000年，AOL收購時代華納時，他帶領華納出版的同事，穿上印了「我愛AOL」的T恤，還製作一段影片，要每個人站在鋼琴旁唱「Unforgettable」。〔他們出版社剛出版娜塔莉高（Natalie Cole）的自傳，她是爵士大師納京高（Nat King Cole）的女兒，此曲就是他的傳世美聲之作。娜塔莉高曾在1991年重新灌錄這首金曲。〕基爾許鮑姆一直對電子書很有興趣，是業界最早投入電子書的人，也因此賠了錢。

基爾許鮑姆在2005年離開時代華納，轉換跑道，變成版權經紀人。當時，出版業者對亞馬遜無不同仇敵愾。他與亞馬遜關係友好，以前出版界的朋友都看不下去，他們認為他是投靠黑暗勢力的叛徒，會毫不客氣地指責他，有時甚至說出很難聽的話。

「有時，我不得不躲避磚塊的攻擊，」基爾許鮑姆說：「但我真的相信，我們正在創新，以幫助每個人。我們正在努力創造潮流。」他說，邦諾書店在2003年收購史德靈出版公司（Sterling）時，出版界一樣出現很大的反彈，擔心這個強大的零售商想要從出版到銷售一把抓。「我們都害怕明天看不到太陽升起，最後發現只是杞人憂天。」關於亞馬遜進軍出版的事，他說：「我們當然希望能在出版界成為重量級的好手。

瞧，出版社有成千上萬家，出版的書更是以百萬計，說我們想要壟斷市場，是不是太誇張了？」

亞馬遜方面也發表類似言論，要出版界安心。2012年初，我以亞馬遜涉足出版為題，為《商業週刊》撰寫封面故事。貝爾對我說：「我們的出版計畫只是內部實驗，希望藉由這個實驗找到連結作者與讀者的新方法。我們不想成為蘭登書屋、賽門舒斯特或是哈潑柯林斯。我想，大家都很難相信這點。」[13]

亞馬遜的主管反過來指責出版界，不肯理性地面對生死存亡的問題，守舊落伍、抗拒改變，就像過去出版界曾經大張旗鼓反對平裝本和書籍量販。在面對攻擊之時，亞馬遜的主管則採取消極反抗，指控媒體誇大這個問題，根本沒必要這樣小題大作，但這樣反而加深出版業者的疑慮。亞馬遜旗下的有聲書公司Audible.com創辦人兼執行長卡茲（Donald Katz）說：「過去有很長一段時間，家家戶戶怕食物壞掉，每個星期都會向賣冰人買冰回來保存食物。後來，有人發明了冰箱，發明冰箱的人根本就不管賣冰人怎麼想。」

只要聽聽貝佐斯本人怎麼說，就讓出版業者不寒而慄了。這位亞馬遜創辦人一再地說，他根本不把出版界老一輩的「守門人」放在眼裡。他說，這些人的經營模式是在類比年代形成的，他們的功能就是審閱出版內容，然後主觀地決定大眾該讀什麼，就出版什麼。然而，現在是創意爆發的年代，每個人都很能創造一些東西，找到觀眾，並讓市場決定該有多少金錢上的回饋。貝佐斯在2011年寫給股東的公開信中提到：「即使是好心的守門人，創新的腳步依然太慢。如果有一個自助式的平台，所有異想天開的點子都可以嘗試，因為這裡沒有經驗老道的守門人阻止你說：『這絕不會成功！』你們可曾知道，其實很多點子似乎很瘋狂，最後還是可以成功，因此出現百花齊綻的榮景 —— 社會正可從這樣的多元化受益。」

這封公開信發表幾週後，貝佐斯告訴《紐約時報》專欄作家佛里曼（Thomas Friedman）：「我已經看到了，各個地方的守門人都在消失。」如果未來真的像貝佐斯所說的，佛里曼想像未來的出版世界將只剩作者（大部分的版稅歸他們）、亞馬遜和讀者。[14]

一位知名版權經紀人說道：「至少，現在什麼都攤在陽光下了。」

接下來，整個圖書產業出現排斥現象，集體抵制亞馬遜的出版行動。邦諾和大多數的獨立書店都不進亞馬遜出版的書。由於基爾許鮑姆帶領的編輯團隊羽翼未豐，不免花大錢做傻事，成了紐約所有媒體和出版界的笑柄。例如，亞馬遜為了出版女演員兼導演瑪歇爾（Penny Marshall）的回憶錄付了80萬美元的預付金，然而出版後銷量奇差，教人汗顏。*

接下來，亞馬遜不斷實驗新的電子書格式，試探出版業者和作者能忍受的底線。公司推出「Kindle 單行本」（Kindle Single，篇幅和中篇小說相當的電子書）†，以及尊榮會員圖書館，讓擁有Kindle閱讀器的尊榮會員每月皆能免費借閱一本電子書。只是這些讓會員免費借閱的書當中，有很多是中型出版社的書，而亞馬遜並未取得出版社的授權。亞馬遜認為他們已經用批發的方式買下這些電子書，因此可以自訂零售價（將免費提供會員借閱的電子書，售價訂為0元。）不料，此事還是引起軒然大波，美國作家協會指控Kindle圖書館的做法「專制蠻橫」，亞馬遜藉著財大氣粗而壓迫人。最後，亞馬遜只好讓步，好平息這場風波。[15]

貝佐斯和他的同事認為，基爾許鮑姆在紐約帶領的出版部門只是受到一點小挫折，不足掛齒，他們並大發豪語的說，長遠來看他們必能取得最後勝利。他們仍對直接出版寄予厚望。如果未來電子書成為出版市場的主流，直接出版將大行其道。那時，以傳統方式營運的邦諾書店就無立足之地。在那樣的世界裡，亞馬遜當然屹立不搖，他們不僅出版新作家的生嫩之作，名聲響叮噹的暢銷作家也會站在他們那邊，而基爾許鮑姆又有希望在出版界由黑翻紅，成為紐約出版圈大受歡迎的人物。只是，到那時候，在紐約做出版的人根本沒剩下幾個了。

Amazon.love

2011年，對亞馬遜而言，真是風風雨雨的一年，除了銷售稅、併購案、MAP、電子書定價等爭議外，他們還在年底大舉推出利用智慧型手機比價的app。這種app可讓顧客用手機在商店裡拍攝或掃瞄產品條碼，然後和亞馬遜的商品進行比價。12月10日，他們甚至給使用這種app的顧客15美元的購物金，讓顧客可以在亞馬遜網站上買東西時抵扣。儘管這種比

---

* 譯注：據2012年10月17日出刊的《華爾街日報》，瑪歇爾這本回憶錄《我媽是瘋子》（*My Mother Was Nuts*）在出版後的第一個月只賣出7,000本。

† 譯注：Kindle Single每本售價約2至5美元，因篇幅縮短（長度約一至三萬字），不僅向報紙、期刊讀者群進攻，也希望藉此大幅降低作者的寫作成本。

價優惠不適於某些類別的商品，例如書籍，仍引發排山倒海而來的批評。

參議員史諾（Olympia Snowe）說亞馬遜這種促銷方式等於是「違反競爭精神」，也是「對街上那些店家的攻擊，要不是那些店家，我們社區很多人都沒頭路」。波特蘭包爾書店（Powell's Books）的一位員工甚至在Facebook上開了一個「占領亞馬遜」的粉絲專頁。

亞馬遜的發言人聲明，比價應用程式只是單純為了讓顧客比較各大零售連鎖店的價格，這麼做並沒有什麼不對。但很多人跳出來批評，指責亞馬遜利用顧客刺探競爭對手的售價，企圖從小店家那裡搶走顧客。小說家魯索（Richard Russo）在《紐約時報》發表一篇措辭鋒利的文章，論道：「一開始，我認為亞馬遜推出這種比價app是出自傲慢和惡意，但他們的手法實在太不高明，看起來笨手笨腳。」[16]

雖然比價app引發的風波很快就平息了，但凸顯出一個更大的問題：大眾是否把亞馬遜看成一家重視創新與價值創造的公司，並且以服務顧客、讓顧客滿意為目的；或者在大眾的心目中，亞馬遜已經變成只會搶錢的大怪獸，不斷從其他公司、地區社群把錢搶過來，堆放在自己的金庫？

經過這些年的衝突，貝佐斯開始坐下來思考這個問題：等亞馬遜成為一家銷售額達1,000億美元的大公司，如何使亞馬遜討人喜歡，而非讓人害怕？貝佐斯習慣把一些想法寫在備忘錄中，然後在S團隊舉行度假會議時發給大家。我透過一位和亞馬遜關係密切的人士拿到貝佐斯題為「Amazon.love」的備忘錄。從這份備忘錄可以看出貝佐斯希望亞馬遜成為一家什麼樣的公司，也希望世人如何看待亞馬遜。這份文件反映出貝佐斯的價值觀和決心，甚至顯露他的盲點。

他寫道：「有些大公司擁有大批熱情的粉絲，深受消費者的喜愛，大家都認為這種公司很酷。在我看來，下面這些公司都是酷公司，如蘋果、耐吉、迪士尼、Google、全食超市（Whole Foods Market）、好市多，甚至UPS也算，原因不一而足。反之，有些公司則令人害怕，如沃爾瑪、微軟、高盛、艾克森美孚石油（ExxonMobil）。」

貝佐斯對第二組公司的看法或許並不公平，似乎認為這些大公司是喜歡剝削的一丘之貉。他想知道，微軟的使用者如此眾多，為何沒有人出來為這家公司辯駁。他猜測，也許顧客只是對微軟的產品不滿意，才不願意幫他們說話。在他看來，UPS雖然在創新方面沒有亮眼的表現，只是對手美國郵政服務公司對顧客愛理不理，所以不戰而勝。至於沃爾瑪的競爭者則是許許多多在各城鎮與顧客搏感情的小商家。

當然，貝佐斯對這種簡單的結論並不滿意，因此更進一步分析為什麼有些公司令人喜愛，有些則令人畏懼。

- 粗魯不酷。
- 強凌弱不酷。
- 緊迫盯人不酷。
- 年輕很酷。
- 冒險很酷。

- 勝利很酷。
- 有禮很酷。
- 擊敗無情的大公司很酷。
- 發明很酷。
- 探險家很酷。
- 征服者不酷。
- 過度關注競爭者不酷。
- 給別人權能很酷。
- 只為公司攫取價值不酷。
- 領導很酷。
- 信念很酷。
- 坦率很酷。
- 迎合大眾口味不酷。
- 虛偽不酷。
- 貨真價實很酷。
- 遠大的思想很酷。
- 出乎意料很酷。
- 傳教士很酷。
- 傭兵不酷。

他還在附加的表格上列出十七種特質，包括有禮、可靠、冒險、思想遠大等，並在每一項特質後面又列出了十幾家他認為具有該項特質的公司。他承認，這種分類非常主觀，而他最後結語說，他這麼做是為了讓亞馬遜成為一家最受人喜愛的公司。有禮、可靠、凡事為顧客設想還不夠，最重要的是，亞馬遜必須以有創新精神的探險家自居，而非征服者。他表示：「我認為那四家『不被人喜愛』的公司其實很有創新精神，但沒有人把他們視為發明家和先驅。光是覺得自己有創新精神還不夠，必須讓廣大的顧客群有這樣的感覺才算數。」

貝佐斯最後寫道：「在這次會議之後，我建議由一位比較深思熟慮的副總裁就這次主題進行更深入的分析。我們也許能夠找到可行的辦法，讓我們不僅可以進入深受大眾喜愛的公司的行列，甚至出類拔萃。我覺得這是很值得做的！」

11
問號王國

就在亞馬遜創立即將滿二十週年之時，終於達到了最初創建的願景，成為一家什麼都賣的公司。這個構想最初是貝佐斯和蕭大衛想出來的，最後由貝佐斯和卡芬付諸行動。亞馬遜販賣幾百萬種商品，有全新的，也有二手的，新的商品種類還在不斷增加之中。在2012和2013年，他們新推出的產品類別包括工業用品、精品服飾、藝術品和酒類。成千上萬的賣家在亞馬遜的網路市集Marketplace開店，而租用亞馬遜網路服務的客戶也有成千上萬個，包括科技公司、大學、政府實驗室，是目前最火紅的雲端服務。顯然，貝佐斯相信自己的公司潛能無限，能在他們網站上銷售的商品種類無窮無盡。

如果你想在全世界搜尋另一種截然不同的店鋪——一家只賣幾種高級產品的店，而不是什麼都賣，以老闆的親切服務起家，而非靠品牌拉客人，你也許可以發現有家賣自行車的小店正是如此。這家店就叫「路跑者腳踏車中心」（Roadrunner Bike Center），在亞利桑納州的葛蘭代爾（Glendale），鳳凰城北邊。

商店名稱聽起來像是大公司，其實只是個小商家。這家店設在一間再平常不過的購物中心裡，店鋪空間就像個鞋盒，旁邊是熱卡茲舒壓按摩美容會館（Hot Cutz Spa and Salon），再往下走可看到一家沃爾瑪。這家自行車店只販售幾種品牌的高級BMX自行車和越野自行車，如捷安特（Giant）、哈洛（Haro）、紅線（Redline）。這些品牌對合作零售商的挑選都很慎重，他們的車一般而言不會在網路商店或量販店販售。多年來，這家自行車小店已在鳳凰城搬遷過三次，但還是有不少顧客，生意不錯。

有一個顧客在網路上給這家店留下評價：「經營這家店的老頭都親自在那裡顧店。你可以看得出來，他真的很愛修車、賣車。如果你向他買車，他一定會好好照顧你的車。如果是修理車子，這裡最便宜了。有一次他還打出30美元的大優惠，這種價格實在太瘋狂了！」

店面窗戶上掛了塊紅色廣告板，上面有手寫字：「耶誕好康：先提貨，後付款！」這家店跟世界各地的小商店沒有任何差別，過去三十年，都由老闆親自看管、經營。比較特別的是，老闆在櫃台旁牆上、日光燈下方掛了一張護貝加裱框的剪報，報紙看來年代久遠，上面還有張照片：一個剪平頭的十六歲少年站在單輪車踏板上，一手扶著座椅，另一隻手帥氣地伸向側邊。

缺席的生父

2012年末，我找到了貝佐斯的生父泰德·約根森。他就坐在自行車店的櫃檯後面。我曾想像，我這樣突然上門，他可能會有什麼反應。他會不會根本不知道貝佐斯是誰？不大可能吧。但實際反應就是如此：約根森完全不知道貝佐斯是誰，甚至對亞馬遜這家公司一無所知。他聽得一頭霧水，否認自己是那位企業大老闆的親生父親。他兒子是世界級的大富豪？開什麼玩笑。

但是，我提到賈姬·吉斯以及傑弗瑞，老人臉紅了，而且露出憂傷的神情。他當然知道他們。他和賈姬在十幾歲的時候，有過一段短暫的姻緣，傑弗瑞則是他們的兒子。老人問道：「他還活著嗎？」他還不知道這到底是怎麼一回事。

「你兒子是全世界最成功的企業人士。」我告訴他，並上網搜尋出幾張貝佐斯的照片給他看。他已經四十五年沒見過這個親生兒子了，覺得不可置信。他很激動，完全不敢相信自己的眼睛。

那晚，我請約根森和他的太太琳達去當地一家牛排館吃飯，聽他娓娓道出他的人生故事。1968年，貝佐斯一家從阿布奎基搬到休士頓的時候，約根森答應賈姬和她父親，絕不會再去糾纏他們。他一直待在阿布奎基，一邊跟單輪車團一起表演，一邊打零工。他擔任過救護車司機，也在當地的西電公司（Western Electric）當過安裝工人。

二十歲時，他到好萊塢協助單輪車團的老闆史密思在那裡開一家新的自行車店，然後去亞利桑納的土桑找工作。1972年的一天，他去一家超商買菸，走出店門時遭人襲擊搶劫。暴徒拿長條厚木板痛毆他，他的下巴被擊中，有十處骨折。

1974年，約根森搬到鳳凰城，再婚了，也戒了酒。這時，他已和前妻及孩子失去連絡，忘了前妻再嫁的老公姓什麼。他沒辦法連絡上兒子，不知道兒子過得如何，但他說，這樣也好，因為他已經答應不再干涉他們的生活。

1980年，他用這幾年來的積蓄買下這家自行車店。原來的老闆不想做了，於是把店頂讓給他。從那時起，他就一直經營這家店，搬遷過幾次，最後搬到了現址，也就是在鳳凰城都會區的北邊，毗鄰新河山（New River Mountains）。他和第二任太太離婚後，在這家自行車店遇見琳達。第一次約會，他被琳達放鴿子，再次見面時，他又約她出去。後來，他們結為連理，至今已二十五年。琳達說，約根森曾偷偷跟她說起自己年少時的荒唐事，也提過他有個兒子，名叫傑弗瑞。

約根森沒有其他孩子了。琳達則在前一次婚姻生了四個兒子，這些孩子和約根森這個繼父感情很好，因此約根森不曾在孩子面前說過，他還有一個兒子。他認為說那些根本就沒有意義。他覺得那段過去就像是條死巷，他再也見不到那個孩子，也無從得知消息。

約根森現年六十九歲，儘管有心臟病和肺氣腫的問題，完全不想退休。他說：「我不希望一天到晚待在家裡，坐在電視機前慢慢腐爛。」他太太說，他人很好，也很有同情心。（貝佐斯長得很像母親，特別是眼睛，但鼻子和耳朵則像父親。）

約根森的自行車店附近就有四家亞馬遜履行中心，相距都不到五十公里。即使他曾在電視上看到貝佐斯，或是讀過有關亞馬遜的報導，也想不到貝佐斯或亞馬遜和自己有關。他說：「我不知道他在哪裡，是不是有一份好工作，甚至不知道他是死是活。」將近五十年來，在他腦海裡，他的兒子永遠是一張童稚的臉。

約根森說，的確，他的確想和兒子重逢，不管他的職業和地位為何，但他仍為第一次婚姻的不幸深深自責，而且慚愧地承認，他已答應別去擾亂兒子的生活。他說：「我不是好父親，也不是好丈夫。一切都是我的錯，我完全不怪賈姬。」想到兒子不得不在困苦的環境成長，他就覺得難過。多年來，這一直是他心中的大石頭。

晚餐後，我準備離去之時，約根森夫婦面露憂容，似乎還在驚嚇當中。他們決定對琳達的兒子保密，畢竟，這一切實在令人無法置信。

然而，幾個月後，也就是在2013年初，我接到琳達么兒達林．法拉（Darin Fala）打來的電話。他也住在鳳凰城，從十幾歲開始和繼父約根森及母親一起生活，目前是漢威公司的資深專案經理。

法拉告訴我，他繼父在前一個星期六下午把家族成員全部找來。（法拉的太太猜對了。她說：「我敢打賭，他要告訴我們，他還有個兒子或女兒。」）約根森和琳達最後還是跟孩子解釋這件令人匪夷所思的事。

根據法拉的描述，那次的家庭聚會充滿了心痛和淚水。

「我太太常說我是個冷血無情的人，因為她從未看我哭過，」法拉說：「其實，我繼父也是一樣。那天下午，我第一次看到他如此真情流露。他心中悔恨交加，完全被情緒淹沒。」

約根森下定決心要和貝佐斯一家連絡。他寫了一封信給貝佐斯和賈姬，由法拉幫他修改。2013年2月，他們用平信和電子郵件寄出，等了將近五個月才收到貝佐斯的回信。貝佐斯閉口不提親生父親的事，這點不讓人驚訝。他本來就是積極向前的人，與其回顧過去，還是好好把握未來吧。

法拉在電話中提到自己的一個發現。他出於好奇，上網找了幾段貝佐斯受訪的影片來看，包括他上「史都華每日秀」（*The Daily Show with Jon Stewart*）的錄影。法拉說，貝佐斯那震耳欲聾的笑聲讓他嚇一大跳。

他說，他還記得小時候家中就常迴蕩著這種無拘無束的狂笑聲，然而過去幾年他繼父因為肺氣腫，已無法發出那樣的笑聲。「他笑起來活脫是我繼父的翻版！」法拉難以置信地說：「幾乎一模一樣。」

令人膽戰心驚的問號

貝佐斯必然收到了約根森寄來的電子郵件，也看了。亞馬遜的人說，他總會和他的個人助理，親自閱讀所有寄到信箱的電郵，很多人都知道他的電子信箱：jeff@amazon.com。其實，亞馬遜內部很多糗事都來自顧客主動寫來的信件，貝佐斯會把這些信件轉寄給負責的主管或員工，只在內文的最上方加了個問號。對郵件的收件人來說，這個問號就像一顆滴答作響的定時炸彈。

在亞馬遜內部，有個正式的系統評定突發狀況的嚴重程度。若是第5級則是無關緊要的技術問題，工程師只要當天就可以解決。然而，如果是第1級表示事態嚴重，很多人的呼叫器就會響起（在亞馬遜，很多工程師都攜帶公司配發的呼叫器）。收到訊息的人必須立即答覆，之後S團隊的一員就會來調查整個情況。

還有一類危機，和上述的緊急突發狀況截然不同，員工私底下稱之為嚴重度「B級」問題。員工會收到貝佐斯親自發送的電子郵件，加上那令人膽戰心驚的問號。凡是收到這種郵件的人，都會立刻放下手邊的事，投入到老闆提及的問題中。他們通常有幾個小時可以解決問題，把事情的來龍去脈研究清楚，以向主管群解釋，最後還得向貝佐斯報告。貝佐斯不時利用這類含有問號的電子郵件確保潛在問題得到解決，也讓亞馬遜內部的人都能聽到顧客的聲音。

2010年底，就出現了這麼一封郵件。貝佐斯注意到，顧客只要瀏覽亞馬遜網頁上的成人情趣用品，即使沒有購買，還是會收到亞馬遜寄來的個人化促銷廣告，上面列出琳瑯滿目的潤滑劑等讓人臉紅心跳的用品。儘管就這件事，貝佐斯只是用電子郵件發送了一個問號，收到信的行銷團隊知道他已經氣炸了。貝佐斯認為，這種行銷郵件會讓顧客尷尬，根本不該發送出去。

貝佐斯在生氣的時候常會說：「等我五分鐘。」好像他的怒氣會像熱帶風暴一下子就消失了。[1] 然而，如果是顧客服務出了問題，就很難這麼容易平息。電郵行銷團隊知道這個問題很敏感，因此皮繃緊了準備提出一個解釋。亞馬遜的直銷工具由各產品類別的主管負責，他們可以寄發直銷郵件給瀏覽過該類別商品但未購買的顧客。這類郵件主要是針對可能有意願購買、但仍猶豫不決的顧客，吸引他們下單。亞馬遜年銷售額當中，有數億美元都是這麼來的。這次發送潤滑劑廣告郵件則是一位低階產品經理的疏忽，沒注意到這涉及顧客的隱私，不能像一般郵件那樣寄發。但是行銷團隊一直沒提出解釋，貝佐斯於是要求針對這個問題開會。

一個工作日的上午，威爾基、黑林頓、舒爾（Steven Shure，全球行銷副總裁、前《時代》雜誌集團主管）及幾位員工在會議室，屏息以待。貝佐斯輕快地溜進來，像平常一樣跟大家打招呼：「哈囉，大家好。」接著就單刀直入：「所以呢，舒爾還在發送潤滑劑行銷電郵。」

貝佐斯沒坐下，他盯著舒爾，眼睛像會噴火。他說：「我要你切斷這個行銷管道。我們用不著發送一封該死的行銷郵件，也能建立一家市值達1,000億美元的公司。」

接著，大家展開激烈討論。在亞馬遜，員工向來有話直說，貝佐斯就是這樣的人，他相信真理愈辯愈明，有時只有透過激烈的唇槍舌戰，才能顯現點子和不同的看法。威爾基等人說，潤滑劑這種東西，每家雜貨店、藥妝店都有，應該不算是會令人尷尬的商品。他們還指出，這種電子郵件直銷帶來的銷售額不可小覷。但貝佐斯不在乎，只要危及顧客對亞馬遜的信賴，營收再多都沒有意義。對亞馬遜的人而言，此話猶如當頭棒喝。貝佐斯寧可犧牲利益，也不願讓亞馬遜與顧客的關係受損。他拋出這麼一個問題：「好，現在誰必須站起來，把這個行銷管道關閉？」

最後，他們都妥協了。個人健康用品的廣告電郵自此全面停止發送。亞馬遜還決定建立一個中央過濾工具，確保各類產品的經理不再用電郵促銷觸及顧客隱私的商品，才不會引起某些顧客的反感。電郵行銷暫時受挫，只能看他日是否有機會捲土重來。

這個故事凸顯亞馬遜內部的一個矛盾。長久以來，員工的取捨判斷一直是公司網站改變的動力。公司也依據各種指標來做重大決策，例如某一種網頁特色的推出或撤除。雖然顧客意見往往只是小插曲，不同於冷冰冰、確實的數據，他們的意見還是很有份量，足以改變亞馬遜的政策。如果一位顧客在亞馬遜購物的過程有任何不悅的體驗，貝佐斯就會認為這反映出一個大問題，以問號來提醒員工注意，要他們盡快解決。

很多亞馬遜員工都很熟悉這樣的「消防演習」，也都對此覺得很煩。2011年，公司在西雅圖可容納17,000多人的鑰匙籃球場（KeyArena）舉行員工大會，有人就站起來提問：「為什麼每次收到帶有問號的郵件，整個部門的人都得放下手邊所有的事去答覆？」

威爾基答道：「因為每位顧客提出的問題都很重要。我們仔細研究每個問題，才能從中發現我們的規則和流程是否有漏洞。顧客主動幫我們查核，我們難道不該重視這些寶貴的意見嗎？」

亞馬遜以高度自治的風格自詡，也承諾讓新員工能獨立做決定。然而，如果貝佐斯發現有任何做法不當，即使只是讓一個顧客不開心，他就會搖身一變成為獨裁者，下令終止這樣的做法。自「潤滑劑危機」落幕，貝佐斯矢志在一年內阻斷會令顧客不舒服的直銷電郵。那個部門的員工突然發現他們被盯得很慘，公司創辦人正以嚴厲的眼神看著自己。

拿出數據和熱情

很多亞馬遜的員工在離開這家公司之後才發覺，儘管在亞馬遜打拚的日子不時傷痕累累，甚至偶爾有創傷後症候群，那段時日仍是生涯中最有成就感的時光。同事們都很聰明，工作富有挑戰性，各管理部門的互動也讓他們學到不少東西。在零售部門工作五年的馬蘇德說：「每個人都知道要在這裡待下去不容易。但是你經常有機會學習，而且亞馬遜的創新腳步實在快得驚人。我申請過專利，也會創新。在亞馬遜，不管做什麼都很競爭。」

但是，也有一些人有不堪回首的經驗。貝佐斯說，亞馬遜吸引了喜歡開拓和創新的人前來，然而很多員工抱怨，儘管亞馬遜步調像新創公司，但還是有一般大企業的官僚作風，造成事倍功半，溝通不良，效率低下。在亞馬遜做得好的人通常是像個鬥士，愈鬥愈勇。貝佐斯對所謂的「一團和氣」嗤之以鼻，群體共識不是他要的，他寧可看部屬拿出數據和熱情出來據理力爭。他也把這種好鬥的精神列入亞馬遜的十四條領導原則之中 —— 這些都是公司極其重視的價值，不但常拿出來討論，也灌輸給新員工。[2]

要有骨氣：敢於諫言，勇於任事

主管如對決策有不同的意見，有責任以尊重他人的態度提出質疑，儘管這麼做會讓人感到不安或是耗費心力。主管必須有堅定的信念，矢志不移，不會為了一團和氣而妥協。一旦做出決定，就得完全投入。

有些員工喜歡這種直言無諱的文化，因此在亞馬遜有如魚得水之感，在其他公司則難以適應。專業社群網站LinkedIn就有一堆主管是從亞馬遜過來的，但是他們後來又回去亞馬遜。LinkedIn內部的人稱這些人為「回飛鏢」。*

然而，還有一些逃離亞馬遜的員工，則形容公司內部環境就像「羅馬競技場」，他們絕不會回頭。很多人在亞馬遜工作，不到兩年就走了。2011年，曾在亞馬遜擔任行銷經理，五個月後就離開的狄寶（Jenny Dibble）說：「這家公司是個奇異的混合體，既是一家想成為超級企業的新創公司，又是一直想以新創公司自居的企業。」她曾經設法使公司多利用社交媒體工具，可惜沒有成功。她發現主管不怎麼欣賞她的點子，而且工作時間太長使她無法兼顧家庭。她說：「那個工作環境並不

* 譯注：boomerang，澳洲原住民用曲形堅木製成的能飛回的飛鏢。如果飛鏢射出，沒射中獵物，就會自動飛回。

友善。」

進入亞馬遜必須過關斬將，離開時一樣困難重重。如果公司得知員工離職後在競爭對手那裡找到類似工作，就會寄信給他們，以違反競業合約為由，威脅要將他們告上法院。馬蘇德提出證據，證明亞馬遜的好鬥。他在2010年離開亞馬遜到eBay工作，就收到這種威脅信函（eBay後來幫他和解）。儘管老是有員工離去，似乎對亞馬遜沒造成什麼損害。由於公司股票持續走高，因此吸引很多新的人才。光是在2012年，亞馬遜的全職和兼職員工總數已達88,400人，比前一年增加57%。

亞馬遜給付薪酬的方式，主要以減少公司開支做為著眼點，同時又希望提升員工和公司一起共度難關的意願。新進人員和業界平均薪資差不多，如待上兩年就可領取獎金。至於股票則按年資調整份額發放，在員工服務的第一年只讓他們領取5%的股票份額，第二年則是15%，第三年和第四年則每半年領取20%。這種設計主要是給員工繼續努力的動機，希望他們不要懈怠。其他科技公司，如Google和微軟，員工每年分到的股票數量都相同。

如果一個部門的員工在五十人以上，主管必須依照工作績效為所有的員工排序，並開除表現最差的。各部門在不斷的考核之下，很多員工都在恐懼中工作。員工收到績效評估結果，如果成績很好，他們常會喜出望外。要是碰上吝於讚美的主管，部屬就會惶恐不安，不知哪一天會飯碗不保。

亞馬遜很少給員工津貼或令人驚喜的業績獎金。早在1990年代就有人提議，希望公司補貼員工巴士月票的錢，但貝佐斯拒絕了，原因是他不希望員工為了趕公車而有時間上的壓力。現在，亞馬遜不但發給員工智慧卡，讓他們可免費搭乘西雅圖的區域交通運輸系統，公司也會補貼員工的停車費。亞馬遜在聯合湖南區的辦公室停車場，每月的停車費是220美元，但公司會補貼180元。

你一走進這家公司，就可以發現力行節儉的風格。會議室的桌子是用乳白色的門板釘的。員工要從自動販賣機買點心或飲料，必須用自己的信用卡，在公司餐廳吃飯也得自己出錢。新進人員一來上班，公司會配發一個背包，裡面有充電器、一部筆電和一些介紹資料；如果要離職，這些都得還給公司，連那個背包也要還。

亞馬遜經常尋找各種節約成本的方式，再把省下來的錢回饋給顧客，讓他們得以享受更低廉的價格。因此這也被列入神聖的領導原則：

崇尚節儉

我們盡量不在與顧客無關的事情上花錢。節約可增加我們的應變能力、讓我們自給自足，也可促進創新能力。不管是人事費用、預算大小或固定支出，我們唯一的原則就是節儉。

這些原則都是貝佐斯親自制訂的。亞馬遜的價值觀就是他的經營原則，也是他這二十年來，一邊在低利潤的環境求生存，一邊面對外界強烈質疑，苦心打造出來的。從某個層面來看，整個公司就是以他的大腦為中心建構而成，這腦子像一部擴大機，不斷往外散播他那別出心裁的想法，盡可能傳到最遠的地方。我向威爾基徵求他對這種理論的看法，他說：「我們的目標是盡可能把貝佐斯的想法放大。他這一路走來，都在學習。他以我們這些專業人士為師，並把學到的精華融入他的心靈。我們希望公司的每個人都能像他那樣思考。」

貝佐斯的高階主管常常模仿他。2012年秋天，我和皮亞森蒂尼在他最喜愛的義大利餐館麥穗（La Spiga）共進晚餐，那家餐廳就在西雅圖議會丘那一帶。酒足飯飽之後，他拿起帳單，慷慨地說他買單，付帳後還刻意把收據撕掉。他說：「反正這又不能報公帳。」

亞馬遜跟著貝佐斯的節奏前進，公司的常規也按照他喜歡的方式和他的時間安排。他每半年會針對全公司的營運進行審查，一次是在夏天（即OP1），另一次則是在耶誕節和新年假期過後（OP2）。各團隊在審查前的幾個月就緊鑼密鼓地準備，用長達六頁的文件擬定年度計畫。幾年前，他們更進一步改善了這個過程，讓負責審查的貝佐斯以及其他S團隊成員更能了解他們提交的計畫書。現在，每一份計畫書必須在第一頁列出要旨，也就是據以做出決定的原則，使他們能夠迅速行動，而且不必經常受到監督。

貝佐斯就像西洋棋大師，同時可下無數盤棋，由於董事會的組織與運作，使他可以有效率地顧好每一盤棋局。

然而，他對一些棋局的關注還是比較多。貝佐斯把較多的時間花在新的業務上，如亞馬遜網路服務AWS、視訊串流，特別是Kindle和Kindle Fire。（亞馬遜的一位主管說：「如果沒有傑夫的批准，在Kindle大樓，你可能連一個屁都不敢放。」）上述這些部門的員工壓力都很大，要同時兼顧工作和家庭生活，簡直是天方夜譚。

每個星期有一天（通常是週二），亞馬遜各部門的員工會跟主管開會，審核與自己業務相關的重要數據，以決定哪些是可行的、哪些則是有問題的、顧客的購買行為如何，以及公司的整體表現好不好。

這種會議通常氣氛凝重，讓人害怕。曾在亞馬遜多個部門擔任主管的柯特（Dave Cotter）說：「這時候，員工都怕得要死。因為主管會強迫你看這些數字，要你解釋為什麼事情會這樣。由於亞馬遜非常龐大，這是速戰速決的好方法，可以做很多的決定，用不著多費唇舌去辯論。畢竟，數據不會說謊。」

審查會議的高潮則是在每個星期三，即所有部門的業務審查會議。這是亞馬遜的大事，由威爾基主持，掌管零售業務的六十位主管都聚集在一間會議室中審查。他們必須提交瑕疵品和退貨數據，並預測銷量。公司各部門就在這裡進行溝通與縝密的互動。

儘管貝佐斯不會出席這些會議，但公司裡的人都可感覺到他的存在。例如，在潤滑劑危機過後，他就自己盯電郵行銷部門；他會仔細看該部門發送給顧客的每一封信，同時思考電郵行銷有哪些其他的新點子。到了2011年底，他終於有了靈感。

貝佐斯很喜歡看VSL.com寄來的電子報。這個網站每日從網路、酷工具（Cool Tools）擷取有趣的流行文化花絮，並包括《連線》創辦人凱利（Kevin Kelly）寫的科技文章和產品介紹。每一天發行的電子報文章雖然輕薄短小，但寫得很好且有豐富的訊息。貝佐斯心想，亞馬遜或許也該每週利用電郵寄送這樣的電子報給顧客，就像一份優雅、簡練的數位雜誌，不要只會寄送一連串由機器自動生成、教人厭煩的廣告文。他把這個任務交給行銷副總裁舒爾。

舒爾於是組了一個團隊，花了兩個月的時間嘗試。貝佐斯只給他們一點提示，也就是創造出一種新型態的行銷電郵。十幾年前，亞馬遜也曾寄過動人的電郵給顧客，但那些都是編輯寫的，後來編輯部因為無法與P13N團隊和亞馬遜機器人競爭而縮編了。

從2011年底到2012年初，舒爾的團隊提出好幾個概念給貝佐斯，一個是「名人Q&A」，另一則是網站商品的趣味歷史。但這個專案一直沒有什麼進展，參與試驗的顧客反應很差，參與這個專案的幾個成員還記得當時是多麼痛苦。有一次在開會的時候，貝佐斯不發一語地翻看他們交出來的設計樣稿，和亞馬遜的新聞稿風格很像。每個人都提心吊膽，如坐針氈。接著，貝佐斯把那些稿子撕碎，說道：「你們做出來的這東西有個問題，就是讓人看了覺得很煩。」然而，他似乎覺得最後一個概念還不錯，也就是分析突然在亞馬遜網站上熱銷的商品，如V怪客面具和榮獲葛萊美大獎的英國女歌手愛黛兒的CD。他對這個團隊的人說：「標題要更簡潔有力。有些地方寫得不好。如果你是部落客，靠這個吃飯，肯定會餓死。」

最後，他把矛頭對準舒爾。舒爾就像公司歷年來其他許許多多的行銷副總裁，老是成為貝佐斯攻擊的目標。

「舒爾，為什麼這三個月來，你們都沒搞出什麼？」

「噢，我得找編輯來設計樣稿。」

「這樣太慢了。你們真的在乎這個案子嗎？」

「是的，我們很在乎。」

「設計太複雜了，要再簡化。還有，你們要加快腳步！」

發明的力量

2012年和2013年上半，亞馬遜的發展可說快如旋風。在那段時期，亞馬遜的股價漲了60%。他們總共發布了237則新聞稿，平均每兩個工作天就有1.6則。由於現在亞馬遜在多個州都得繳納銷售稅，就不必逃避課稅連結的問題，還在全世界各地成立十幾個新的履行中心和客服中心。亞馬遜以7.75億美元的現金併購波士頓一家機器人製造商基瓦系統（Kiva Systems），希望有一天能用機器人取代履行中心的揀貨人員。公司重新推出了專門販售服飾的網站MyHabit.com，也開了一家販售工業與科學設備的新店Amazon Supply。

亞馬遜還讓廣告商得以接觸利用該公司網站和設備的客戶，這是由事業開發部的主管布萊克本恩負責的。亞馬遜廣告是獲利很高的周邊部門，有助於公司推出免運費的服務和價格更低廉的商品，也可挹注需要很多資金的長期專案，如硬體設備的興建。

亞馬遜的數位生態系統日益成長，為了跟蘋果、Google等競爭對手的平台有所區分，公司耗資數百萬美元收購或製作電影和電視節目，以添加到尊榮會員可免費線上觀看的視訊節目目錄當中。他們也透過出版部門，出資出版許多在Kindle獨家販售的電子書。亞馬遜的頭號敵人蘋果和Google在數位媒體世界或許已先站穩腳步，擁有比較多的資源。因此，貝佐斯兩面下注：如果顧客使用的是蘋果的iPad或Google的平板電腦，仍然可利用這些設備在亞馬遜的網站上購物、播放自己的音樂或是閱讀從Kindle購買的電子書。

2012年秋天，數百名記者來到聖塔莫尼卡（Santa Monica）的一個停機坪，看貝佐斯介紹他們的新產品Kindle Fire平板電腦，以及新一代電子書閱讀器Kindle Paperwhite——這個機型的Kindle和iPad尺寸相當，有背光功能，可以在沒有燈光的地方閱讀，然而只賣119美元。貝佐斯在記者會後的採訪告訴我：「這部新的Kindle實現了我們最初的構想。我相信，我們一定能夠繼續向前，而且這個產品已有很大的突破。」

就在同一個星期，幾天前聯邦法官批准了一樁和解案。三家大型出版社因代理定價模式被司法院控告涉及反托拉斯案，終於以和解收場。（另外兩家被調查的出版社也在幾個月後和解）。亞馬遜現在又可恢復Kindle電子書的折扣，包括新書和暢銷書。我問貝佐斯，他對此事有何看法。他沒有幸災樂禍，只是淡淡地說：「我們很高興能給顧客更低的價格。」

12月，亞馬遜在拉斯維加斯的金沙會展中心（Sands Expo Center）為AWS的客戶舉行第一次大會。出席的開發商多達六千人，他們仔細聆聽AWS主管傑西和佛格爾斯討論雲端計算的未來。從與會者的人數與熱情支持來看，亞馬遜顯然已成為企業運算與數據處理領域的先驅。大會第二天，貝佐斯站上講台，與佛格爾斯對談。他很難得在這樣的公眾場合談到個人的一些計畫，如工程師已準備將恆今基金會的萬年鐘設置於他在德州的土地上 —— 這是一個外觀似老爺鐘、每一千年會報時一次的巨鐘。他說：「這個鐘是個重要象徵。因為**如果人類能夠長遠思考，就能達成很多原本做不到的事**。眼光放遠非常重要。另外，我要指出的是，如果人類發展科技到非常複雜的地步，反而可能為我們帶來威脅。在我看來，我們這個物種應該多為長遠著想。因此，這個萬年鐘是一個象徵。我認為象徵有很強大的力量。」

他免不了又搬出很多人都已耳熟能詳的「貝氏語錄」，除了長遠思考，還有願意承受失敗及被人誤解，以及多年前亞馬遜草創之時，他們在6坪大倉庫打包的情景。這故事也許還不錯，但他該不會連包裝檯的陳年往事也要講出來吧？

其實，貝佐斯是想藉由這樣的故事強調他的價值觀。他就像已故的賈伯斯，不斷對員工、投資人和抱著懷疑心態的社會大眾灌輸，讓他們了解他的思考方式。任何做法都可以改進，老手看不到的盲點，新人或許可以一眼識破。解決方式愈簡單愈好。這些故事不是老生常談，而是精心盤算過的策略。

貝佐斯的朋友席立斯說：「我們常常會被幾個複雜又互相矛盾的目標搞得暈頭轉向，別人不知道要怎麼幫我們。傑夫就很清楚他的目標是什麼，他述說的方式讓人很容易了解，因為這些都是一致的。如果你想知道為什麼亞馬遜和其他在網際網路早期出現的公司如此不同，那是因為傑夫從一開始就有長遠的眼光，這是個長達幾十年的計畫。他相信，如果從較大的時間框架來看，只要持續努力，他就可以完成很多事情。這就是他的基本理念。」

萬物之店Amazon

2012年，亞馬遜搬到西雅圖聯合湖南區的新總部。同時還有一個轉變，只不過一開始只有員工才看得出來。他們發現有一些指示牌、員工T恤和馬克杯等小東西上的公司名稱變了，現在只印Amazon，而非原來的Amazon.com。多年來，貝佐斯一直堅持用Amazon.com，希望把這個網址銘印在顧客的心中。然而，現在公司有這麼多的產品，包括雲端服務和硬體，沒有必要再強調那個網址了。自2012年3月起，網站名稱開始改成比較簡單的Amazon，只是很少有人注意到這個改變。

似乎亞馬遜成了一家隨時都在改變的公司。然而，有些事還是和以往一樣。2012年11月初，一個寒冷、潮濕的週二清晨，九點左右，一輛本田休旅車緩緩開到泰瑞大道與共和街會口的第一日北樓。坐在後座的傑夫・貝佐斯身子前傾，與駕駛座上的麥肯琪吻別，下了車，踩著自信的步伐走向辦公室，開始一天的工作。

從很多方面來看，貝佐斯的生活已變得像沃爾瑪前執行長史考特一樣複雜。2000年，貝佐斯去他家拜訪時，看到保全的大陣仗真是嚇一大跳。貝佐斯雖然不搭黑色豪華轎車上班，但根據公司財務報告，亞馬遜每年花費160萬美元以保護這位創辦人與他家人的人身安全。

不管亞馬遜這家公司再怎麼成功，業務複雜到無可想像的地步，從麥肯琪開車送他上班這一幕至少可以看出，貝佐斯希望他的家庭生活和以前一樣。他們可以請司機、買豪華轎車和私人飛機，但他們還是只開一輛本田休旅車，只不過比十年前開的本田雅哥要大一點。麥肯琪常先開車送四個孩子上學，再送老公去上班。

當然，他們的財富非常可觀。目前，貝佐斯的財產估計有250億美元，在美國富豪排行榜上名列第12。[3]

貝佐斯一家人行事極度低調，然而有時還是無法完全避開別人的注目。他們的湖畔豪宅位在馬代納的豪華住宅區（蓋茲的家也在附近），曾於2010年全面翻修，占地約6,500坪，共有兩棟建物，居住空間約有800坪，還不包括管理人住的小屋和船屋——當初貝佐斯就是和S團隊在這個船屋想出尊榮會員計畫的。[4]

除了西雅圖的住宅，貝佐斯家族在亞斯本、比佛利山莊、紐約也有房產。在德州還有個面積達1,170平方公里的農莊，藍源的基地就設在這裡，將來可以把火箭送上太空。麥肯琪在馬代納附近租了一間一房一廳的小公寓當寫作工作室。她曾出版過兩本小說，其中一本是2012年出版的《陷阱》（*Traps*）。那年，很少露面的她出現在《時尚》雜誌的人物專訪，提到她先生的成功時，她說：「我就像中樂透一樣幸運，我的人生因此變得多采多姿。我有很好的父母，他們給我最好的教育，一直支持我成為作家，加上有個我深愛的老公，這些加起來才造就了今天的我。」[5]

貝佐斯和麥肯琪似乎都很會運用時間，才能擔負這麼多的責任和計畫。對貝佐斯來說，除了家人和亞馬遜，他還有藍源（每個星期三他都在藍源總部），以及他個人的創投公司貝佐斯探險（Bezos Expeditions）。這家創投公司持有多家公司的股份，包括推特、頂級私人司機叫車服務公司烏伯（Uber）、新聞網站商業內幕（Business Insider）和再思（Rethink）機器人公司。獲得創投資金的多位企業家說，他們和貝佐斯至少會談過一次。他也在2013年8月買下《華盛頓郵報》，表示他會以創新和實驗的熱情使這家著名報社光華再現。負責再思機器人公司的麻省理工學院教授布魯克斯（Rodney Brooks）說道：「貝佐斯在這些地方投資，是因為既有的商業模式可利用資訊科技進行破壞性的創新。雖然他沒有實務經驗，但不管碰到什麼難題，他都是很好的商量對象。我們問他問題，他總會給我們值得參考的答案。」再思機器人公司計劃將廉價的機器人引到工廠的生產線，以節省人力。

貝佐斯與製造萬年鐘的工程師關係密切，基金會每季召開審查會議（工程師名之為「滴答會議」），他都會親自監督。恆今基金會的主席布蘭德說：「他對設計鉅細靡遺，對成本也錙銖必較。」

貝佐斯和麥肯琪也為貝佐斯家族基金會慷慨解囊，該基金會不但提供助學金，還號召學生到貧窮國家和災區幫助當地的年輕人。目前基金會由貝佐斯的父母賈姬和邁克執掌，董事則是貝佐斯的妹妹克莉絲蒂娜和弟弟馬克。貝佐斯的家人借用亞馬遜的管理方式來經營慈善事業。基金會離亞馬遜總部只有幾個街區，他們在會議室的一張椅子上擺了個布娃娃，代表他們要幫助的學生 —— 就像貝佐斯過去在開會時總會刻意留一張空椅子，代表顧客。

貝佐斯家族成員之間的關係非常緊密，而且總是著眼於未來，然而偶爾免不了需要面對過去。2013年6月，一個星期三的晚上，將近午夜，貝佐斯終於回覆他的生父約根森的來信。回信雖然很短，但語氣誠懇。由於約根森不會上網，貝佐斯就把信件寄給他的繼子。貝佐斯寫道，他能體諒父母在年紀輕輕的時候就得做出這麼痛苦的選擇。他要老人家安心，他童年過得很快樂。他說，他對生父沒有任何不滿和怨言，請老人家拋開心中的遺憾，以免影響到自己和家人的生活。最後，他對這位失聯已久的生父寄予最深的祝福。

未來無可限量

如果你站在貝佐斯的角度來評估亞馬遜二十年來的成敗，顯然公司的未來會如何是很容易預測的，就每一個你能想出的問題，答案幾乎都是肯定的。

亞馬遜的尊榮會員兩日內到貨免運費服務是否可能變成當日到貨？是的，如果亞馬遜在每個都會區均有為數龐大的顧客，在每個都會郊區設立履行中心就划得來。貝佐斯長久以來的目標一直是掃除網購障礙，並以最有效率的方式將商品送達顧客手中。

亞馬遜會有自己的送貨車嗎？是的，他們最後還是會成立自己的車隊。如果能利用自己公司的送貨車控制配送過程的最後一里，就能實現準時到貨的承諾。

除了西雅圖、洛杉磯與舊金山部分地區，亞馬遜的生鮮食品宅配服務是否能擴展到其他地方？是的，只要亞馬遜有優良的保存和運送設備，新鮮蔬果的宅配服務就能不斷擴展。貝佐斯認為，如果鮮食和服飾部門做不起來，亞馬遜就不可能達到沃爾瑪那樣的規模。

亞馬遜是不是會推出手機或是能與網路連接的電視機上盒？是的，因為亞馬遜希望顧客上網也能利用他們公司的裝置，那就不必靠競爭對手提供的硬體。

亞馬遜目前在全世界十個國家設有零售網站，是否可能擴展到其他國家？是的，最終一定會的。貝佐斯的長期目標就是什麼都賣，而且讓全世界任何一個角落的顧客都可以訂購亞馬遜的商品。以俄羅斯而言，如果該國運輸基礎建設能加強，也有更可靠的信用卡處理系統，亞馬遜就會在該國設立電子商務網站並提供數位服務。也許可能透過併購當地公司來達成，或是先讓Kindle和Kindle Fire打頭陣，再來開拓市場。亞馬遜就是利用這樣的戰術，在2012年進軍巴西，在2013年前進印度。

亞馬遜是否有一天不再從製造商那裡批貨？是的，有一天亞馬遜的履行中心可能會利用3D列印的方式，根據數位模型，以熱塑性塑膠材料列印出顧客訂購的商品。如果這種具有顛覆性的創新革命真能成功，貝佐斯就能節省供應鏈的成本。2013年，亞馬遜已跨足到3D列印的世界，為3D印表機和耗材設立了一個網站。

當局是否仍會以反托拉斯法案來審查亞馬遜及其市場力量？是的，我認為這很有可能，因為這家公司日益壯大，以書籍和電子產品的市場來說，已經具有壓倒性的地位，使競爭對手一個個倒下。我們從銷售稅和電子書價格紛爭見識到亞馬遜如何在法規中突破重圍，並小心站在對的一邊。1990年代的微軟就是個鮮明的例子，Google趁微軟陷入反托拉斯的泥淖而坐收漁利。因此，亞馬遜應該知道，過於積極壟斷，等於是自取滅亡。

這些都不是熱夢，而且幾乎都可能實現。我們可以大膽預測，貝佐斯將繼續做他一直在做的事。他會試著加快腳步，讓員工更努力，更勇於下注，追求創新，以達成他為亞馬遜設下的遠大理想 —— 使亞馬遜不只是一家什麼都賣的商店，更是一家無所不能的公司。

亞馬遜或許是有史以來最令人覺得無可限量的公司，而這家公司才剛起步。他們既是傳教士，也是傭兵，翻開商業史來看，這種組合其實是最強大的。貝佐斯曾為了一鍵下單的專利爭議與宿敵出版業者歐萊禮辯論，他說：「我們沒有什麼大的優勢，所以我們必須把很多小小的優勢編成一根繩子。」

亞馬遜還在編織這條繩索，這就是這家公司的未來。他們會不斷編織、成長，展現創辦人的鐵骨和願景。除非貝佐斯下台一鞠躬，否則沒有人能擋得了他的去路。

致謝

多年來，我一直說，我想寫一本和亞馬遜有關的書。要不是朋友、家人和同事的支持，說不定我現在仍是口頭上說說，還沒提筆。

兩年前，我的經紀人昆恩（Pilar Queen）苦口婆心地勸我別再拖了，趕快把出版計畫提出來。接著，她就開始緊迫盯人，注意我的寫作進度。利特爾．布朗出版公司執行編輯帕思禮（John Parsley）在這本書下了很多苦心。根據某些商管書書評人的說法，至少此書別樹一格。此外，我要感謝利特爾．布朗的多位合作夥伴：Reagan Arthur、Michael Pietsch、Geoff Shandler、Nicole Dewey、Fiona Brown、Pamela Marshall、Tracy Roe、Malin von Euler-Hogan，謝謝他們以專業與熱忱為此書催生。

亞馬遜公共關係部門的柏爾曼（Craig Berman）與赫登納（Drew Herdener），這兩位提供本人非常多的協助，在此謝謝他們。雖然他們已盡心盡力為公司宣傳，也了解亞馬遜的崛起是個傳奇，值得寫成專書。感謝亞馬遜的主管群，包括威爾基、皮亞森蒂尼、傑西、葛蘭迪納堤、布萊克本恩和凱瑟爾等人，願意花時間跟我談。當然還有貝佐斯，我要特別感謝他允許我採訪他的朋友、家人和員工。

2012年和2013年，我常常待在西雅圖，我要謝謝當地朋友的款待。溫菲德夫婦（Nick and Emily Wingfield）讓我借住在他們溫馨的家，我因而有機會和他們的孩子碧雅翠絲和米勒在吃早餐的時候一起玩「星際大戰」問答遊戲。有時我也受到平尼佐托（Scott Pinizzotto）和法蘭克（Ali Frank）的熱情招待。

矽谷的朋友幫我連繫了很多人，多謝這些朋友，他們是Jill Hazelbaker、Shernaz Daver、Dani Dudeck、Andrew Kovacs、Christina Lee、Tiffany Spencer、Chris Prouty、Margit Wennmachers。DomainTools網站的普羅瑟（Susan Prosser）幫我搜尋網域名稱檔案庫，找到亞馬遜網站早期的網域名。我在哥倫比亞大學的老同學亞戴（Charles Ardai）則幫我了解DESCO這家公司的早期歷史。為了揭開亞馬遜這家公司的祕密，我也向下列幾位高人求教：摩根士丹利的德維特（Scott Devitt）、雲端技術電子商務服務商ChannelAdvisor的溫戈（Scot Wingo），以及ShopRunner網站的狄亞茲（Fiona Dias）。

我發覺《彭博商業週刊》是個溫暖的大家庭，不只給認真的財經記者一個偉大的發表平台，也願意容納我進行像本書這樣的專案。多謝Josh Tyrangiel、Brad Wieners、Romesh Ratnesar、Ellen Pollock、Norman Pearlstine的支持，讓我得以完成這本書。我的編輯艾理（Jim Aley）幫我細讀初稿。蘇瑞亞庫蘇瑪（Diana Suryakusuma）在截稿期限逼近的情況下，幫我找到不少珍貴的相片。我的同事凡斯（Ashlee Vance）則在我陷入寫作瓶頸時，給我極其寶貴的建議。

我還要感謝許許多多的記者同業：Steven Levy、Ethan Watters、Adam Rogers、George Anders、Dan McGinn、Nick Bilton、Claire Cain Miller、Damon Darlin、John Markoff、Jim Brunner、Alan Deutschman、Tom Giles、Doug MacMillan、Adam Satariano、Motoko Rich、Peter Burrows。桑雀斯（Nick Sanchez）為本書提供重要研究資料，而內華達大學新聞系的梅森（Morgan Mason）則協助我採訪亞馬遜在內華達芬利的履行中心。

在寫作的過程中，家人耐心地支持我、幫助我，原諒我為了報導和寫作疏於照顧他們。我的父母羅勃．史東（Robert Stone）與凱蘿．葛立克（Carol Glick）一直很鼓勵我。其他親戚也給我不少回饋意見，包括Josh Krafchin、Miriam Stone、Dave Stone、Monica Stone、Jon Stone和Steve Stone。最後，我還要感謝兄弟姊妹一直為我打氣，Brian Stone、Eric Stone、Becca Zoller Stone、Luanne Stone、Jennifer Granick，謝謝你們。

我的雙胞胎女兒卡莉絲塔和伊莎貝拉，是我寫作此書的動力。她們隱約知道爸爸要寫書，所以常常不在家。等她們長大，能夠閱讀這樣的書，身為老爸的我，希望她們能讀得興味盎然。

最後，我得感謝蒂芙妮．法克斯（Tiffany Fox），要是沒有她，本書就不能順利完成。

貝佐斯的閱讀書目

圖書不僅是亞馬遜萌生的種子，也為它的公司文化與策略塑形。下面列出十二本亞馬遜主管和員工最常閱讀的書籍，有助於讀者了解這家公司。

1.《長日將盡》（*The Remains of the Day*），石黑一雄著，1989。

貝佐斯最喜歡的一本小說，故事背景是大戰時期的英國，講述一位在貴族莊園服務的老管家緬懷往日種種和自己的生涯選擇。貝佐斯曾說，他從小說中得到的收穫，要比非小說的作品來得多。

2.《縱橫美國：山姆・華頓自傳》（*Sam Walton: Made in America*），華頓與胡伊（John Huey）合著，1992。

沃爾瑪的創辦人山姆・華頓在這本自傳中，闡述量販店經營的原則，也討論他的核心價值觀，即崇尚節儉與注重行動。勉勵我們要勇於嘗試，不怕做錯。貝佐斯也把這兩個要點納入亞馬遜的理念之中。

3.《總裁備忘錄》（*Memos from the Chairman*），格林柏（Alan Greenberg）著，1996。

前投資銀行貝爾斯登（Bear Stearns）總裁格林柏寫給員工的備忘錄。格林柏在這些備忘錄中不斷重申銀行的核心價值，特別是謙虛和節儉，這些理念都源於他在書中杜撰的一位商管哲學家。亞馬遜在1997年致股東信就提到節儉的哲學，也使之成為公司長遠的價值觀。

4.《人月神話》（*The Mythical Man-Month*），布魯克斯（Frederick P. Brooks Jr.）著，1975。

布魯克斯是位有影響力的電腦科學家。他論道，就複雜的軟體開發專案而言，參與的工程師太多，反而不若人少來得有效率。亞馬遜的「兩個披薩團隊」，就是這麼來的。

5.《基業長青》（*Built to Last*），柯林斯（Jim Collins）與薄樂斯（Jerry I. Porras）合著，1994。

這本著名的經營管理書籍講述，為何有些公司能長期立於不敗之地。原因在於員工能擁抱公司的核心理念，無法認同公司理念的人會「像病毒一樣」遭到排斥。

6.《從A到A⁺》（*Good to Great*），柯林斯著，2001。

在本書出版前，柯林斯曾向亞馬遜管理團隊介紹這本書的概要。公司必須面對殘酷的事實，找到自己的強項，才能駕馭自己的飛輪，也就是自我強化回路。

7.《創造》（*Creation: Life and How to Make It*），葛蘭德（Steve

Grand）著，2001。

作者是電玩開發者，他在書中論道，有智能的生命可以由可運算的小模塊創造出來。亞馬遜網路服務（AWS）就是受到本書的啟發而創立的，雲端計算的概念因而大行其道。

8.《創新的兩難》（*The Innovator's Dilemma*），克里斯汀生（Clayton Christensen）著，1997。

這是一本影響力極大的書。亞馬遜師法此書提出的原則推出Kindle和AWS。有些公司擔心顧客不能接受或其核心業務會遭到破壞而不願採行革命性的技術，但克里斯汀生論道，忽略這種技術勢必要付出更大的代價。

9.《目標》（*The Goal: A Process of Ongoing Improvement*），高德拉特（Eliyahu M. Goldratt）與科克斯（Jeff Cox）合著，1984。

以小說的筆法指引製造業者突破瓶頸，追求最大效能。亞馬遜的二當家威爾基和履行中心的主管團隊皆奉此書為聖經。

10.《精實革命》（*Lean Thinking*），沃馬克（James P. Womack）與瓊斯（Daniel T. Jones）合著，1996。

這是豐田汽車奉行的製造哲學，告訴你怎麼做可以消除浪費、節省成本，為顧客創造更大的價值。

11.《數據驅動的行銷》（*Data-Driven Marketing*），傑佛瑞（Mark Jeffery）著，2010。

教你如何利用數據來衡量顧客的滿意度、行銷成效等。亞馬遜的員工不管提出什麼案子，都必須拿出數據做為依據。同事之間也必須互相查核，看彼此提出的數據是否有問題。

12.《黑天鵝效應》（*The Black Swan*），塔雷伯（Nassim Nicholas Taleb）著，2007。

作者認為，人類常會固著於某種思維模式，對無可預測的事件視若無睹，因而帶來嚴重的後果。表淺的敘述容易使人受矇蔽，實驗和實證才是王道。

本書注釋

前言

1. 出自貝佐斯2008年5月18日在卡內基美隆大學（Carnegie Mellon University）泰珀商學院（Tepper School）畢業典禮的專題演講。

第一章

1. 出自貝佐斯於1998年2月26日在伊利諾州森林湖學院（Lake Forest College）的演講。
2. Mark Leibovich, *The New Imperialists* (New York: Prentice Hall, 2002), 84.
3. Rebecca Johnson, "MacKenzie Bezos: Writer, Mother of Four, and High-Profile Wife," *Vogue*, February 20, 2013.
4. 沒想到貝佐斯即使在第三市場也能嗅出「一次購足」的商機。他曾在《投資人文摘》（*Investment Dealers' Digest*, November 15, 1993）如此描述第三市場的機會：「我們希望自己的產品和別人不一樣。我們認為顧客都有『一次購足』的欲望。」
5. Michael Peltz, "The Power of Six," *Institutional Investor* (March 2009)。「蕭大衛已預見DESCO的本質是家研究實驗室，只是剛好做了投資，而非一家只會玩弄方程式的金融公司。」
6. Leibovich, *The New Imperialists*, 85.
7. 見Peter de Jonge撰，"Riding the Perilous Waters of Amazon.com," *New York Times Magazine*, March 14, 1999。
8. John Quarterman, *Matrix News.*
9. 貝佐斯專訪稿，*Academy of Achievement*, May 4, 2001。
10. 出自貝佐斯1998年2月26日在伊利諾州森林湖學院的演講。
11. 出自1998年7月27日，貝佐斯對加州天下俱樂部（Commonwealth Club of California）的演講。
12. 1999年3月18日，貝佐斯在美國出版協會的演講。

第二章

1. Robert Spector, *Amazon.com: Get Big Fast* (New York: HarperCollins, 2000)。此書對亞馬遜早年發展的描述十分周詳。
2. 出自1999年3月18日，貝佐斯在美國出版協會的演講。
3. David Sheff, "The *Playboy* Interview: Jeff Bezos," *Playboy*, February 1, 2000
4. 同上。
5. 參看Adi Ignatius的文章："Jeff Bezos on Leading for the Long-Term at Amazon," *HBR IdeaCast* (blog), *Harvard Business Review*, January 3, 2013, http://blogs.hbr.org/ideacast/2013/01/jeff-bezos-on-leading-for-the.html。
6. 出自1999年3月18日，貝佐斯在美國出版協會的演講。
7. 出自貝佐斯1998年2月26日在伊利諾州森林湖學院的演講。
8. 同上。
9. Amazon.com Inc. S-1, filed March 24, 1997.
10. 參看Mukul Pandya與Robbie Shell的文章："Lasting Leadership: Lessons from the 25 Most Influential Business People of Our Times,"2004年10月20日發表於Knowledge@Wharton。可參看下列網址：http://knowledge.wharton.upenn.edu/article.cfm?articleid=1054。
11. 同上。
12. James Marcus, *Amazonia* (New York: New Press, 2004).
13. 出自1998年7月27日，貝佐斯對加州天下俱樂部的演講。
14. 參看Cynthia Mayer在《紐約時報》發表的文章："Investing It; Does Amazon = 2 Barnes & Nobles?," *New York Times*, July 19, 1998。
15. 參看貝佐斯接受Charlie Rose的專訪：PBS, July 28, 2010。
16. Justin Hibbard, "Wal-Mart v. Amazon.com: The Inside Story," *Information Week*, February 22, 1999.
17. 參看貝佐斯的訪談：*Academy of Achievement*, May 4, 2001。

第三章

1. 根據維基百科的解釋，人孔蓋設計成圓的，就不會從圓圓的洞口掉下去，如果做成方形，斜放時就可能從洞口的對角掉下去。
2. Ron Suskind, "Amazon.com Debuts the Mother of All Bestseller Lists," *Washington Post*, August 26, 1998.
3. 同上。
4. 出自1998年7月27日，貝佐斯對加州天下俱樂部演講。
5. 出自1999年3月18日，貝佐斯在美國出版協會的演講。
6. Steven Levy，《Google總部大揭密》(*In the Plex*)，New York: Simon and Schuster, 2011, 34。
7. Jacqueline Doherty, "Amazon.bomb," *Barron's*, May 31, 1999.
8. 參看George Anders, Nikhil Deogun與Joann S. Lublin共同發表的報導："Joseph Galli Will Join Amazon, Reversing Plan to Take Pepsi Job," *Wall Street Journal*, June 25, 1999。
9. Joshua Cooper Ramo, "Jeff Bezos: King of the Internet," *Time*, December 27, 1999.
10. Stefanie Olsen, "FTC Fines E-Tailers $1.5 Million for Shipping Delays," CNET, July

26, 2000.
11. Michael Moe, "Tech Startup Secrets of Bill Campbell, Coach of Silicon Valley, "*Forbes*, July 27, 2011.

第四章

1. Jeremy Kahn, "The Giant Killer," *Fortune*, June 11, 2001.
2. Evelyn Nussenbaum, "Analyst Finally Tells Truth about Dot-Coms," *New York Post*, June 27, 2000.
3. Mark Leibovich, "Child Prodigy, Online Pioneer," *Washington Post*, September 3, 2000.
4. 同上。
5. Steven Levy, "Jeff Bezos Owns the Web in More Ways Than You Think," *Wired*, November 13, 2011.
6. "Amazon.com Auctions Helps Online Sellers Become Effective Marketers," PR Newswire, August 18, 1999.
7. Scott Hillis, "Authors Protest Amazon's Practices, Used-Book Feature Comes under Fire," Reuters, December 28, 2000.
8. Jennifer Waters, "Amazon Faces 'Creditor Squeeze,'" *CBS MarketWatch*, February 6, 2001.
9. Gretchen Morgenson, "S.E.C. Is Said to Investigate Amazon Chief," *New York Times*, March 9, 2001.
10. 辛尼格的意見出自我在2012年7月對他的採訪，參看"King of the Jungle," *Barron's*, March 23, 2009。
11. Monica Soto, "Terrorist Attacks Overwhelm Amazon's Good News about Deal with Target," *Seattle Times*, September 27, 2001.
12. Saul Hansell, "Amazon Decides to Go for a Powerful Form of Advertising: Lower Prices and Word of Mouth," *New York Times*, February 10, 2003.

第五章

1. Chip Bayers, "The Inner Bezos," *Wired*, March 1999.
2. Mark Leibovich, *The New Imperialists* (New York: Prentice Hall, 2002), 79.
3. "Local Team Wins Unicycle Polo Match," *Albuquerque Tribune*, November 23, 1961.
4. 參看*Albuquerque Tribune*, April 24, 1965。
5. 參看Leibovich, *The New Imperialists*, 73-74。
6. 同上，71。
7. 同上，74。
8. 貝佐斯在2001年5月4日接受成就學院（Academy of Achievement）的訪問。
9. "The World's Billionaires," *Forbes*, July 9, 2001.
10. Bayers, "The Inner Bezos."
11. Brad Stone, "Bezos in Space," *Newsweek*, May 5, 2003.
12. Mylene Mangalindan, "Buzz in West Texas Is about Bezos and His Launch Site," *Wall Street Journal*, November 10, 2006.
13. Jeff Bezos, "Successful Short Hop, Setback, and Next Vehicle," Blue Origin website, September 2, 2011.

14. Adam Lashinsky, "Amazon's Jeff Bezos: The Ultimate Disrupter," *Fortune*, November 16, 2012.

第六章

1. Saul Hansell, "Listen Up! It's Time for a Profit; a Front-Row Seat as Amazon Gets Serious," *New York Times*, May 20, 2011.
2. 出自1999年3月18日，貝佐斯在美國出版協會的演講。
3. 2012年，我的研究助理桑雀斯（Nick Sanchez）以資訊自由法（Freedom of Information Act）為由，向美國勞工部調閱亞馬遜自1995年至今是否曾遭到投訴或違法行為。除了艾倫城《早安報》的報導，職業安全衛生管理局地區官員也接受了幾十件員工投訴案，包括華盛頓州客服中心限制員工上廁所的時間、新罕布夏州有員工開堆高機嬉鬧、賓州的龍捲風避難所不合格，以及一些小缺失，如飲水機有礦物沉澱、休息室有霉斑、防護帽不夠牢靠、還有噪音和煙霧問題等。亞馬遜已針對每一件投訴案，向職業安全衛生管理局提交改善證據，因此當局不必再來檢查或傳訊。其中，最嚴重的要算是亞馬遜在華盛頓州設立的生鮮部門沒有足夠排放氨氣的設備，因此被罰3,000美元。由於亞馬遜版圖宏大，很難在一年內從全美各州郡職業安全衛生管理局取得亞馬遜的全部資料。
4. 2012年7月，亞馬遜為履行中心員工提供名為「生涯選擇」的學費補助方案。只要員工在公司連續工作3年，若計劃回學校完成學業，就可申請學費補助。亞馬遜說，員工可享有的學費補助每年約為2,000美元，可連續4年獲得補助。

第七章

1. Gary Rivlin,"A Retail Revolution Turns Ten," *New York Times*, July 27, 2012.
2. Gary Wolf, "The Great Library of Amazonia," *Wired*, October 23, 2003.
3. 同上。
4. Luke Timmerman, "Amazon's Top Techie, Werner Vogels, on How Web Services Follows the Retail Playbook," *Xconomy*, September 29, 2010.
5. Shobha Warrier, "From Studying under the Streetlights to CEO of a U.S. Firm!," *Rediff*, September 1, 2010.
6. Tim O'Reilly, "Amazon Web Services API," July 18, 2002, http://www.oreillynet.com/pub/wlg/1707.
7. Damien Cave,"Losing the War on Patents," *Salon*, February 15, 2002.
8. O'Reilly, "Amazon Web Services API".
9. Steve Grand, *Creation: Life and How to Make It* (Darby, PA: Diane Publishing, 2000), 132.
10. Hybrid machine/human computing arrangement patent filed October 12, 2001; http://www.google.com/patents/US7197459.
11. "Artificial Artificial Intelligence," *Economist*, June 10, 2006.
12. Katharine Mieszkowski, "I Make $1.45 a Week and I Love It," *Salon*, July 24, 2006.
13. Jason Pontin, "Artificial Intelligence, with Help from the Humans," *New York Times*, March 25, 2007.

14. Jeff Bezos, interview by Charlie Rose, Charlie Rose, PBS, February 26, 2009.

第八章

1. Calvin Reid, "Authors Guild Shoots Down Rocket eBook Contract," *Publishers Weekly*, May 10, 1999.
2. Steve Silberman, "Ex Libris," *Wired*, July 1998.
3. Steven Levy, "It's Time to Turn the Last Page," *Newsweek*, December 31, 1999.
4. Jane Spencer and Kara Scannell, "As Fraud Case Unravels, Executive Is at Large," *Wall Street Journal*, April 25, 2007.
5. David Pogue, "Trying Again to Make Books Obsolete," *New York Times*, October 12, 2006。Palm的電子書字體小、字型又醜，因此無法大受歡迎。
6. 出自貝佐斯1998年2月26日在伊利諾州森林湖學院的演講。
7. Walt Mossberg, "The Way We Read," *Wall Street Journal*, June 9, 2008.
8. Mark Leibovich, "Child Prodigy, Online Pioneer," *Washington Post*, September 3, 2000.
9. Clayton Christensen, *The Innovator's Dilemma: When New Technologies Cause Great Firms to Fail* (Boston: Harvard Business Review Press, 1997).
10. Jeff Bezos, interview by Charlie Rose, *Charlie Rose*, PBS, February 26, 2009.
11. David D. Kirkpatrick, "Online Sales of Used Books Draw Protest," *New York Times*, April 10, 2002.
12. Graeme Neill, "Sony and Amazon in e-Books Battle," *Bookseller*, April 27, 2007.
13. Brad Stone, "Envisioning the Next Chapter for Electronic Books," *New York Times*, September 6, 2007.
14. Jeff Bezos, The Oprah Winfrey Show, ABC, October 24, 2008.

第九章

1. Ben Charny, "Amazon Upgrade Leads Internet Stocks Higher," *MarketWatch*, January 22, 2007.
2. Victoria Barrett, "Too Smart for Its Own Good," *Forbes*, October 9, 2008.
3. Jim Collins, *Good to Great: Why Some Companies Make the Leap... and Others Don't* (New York: HarperCollins, 2001), 180.
4. Zappos Milestone: Timeline, Zappos.com, http://about.zappos.com/presscenter/media-coverage/zappos-milestone-timeline.
5. Parija B. Kavilanz,"Circuit City to Shut Down," *CNN Money*, January 16, 2009.
6. Ben Austen, "The End of Borders and the Future of Books," *Bloomberg Businessweek*, November 10, 2011.
7. Annie Lowrey, "Readers Without Borders," *Slate*, July 20, 2011.
8. Scott Mayerowitz and Alice Gomstyn, "Target Among the Latest Chain of Grim Layoffs," *ABC News*, January 27, 2009.
9. Brad Stone, "Can Amazon Be the Wal-Mart of the Web?" *New York Times*, September 19, 2009.
10. Miguel Bustillo and Jeffrey A. Trachtenberg, "Wal-Mart Strafes Amazon in Book War," *Wall Street Journal*, October 16, 2009.
11. Brad Stone and Stephanie Rosenbloom, "Price War Brews Between Amazon and Wal-

Mart," *New York Times*, November 23, 2009.
12. American Booksellers Association, Letter to Justice Department, October 22, 2009.
13. Spencer Wang, Credit Suisse First Boston analyst report, February 16, 2010.
14. Mick Rooney, "Amazon/Hachette Livre Dispute," *Independent Publishing Magazine*, June 6, 2008.
15. 參看Eoin Purcell, "All Your Base Are Belong to Amazon," *Eoin Purcell's Blog*, May 14, 2009, http://eoinpurcellsblog.com/2009/05/14/all-your-base-are-belong-toamazon/.
16. 根據法庭證詞，賽門舒斯特的法務長寫信給公司執行長雷狄（Carolyn Kroll Reidy），說她實在不敢相信賈伯斯會說出這麼愚不可及的話。
參看：http://www.nysd.uscourts.gov/cases/show.php?db=special&id=306, page 86。
17. Motoko Rich and Brad Stone, "Publisher Wins Fight with Amazon Over E-Books," *New York Times*, January 31, 2010.

第十章

1. Jeff Bezos, interview by Charlie Rose, *Charlie Rose,* PBS, July 28, 2010.
2. Fireside Chat with Jeff Bezos and Werner Vogels, Amazon Web Services re: Invent Conference, Las Vegas, November 29, 2012.
3. "Editorial: Spitzer's Latest Flop," *New York Sun*, November 15, 2007.
4. *Vadim Tsypin and Diana Tsypin v. Amazon.com et al.*, King County Superior Court, case 10-2-12192-7 SEA.
5. Miguel Bustillo and Stu Woo, "Retailers Push Amazon on Taxes," *Wall Street Journal*, March 17, 2011.
6. Aaron Glantz, "Amazon Spends Big to Fight Internet Sales Tax," *Bay Citizen*, August 27, 2011.
7. Tim O'Reilly, blog post, Google Plus, September 5, 2011, https://plus.google.com/+TimOReilly/posts/QypNDmvJJq7.
8. Zoe Corneli, "Legislature Approves Amazon Deal," *Bay Citizen*, September 9, 2011.
9. Bryant Urstadt, "What Amazon Fears Most: Diapers," *Bloomberg Businessweek*, October 7, 2010.
10. Nick Saint, "Amazon Nukes Diapers.com in Price War—May Force Diapers' Founders to Sell Out," *Business Insider*, November 5, 2010.
11. Amazon, "Amazon Marketplace Sellers Enjoy High-Growth Holiday Season," press release, January 2, 2013.
12. Roy Blount Jr., "The Kindle Swindle?," *New York Times*, February 24, 2009.
13. Brad Stone, "Amazon's Hit Man," *Bloomberg Businessweek*, January 25, 2012.
14. Thomas L. Friedman, "Do You Want the Good News First?," *New York Times*, May 19, 2012.
15. "Contracts on Fire: Amazon's Lending Library Mess," AuthorsGuild.org, November 14, 2011.
16. Richard Russo, "Amazon's Jungle Logic," *New York Times*, December 12, 2011.

第十一章

1. George Anders, "Inside Amazon's Idea Machine: How Bezos Decodes the Customer,"

Forbes, April 4, 2012.

2. Amazon's Leadership Principles, http://www.amazon.com/Values-Careers-Homepage/b?ie=UTF8&node=239365011.
3. Luisa Kroll and Kerry A. Dolan, "The World's Billionaires," *Forbes*, March 4, 2013.
4. David Dykstra, "Bezos Completes $28 Million Home Improvement," Seattle-Mansions. Blogspot.com, October 1, 2010, http://seattle-mansions.blogspot.com/2010/10/bezos-completes-28-million-home.html.
5. Rebecca Johnson, "MacKenzie Bezos: Writer, Mother of Four, and High-Profile Wife," *Vogue*, February 20, 2013.

財經企管 BCB597

貝佐斯傳
從電商之王到物聯網中樞，亞馬遜成功的關鍵

國家圖書館出版品預行編目(CIP)資料

貝佐斯傳 / 布萊德.史東(Brad Stone)著；廖月娟譯. -- 第二版. -- 臺北市：遠見天下文化, 2016.11
面； 公分. -- (財經企管；BCB597)
譯自：The everything store : Jeff Bezos and the age of Amazon
ISBN 978-986-479-110-1(精裝)

1.貝佐斯(Bezos, Jeffrey) 2.亞馬遜網路書店(Amazon.com) 3.傳記 4.電子商務

487.652　　105020337

作　者 — 布萊德・史東（Brad Stone）
譯　者 — 廖月娟

事業群發行人／CEO／總編輯 — 王力行
副總編輯 — 周思芸
研發總監 — 張奕芬
責任編輯 — 張奕芬、廖婉書
封面設計 — 莊謹銘

出版者 — 遠見天下文化出版股份有限公司
創辦人 — 高希均、王力行
遠見・天下文化・事業群　董事長 — 高希均
事業群發行人／CEO — 王力行
出版事業部副社長／總經理 — 林天來
版權部協理 — 張紫蘭
法律顧問 — 理律法律事務所陳長文律師
著作權顧問 — 魏啟翔律師
社址 — 台北市 104 松江路 93 巷 1 號 2 樓
讀者服務專線 —（02）2662-0012
傳　真 —（02）2662-0007；2662-0009
電子信箱 — cwpc@cwgv.com.tw
直接郵撥帳號 — 1326703-6 號　遠見天下文化出版股份有限公司

電腦排版／製版廠 — 立全電腦印前排版有限公司
印刷廠 — 盈昌印刷有限公司
裝訂廠 — 精益裝訂股份有限公司
登記證 — 局版台業字第 2517 號
總經銷 — 大和書報圖書股份有限公司　電話 — (02)8990-2588
出版日期 — 2014 年 4 月 29 日第一版
2016 年 11 月 25 日第二版第 1 次印行

定價 — 480 元

原著書名：The Everything Store: Jeff Bezos and the Age of Amazon

ISBN：978-986-479-110-1（英文版 ISBN：978-0-316-21926-6）

書號：BCB597
天下文化書坊　bookzone.cwgv.com.tw

Believe in Reading

相信閱讀